CHEMISCHE TECHNOLOGIE
IN EINZELDARSTELLUNGEN
HERAUSGEBER: PROF. DR. FERD. FISCHER, GÖTTINGEN-HOMBURG

SPEZIELLE CHEMISCHE TECHNOLOGIE

CHEMISCHE TECHNOLOGIE DES LEUCHTGASES

VON

DIPL.-ING. DR. KARL TH. VOLKMANN

MIT 83 FIGUREN IM TEXT
UND AUF 1 TAFEL

Springer-Verlag Berlin Heidelberg GmbH

1915

Additional material to this book can be downloaded from http://extras.springer.com

ISBN 978-3-662-34387-6   ISBN 978-3-662-34658-7 (eBook)
DOI 10.1007/978-3-662-34658-7

Vorwort.

In dieser chemischen Technologie des Leuchtgases konnten die mechanischen Vorrichtungen kurz besprochen werden in bezug auf den Band von *Michenfelder:* Die Materialbewegung in chemisch-technischen Betrieben und *Naske:* Zerkleinerung. Bez. Chemie der Steinkohle, Entgasung und Vergasung wurde auf die ausführlichere Behandlung von *Fischer:* Das Kraftgas, seine Herstellung und Verwendung, bez. Ölgas auf *Scheithauer:* Die Schwefelteere, bez. Verarbeitung des Ammoniakwassers auf *Muhlert:* Ammoniak verwiesen.

Eingehend wurde die heutige Herstellung und Reinigung des Leuchtgases, die Einrichtung und der Betrieb der Gasanstalten behandelt. Das Buch ist aus der Praxis für die Praxis geschrieben; aber auch der Nicht-Gastechniker wird dasselbe mit viel Nutzen benutzen.

Der Verfasser reiste während des Satzes nach Südamerika und hat auch von dort aus die Korrektur besorgt; sein jetziger Aufenthalt ist nicht bekannt. Möge das Buch die Beachtung finden, die es verdient.

Der Herausgeber.

Inhaltsverzeichnis.

Seite

Geschichte der Gasbeleuchtung.

Leuchtgas ist ein von der Natur dargebotenes oder mit technischen Hilfsmitteln künstlich hergestelltes Gas, welches mit leuchtender Flamme brennt oder so hohe Temperaturen erzeugt, daß andere Körper zur Weißglut erhitzt werden können.

Die Gasbeleuchtung ist im Grunde ebenso alt wie die erste Benutzung des Feuers durch Menschen; denn im Kienspan oder in der primitiven Öllampe der Alten brennt ein an Ort und Stelle erzeugtes Gas. Jede eigentliche Flamme ist brennendes Gas; künstlich entgaste Materialien wie Holzkohlen oder Koks glimmen flammenlos.

Der historische Anfang der eigentlichen Gasbeleuchtung ist der Zeitpunkt, an dem man zuerst Gaserzeugung und Gasverbrennung zeitlich und örtlich trennte. Man begann zuerst mit rein wissenschaftlichen Experimenten. *Th. Sirley*[1] vermutete schon 1667, daß eine Gasquelle in Lancashire den dort vorhandenen Steinkohlenlagern ihre Entstehung verdanke. Über diesen Zusammenhang stellte *J. J. Becher* Untersuchungen an und veröffentlichte 1682 seine Versuche über die Vergasung von Torf in Holland und von Kohlen in England. Dann berichtet *Stephan Hales*[2] 1727 von Versuchen über aus Kohle hergestellter, brennbarer, elastischer Luft. 1739 veröffentlichte *John Clayton*[3] und wenige Jahre später *R. Watson*[3] eingehende Untersuchungen über die Trockendestillation von Steinkohlen. Daher wurde die Tatsache, daß Steinkohlen bei der Trockendestillation Gas zu entwickeln vermögen, der wissenschaftlichen Welt geläufig. Es folgen zahlreiche Untersuchungen, und die Herstellung des Gases war als Experiment bekannt, aber es dachte niemand an seine technische Verwendung.

Die ersten praktischen Versuche machte der holländische Chemiker und Physiker *Jean Pieter Minkeles*[4]. Nachdem 1782 die Brüder *Montgolfier* ihre „Montgolfière" mit warmer Luft und *Charles* einen Ballon mit Wasserstoff gefüllt hatten, beauftragte der *Herzog von Arenberg* drei Professoren der Löwener Universität mit dem Studium der zum Füllen von Ballons geeigneten Gase. *Minkeles* gehörte mit zu dieser Kommission und stellte zahlreiche Versuche mit Steinkohlengas an[5]. Das Gas wurde dann auch mehrfach mit

---

[1] Philos. Transactions 1667.
[2] Vegetable Statics 1727.
[3] Philos. Transactions 1739.
[4] Journ. f. Gasbel. 1901, 675 u. 1902, 443.
[5] Mémoire sur l'aire inflammable tiré de differentes substances. 1784.

Erfolg zur Füllung von Ballons verwendet. *Minkeles* erkannte aber vor allem auch seinen Wert als Beleuchtungsmittel und beleuchtete schon 1785 seinen Hörsaal mit Steinkohlengas. Er gab auch schon die später in England von *Clegg* wieder erfundene Reinigung mit Kalk an. Diese Arbeiten wurden später vergessen; sonst könnte man ohne Bedenken die Luftschiffahrt, die bis vor kurzem nur der Leuchtgasindustrie ihr Leben verdankte, als die Mutter derselben bezeichnen. 1786 verwendete der Apotheker *Bickel* in Würzburg das bei der zur Darstellung von Ammoniak vorgenommenen Trockendestillation von Knochen sich entwickelnde Gas zur Beleuchtung im kleinen Umfang.

Zu jener Zeit wurde in England die Herstellung von Koks aus Kohlen schon technisch betrieben. Lord *Dundonald*[1] wurde durch die erwähnten Abhandlungen über die Herstellung von Leuchtgas aus Kohlen veranlaßt, das Gas, welches seine Koksöfen entwickelten, gelegentlich zu verwerten. Diese Versuche hatten aber alle den Charakter einer Spielerei im großen.

Ernsthaftere Versuche machten im letzten Dezennium des 18. Jahrhunderts *Philipp Lebon* in Paris mit Holzgas[2], *Lampadius* in Freiberg[3] und *William Murdoch*[1] in Redruth in England. Aber die politischen Verhältnisse waren auf dem Kontinent einer Entwicklung der neuen Idee ungünstig.

Dagegen gelang es *Murdoch*[4], 1792 ein Wohnhaus mit Gas zu beleuchten. *Murdoch*, der zu gleicher Zeit einen Dampfwagen konstruiert hatte, trat mit der ersten Dampfmaschinenfabrik von *Boulton & Watt* in Verbindung und begann 1798 mit Versuchen, die Maschinenfabrik in Soho bei Birmingham mit Gas zu beleuchten. Die Schwierigkeiten scheinen aber sehr groß gewesen zu sein, denn erst 1802 gelang es ihm, bei der Feier des Friedens von Amiens eine bescheidene Illumination der Fabrik zu bewerkstelligen. 1803 endlich war er so weit, daß er die Ölbeleuchtung in der Fabrik abschaffen und endgültig zum Gaslicht übergehen konnte. Die Firma *Boulton & Watt* übernahm sofort auch die Ausführung von Gasbeleuchtungsanlagen, die *Murdoch* und sein Schüler *Clegg* ausführten. Im Jahre 1802 wurde auch schon in Baltimore von *Henfrey* ein Gaswerk errichtet.

Merkwürdigerweise konstruierte man zuerst „stehende enge Kessel aus Gußeisen" mit Öffnungen oben zum Füllen und unten zum Ausbringen des Kokses, später benutzte man beiderseitig offene, schräg im Ofen liegende Zylinder und ging zuletzt dazu über, wagerechte, einseitig offene Retorten zu benutzen. Fast genau 100 Jahre später führte also die vorwärtsstrebende Entwicklung im umgekehrten Sinne von den Horizontalöfen zu den schräg liegenden und weiter zu den stehenden Retorten. Außer dem Ofen war nur noch ein Gasbehälter vorhanden, in dem auch die äußerst primitive Waschung vorgenommen wurde. Das Gas wurde sonst weiter nicht gereinigt, der Teer verstopfte also die Leitungen, und die bei der Verbrennung des Gases aus dem

---

[1] *Schilling:* Handbuch der Gasbeleuchtung. München 1877.
[2] *Lebon:* Thermolampe. 1799. Regensburg 1802 (deutsch).
[3] *Lampadius:* Praktische Abhandlungen über das Gaslicht. Weimar 1819.
[4] *Schilling:* 1860.

Schwefelwasserstoff entstehende schweflige Säure wirkte äußerst belästigend
und machte eine Verwendung in Wohnräumen unmöglich[1]. Dagegen wurden
Fabriken und öffentliche Gebäude mehrfach mit Gas beleuchtet.

Clegg reinigte seit 1806 das Gas mit Kalk, indem er das Bassin des Gasbehälters mit Kalkmilch füllte und diese mit einem Rührwerk in Bewegung

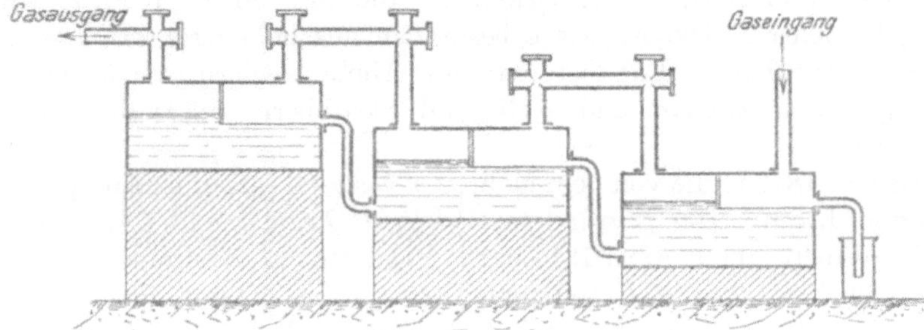

Fig. 1. Wäscher vom Jahre 1825 ab.

hielt. Schon 1807 konstruierte er einen selbständigen Kalkmilchwäscher.
Neben anderen wichtigen Apparaten baute er den ersten Gasmesser (Patent
1815); von ihm stammt ferner die endgültig eingeführte Form der Retorte,
die Hydraulik, die Kühlung und der Druckregulator[2]. 1819 erzeugte ein
Ofen mit fünf gußeisernen Retorten und drei Unterfeuerungen bei einem

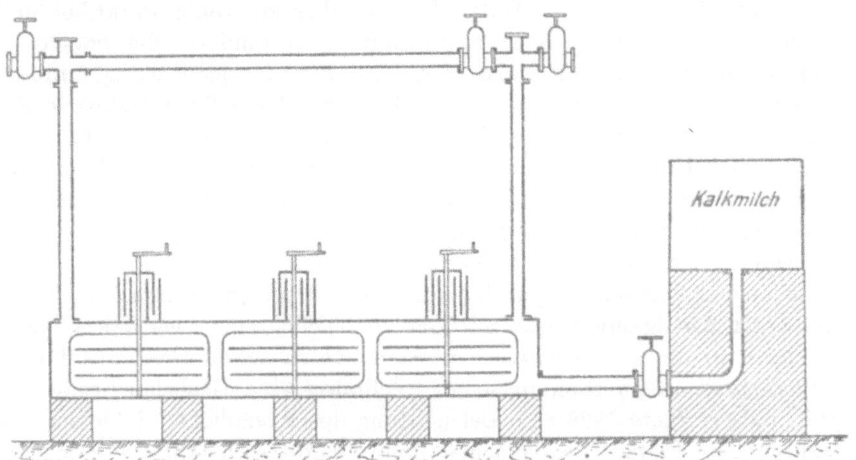

Fig. 2. Kalkmilchreiniger nach *Clegg* vor 1824.

Verbrauch von 20 bis 25 k Koks auf 100 k Kohle zur Unterfeuerung **nur**
37 bis 45 cbm Gas pro Retorte in 24 Stunden. Ein Kalkmilchwäscher be-
sorgte allein eine sehr bescheidene Reinigung.

---

[1] *Accum:* Accums practical treatise on Gaslight. 1819.
[2] *Clegg:* Practical treatise on the Manufacture and Distribution of Coal Gas. 1859.

1817 nahm *Phillips* ein Patent auf ein Verfahren zur trocknen Reinigung mit Kalk, und 1818 erhielt *Palmer* ein solches zur Reinigung mit rotglühendem Eisenoxyd und Regenerierung des letzteren mit Luft. 1818 machte *Grafton* die ersten Versuche mit Tonretorten[1].

1859 hatte man Öfen mit zehn 5,7 m langen, aus einzelnen Steinen gemauerten Retorten und mit Generator, die nur noch 14 Proz. Unterfeuerung brauchten. Die Apparate bestanden aus hohen röhren- oder ringförmigen Luftkühlern, Exhaustoren mit Umlaufreglern, einer trocknen Reinigung mit Eisenoxyd und Kalk und Skrubbern hinter der trocknen Reinigung[2].

Clegg trat 1813 in die von dem Mähren *Winsor* (*Winzer*), einem spekulativ veranlagten Laien, 1805 gegründete *Chartered Gaslight and Coke Company* ein und eröffnete am 1. April 1814 in St. Magareths in Westminster die erste Straßenbeleuchtung. Die Gesellschaft drängte, wohl um einen solideren Charakter zu bekommen, den schwindlerisch und marktschreierisch veranlagten *Winsor* heraus, welcher 1804 Patente für ganz Großbritannien genommen hatte, und hat so dem ursprünglichen Erfinder *Murdoch* und seiner Firma, die es versäumt hatten, Patente auf seine Erfindung zu nehmen, die Möglichkeit, ihre Erfindung auszunutzen, entrissen.

Die Entwicklung ging nun schnell weiter. 1823 war schon in 52 englischen Städten Gasbeleuchtung eingeführt.

In Frankreich beschäftigte sich gleichzeitig mit *Murdoch Lebon* mit der Erzeugung von Leuchtgas aus Holz. Er war aber zu wenig Praktiker und die trostlose wirtschaftliche Lage in Frankreich verhinderte die praktische Verwendung seiner Idee. Er starb 1802, und die Gasbeleuchtung faßte in Frankreich erst Fuß, als *Winsor*, der in England der soliden Industrie das Feld räumen mußte, 1814 nach Paris kam und 1819 das erste Gaswerk errichtete. Das Unternehmen hatte zuerst keinen Erfolg, wurde dann aber von *Pauwels* übernommen, in die *Compagnie de Faubourg-Poissonnière* umgewandelt und erfolgreich weitergeführt.

In Deutschland ging die Entwicklung noch langsamer. *Lampadius* hatte schon seit langem Versuche angestellt, aber erst 1816 gelang es ihm, die Räume der Freiberger Amalgamierwerke mit Gas zu beleuchten. Zwei Jahre später brannte auch in der *Dinnendahl*schen Schmiede in Essen Gaslicht. Ferner hatte *Blochmann* in Dresden in seiner Wohnung eine Gasbeleuchtung eingerichtet und eröffnete 1828 eine Beleuchtung des Königlichen Schlosses und der umliegenden Plätze. Im gleichen Jahr richteten *Knoblauch & Schiele* in Frankfurt ein Ölgaswerk ein. Aber eigentlich blieb es doch der 1824 gegründeten, heute noch blühenden *Imperial Continental Gas Association* vorbehalten, der Gasbeleuchtung im großen bei uns Eingang zu verschaffen. Sie baute 1824 ein Gaswerk in Hannover und 1825 bis 1826 ein Gaswerk in Berlin.

Nun ging die Entwicklung sehr rasch weiter und bemerkenswerterweise setzten sich die kommunalen Behörden meist bald selbst in den Besitz der

---

[1] Journ. f. Gasbel. 1863, 52.
[2] Journ. f. Gasbel. 1895, 615.

Gasfabriken, die in England bis heute noch zum Teil Gegenstand der Privatindustrie blieb. Von den Städten folgten zunächst 1828 Dresden, 1838 Leipzig, 1839 Elberfeld, während die *Imperial Continental Gas Association* 1839 ein Gaswerk in Aachen und 1840 eins in Cöln errichtete.

Die Gerechtsame der englischen Gesellschaft in Berlin war auf 21 Jahre erteilt. Nach Ablauf dieser Zeit baute die Stadt 1847 ein eigenes Werk, doch behielt die Gesellschaft das Recht für alle Zeit, in den Straßen, in denen sie 1847 Leitungen liegen hatte, statt der alten Röhren neue zu verlegen und Gas abzugeben. In anderen Städten ist man vorsichtiger beim Abschluß der Verträge gewesen und konnte die englische Gesellschaft später ausbezahlen. Erst 1911 hat Aachen das Werk der englischen Gesellschaft übernommen, und heute besitzt die *Imperial Continental Gas Association* nur noch das Gaswerk von Hannover und versorgt einen beträchtlichen Teil von Groß-Berlin mit Gas.

Dagegen entstanden mehrere große deutsche Gesellschaften, welche auch heute noch sehr viele, besonders mittlere und kleine Gaswerke besitzen und betreiben.

Es bestanden	1850	. . . .	35 Gaswerke	
	1860	. . . .	176	„
	1868	. . . .	557	„
	1883	. . . .	608 (öffentliche Gaswerke)	
	1885	. . . .	667	„ ,
	1908	. . . .	1245	„ „

Die Erhebung des Vereins Deutscher Gas- und Wasserfachmänner hat für 1909 eine Gasproduktion von 2 204 992 700 cbm Gas in Deutschland ergeben. Im Jahre 1910 schätzte man die Produktion auf 2,4 Milliarden cbm mit 2,2 Milliarden cbm Steinkohlengas und 200 Millionen cbm Wassergas.

Die Hälfte aller Einwohner des Deutschen Reichs ist heute mit Gas versorgt. Die Gasabgabe pro Kopf der Bevölkerung beträgt bei Werken mit über 5 Millionen cbm Gasproduktion im Mittel 95,6 cbm jährlich, bei Werken von 0,5 bis 5 Millionen cbm 51,5 cbm und bei Werken unter 500 000 cbm 41 cbm jährlich.

Es geben z. B. ab Charlottenburg	182,5 cbm pro Kopf der Bevölkerung jährl.[1]					
Berlin	156	„	„	„	„	„
Pforzheim	143,1	„	„	„	„	„
Bremen	128	„	„	„	„	„
Karlsruhe	115	„	„	„	„	„

Der Gaspreis schwankt etwa zwischen 10 und 25 Pfg. pro cbm Leuchtgas und 8 bis 16 cbm Heizgas; der mittlere Verkaufspreis ist 16 Pfg.

Der Reingewinn beträgt im Durchschnitt 3,5 bis 4 Pfg. pro cbm, was einer Rentabilität von 10 Proz. entspricht.

England ist uns aber auch heute noch weit voraus. Großbritannien und Irland erzeugten 1909 bei 45 Millionen Einwohnern 5,48 Millarden cbm Gas bei einem Verkaufspreis von 8 bis 9 Pfg. pro cbm. Der Verbrauch über-

---

[1] Journ. f. Gasbel. 1911, 717.

steigt an vielen Orten 300 cbm pro Kopf und Jahr, und betrug 1909 pro Kopf der Bevölkerung in ganz England 122 cbm. In der englischen Gasindustrie ist ein Kapital von etwa 7,4 Milliarden Mk. investiert, das sich mit 2,12 Proz. verzinst[1] [2].

Geschichtstafel der Gasbeleuchtung.[3]

1609 *van Helmont* in Brüssel führte die Bezeichnung Gas (Geist) ein.

1659 *Thomas Sirley:* Untersuchungen über Naturgas (*Royal Society* for June 1667).

1660—1670 Dr. *Clayton:* Untersuchungen über Naturgas und Steinkohlengas. (*Royal Society* for June 1739).

1675 Destillation von Steinkohle zur Gewinnung von Teer.

1697 Erste Straßenbeleuchtung in New York.

1700 Erster Export von Kohle aus England nach dem Festland.

1726 Dr. *Stephan Hales:* Veröffentlichung von Untersuchungen über die Destillation von Kohle (Vegetable Statics).

1754 Dr. *Joseph Black:* Entdeckung der Kohlensäure.

1762 Straßenbeleuchtung mit Öllampen in New York.

1767 *Henry Cavendish:* Entdeckung von Wasserstoff.

1774 *Joseph Priestley* und *Scheele:* Entdeckung von Sauerstoff.

1775 *Lavoisier:* Zusammensetzung der Luft.

1781 *Lord Dundonald:* Patent zur Destillation von Kohle zur Gewinnung von Koks und Teer.

1781 *Lavoisier:* Erster Gasbehälter.

1784 *Jean Pieter Minkeles:* Erste Beleuchtung mit Kohlengas im Hörsaal in Löwen.

1792 *William Murdoch:* Destillation von Kohle in Eisenretorten. Beleuchtung eines Hauses in Redruth.

1797 *William Murdoch* beleuchtet sein Haus in Old Cumnock.

1798 *William Murdoch* beleuchtet die Fabrik von *Boulton & Watt* in Soho bei Birmingham.

1799 *Philipp Lebon:* Patent der Thermolampe. Holzgas.

1801 *Philipp Lebon* beleuchtet sein Haus und Garten in der Rue St. Dominique, Paris.

1802 *William Murdoch:* Beleuchtung zur Feier des Friedens von Amiens in Soho.

1803 *Friedrich Albert Winsor* (*Winzer*): Versuche mit der Thermolampe von *Lebon* im Hyde Park, London.

1804 *William Murdoch* baut Gaswerke in der Firma *Boulton & Watt* in Soho.

1804 *Fr. A. Winsor:* Erstes englisches Patent für Apparate zur Herstellung von Gas. Öffentliche Vorträge und Schaustellungen in London.

1805 *William Murdoch:* Beleuchtung der Baumwollspinnerei von *Phillips & Lee,* Manchester.

1805 *Samuel Clegg:* Beleuchtung der Baumwollspinnerei von *H. Lodge* in Halifax.

1806 *Eduard Heard:* Patent betreffend Reinigung des Gases mit Kalk.

1806 *David Melville:* Beleuchtung eines Hauses in Newport.

1806 (Dezember) *Fr. A. Winsor:* Gasleitung Bleirohre in der Pall Mall London.

1807 (Januar—Juni) *Fr. A. Winsor:* Die Pall Mall wird mit Gas beleuchtet.

1809 Ätzkalkreiniger wird von *Clegg* eingeführt.

1812 Gesetzliche Anerkennung der von *Winsor* gegründeten *Gaslight and Coke Comp.*

1813 *Clegg* tritt als Ingenieur bei der *Gaslight and Coke Company* ein.

1813 Beleuchtung der Westminster-Brücke (London) mit Gas.

1815 *Clegg* erfindet den ersten Gasmesser.
Erscheint *Frederick Accums* „Treatise on Gas Lighting"; erstes Handbuch.

---

[1] *Geitmann:* Wirtschaftliche Entwicklung deutscher Gaswerke.

[2] *Lessing:* Handbuch für den Besuch des Vereins Deutscher Gas- und Wasserfachmänner in England. London 1910.

[3] Journ. of Gas Lighting 1912 II, 118, S. 103.

1816　Bau des ersten Gasbehälters in Zylinderform unter *Samuel Clegg.*
1816　Gründung der Gasgesellschaft in Baltimore.
1816　*Clegg* erfindet den nassen Gasmesser.
1819　*Ed. Heard* und *David Gordon* erhielten ein Patent auf Einrichtung zum Komprimieren von Gas und Verkauf von komprimiertem Gas zu Beleuchtungszwecken.
1820　*Taylor* und *Martineau* erhielten ein Patent für die Herstellung von Ölgas.
1821　Ölgasanstalten in Bristol, Colchester, Dublin, Edinburgh, Hull, Leith, Liverpool, Norwich, Plymouth und Jaunton.
1823　*Malam* erhält ein Patent auf die Reinigung mit trocknem Kalk.
1824　*Broadmeader* erhält ein Patent auf einen Gassauger.
1825　*Samuel Crossley* erfindet den Druckregler.
1825　*Faraday* entdeckt das Benzol.
1833　*Samuel Hill* erfindet den trocknen Gasmesser.
1833　*Hutchinson* erhält ein Patent auf den Teleskopgasometer.
1840　Einführung der Gasmesser bei der *Gaslight and Coke Company.*

Einführung der Gasbeleuchtung in einigen Städten.

1807　London.
1816　Liverpool. Baltimore.
1817　Manchester.
1818　Sheffield. Glasgow. Edinburgh.
1819　Birmingham. Bristol. Paris. Brüssel.
1822　München. Belfast.
1824　Hannover. New York.
1825　Amsterdam. Gent. Rotterdam.
1827　Berlin.
1828　Boston.
1829　Dresden.
1832　Louisville.
1833　Wien. New Orleans.
1834　Le Havre.
1835　Caen. Amiens. Bologna. St. Petersburg. Lyon.
1836　Philadelphia. Pittsburg.
1838　Nantes. Leipzig.
1840　Cincinnati. Montreal.
1841　Manchester NH. Sydney.
1842　Toronto.
1843　Halifax.
1844　Hamburg.
1845　Madrid.

Die verschiedenen Leuchtgasarten.

In einigen Gegenden, besonders in Südrußland und Nordamerika und neuerdings auch in Siebenbürgen und bei Hamburg, bietet die Erde selbst in Gestalt des Naturgases ein wertvolles Leuchtgas in beliebiger Menge dar. Meist muß das Gas aber hergestellt werden, und zwar entweder:

1. durch trockene Destillation von organischen Materialien, die hinreichend billig zur Verfügung stehen, z. B. von Holz, Torf, Braun- und Steinkohle oder Öl. In geringem Umfang wurden gelegentlich auch Harz, Knochen, Faulschlamm und ähnliche Materialien benutzt.

2. Durch Zersetzung von glühendem Koks mit Wasserdampf und nachfolgender Carburisation mit Mineralölen oder Benzol; das nicht carburierte Koks- oder Blauwassergas dient ferner als wichtiges Zusatzgas zum Steinkohlengas.

In kleinerem Umfang: 3. Durch Zersetzung von Calciumcarbid mit Wasser (Acetylen) und 4. durch Verdampfen von leicht siedenden Kohlenwasserstoffen (Luftgas, Pentair, Benoid, Blaugas u. a.).

Das Naturgas.

Das Naturgas entströmt in geringen Mengen an vielen Orten der Erde, wo ölhaltige Schichten, Kohlen- oder Salzlager im Boden liegen. Der Entstehung desselben liegen ähnliche Prozesse zugrunde, wie sie der Mensch zur Herstellung von Leuchtgas benutzt. Unter Druck und Wärme erleiden organische Reste in der Erde ähnliche Zersetzungsreaktionen im Laufe von Jahrtausenden wie die Kohle in der glühenden Retorte in wenigen Stunden. Das Gas sammelt sich in Hohlräumen oder lockeren Schichten und steht zum Teil unter sehr hohem Druck. Es kann natürlich nur dann verwendet werden, wenn es anhaltend und gleichmäßig der Erde entströmt. Da das leider nur selten der Fall ist, gehen ungeheure Werte verloren. So berechnet das Fiskalische Laboratorium in Saarbrücken die Produktion von 23 Kohlengruben mit 5,7 Millionen t Förderung auf 62 Millionen cbm Methan jährlich[1]. Die Ostrauer Kohlengruben liefern pro Tonne Kohlen 126 cbm Methan, dessen Wert den der gewonnenen Kohle übersteigt[2]. Auf der Zeche Hibernia schätzt man den Wert der entweichenden Grubengase jährlich auf 3 Millionen Mk.[3]. Aber nur in den seltensten Fällen kann das Grubengas ausgenutzt werden, z. B. geschieht es auf den Zechen Hansa und Frankenholz[4].

Günstiger liegen bei uns aus technischen Gründen die Verhältnisse bei den Gasquellen, welche sich in den deutschen Ölgebieten im Elsaß und in der Lüneburger Heide finden. Das Gas ist hier leichter zu fassen, wird aber nur zur Kesselfeuerung verwendet, da der bald nachlassende Druck kostspielige Leitungen unwirtschaftlich macht. In der neuesten Zeit haben wir auch bei uns Gasausbrüche von großer Bedeutung kennen gelernt.

Bei Vorarbeiten für die Erweiterung des Hamburger Wasserwerkes wurden bei Neuengamme in der Nähe von Bergedorf Tiefbohrungen ausgeführt. Die bis 248 m Tiefe durchfahrenen Schichten gehörten dem Diluvium und Miocän an[5]. In dieser Tiefe gebot ein sehr starker Gasausbruch der Bohrung Halt. Es ist gelungen, das Gas zu fassen, und man setzt es nun dem Hamburger Stadtgas zu und verwendet es als Heizgas zur Kesselfeuerung auf den benachbarten Wasserwerken.

---

[1] Zft. f. Berg-, Hütten- u. Salinenw. 1895, 206.
[2] Österr. Zft. f. Berg- u. Hüttenw. 1897, 43.
[3] *Behrens:* Schlagwetterfrage. 1896.
[4] Zft. d. Ver. d. Ing. 1909, 433.
[5] Petrol. 1911, VI, 321.

Der Druck in dem verschlossenen Bohrloch betrug 24 Atm. Das Gas enthielt:

	am 1. Tage	nach 3 Wochen
Wasserstoff	?	2,3 Proz.
Methan	91,5 Proz.	91,6
Schwere Kohlenwasserstoffe	2,1	0,8
Sauerstoff	1,5	0,7
Kohlensäure	0,3	0,2
Stickstoff	4,6	4,4

Die Quelle lieferte, bis ihr Abschluß bewerkstelligt war, täglich 500 000 bis 600 000 cbm Gas.

In den Salzgegenden von Siebenbürgen mußte man die Bohrungen auf Kalisalz im Frühjahr 1909 aufgeben, weil dem Bohrloch enorme Mengen von Gasen entwichen. Nach langen Arbeiten gelang es im Juli 1911 die Gasquelle zu fassen, jedoch scheinen die Schwierigkeiten immer noch nicht ganz behoben. Man beabsichtigt, das Gas an Ort und Stelle zu Kraftzwecken auszunutzen und durch eine 450 km lange Leitung nach Budapest zu schicken, wo es als Heiz- und Kraftgas Verwendung finden soll. Die täglich aus dem Boden ausströmende Gasmenge beläuft sich auf 900 000 cbm. Das Gas besteht aus

Methan	99,0 Proz.
Wasserstoff	0,4
Sauerstoff	0,4
Stickstoff	0,2

Kohlensäure, Kohlenoxyd und andere Kohlenwasserstoffe sind nicht vorhanden. Danach beläuft sich der Heizwert auf etwa 8600 Calorien. Das Gas ist das reinste bekannte Naturgas der Welt[1].

Das am längsten bekannte Vorkommen von Naturgas, das seit Jahrtausenden der Erde mit gleicher Regelmäßigkeit entströmt, ist das in Südrußland. Schon im Mittelalter benutzten die Bewohner dieser Gegenden Erdgas zur Beleuchtung und zum Kochen, indem sie ein Rohr bis zu der gasführenden Schicht in den Boden trieben. Es wird an vielen Stellen gewonnen und zu Kraft- und Beleuchtungszwecken verwendet. In der Ssurachanyschen Ebene produzierten 1907 42 Bohrlöcher rund 117 Millionen cbm Gas. A. *Menschen* fand in zwei Bohrlöchern in Bibi Eibad[2]:

	702 m	786 m Tiefe
Kohlensäure	3,0 Proz.	3,8 Proz.
Schwere Kohlenwasserstoffe	1,2	2,6
Sauerstoff	7,0	7,6
Methan	54,8	60,2
Wasserstoff	13,58	0,8
Stickstoff	20,4	25,0

In allergrößtem Umfange wird Naturgas in Amerika gewonnen und als Kraft- und Leuchtgas benutzt.

---

[1] Journ. f. Gasbel. 1911, 1251; 1912, 1249; 1912, 155.
[3] Rigaer Industrieztg. 1909, 76, 81.

Schon 1825 wurde in Fredonia N. Y. ein Gasthof zu Ehren *Lafayettes* mit **Naturgas** beleuchtet. Seit 1883 wird dasselbe zur Heizung als Kraftgas und seit der Entdeckung der Glühkörper in weitestem Umfange auch als Leuchtgas benutzt. 1910 wurden in Amerika 14,41 Milliarden cbm Naturgas verwendet[1]. Man schätzte 1908 die Länge der Leitungen auf insgesamt 35 000 engl. Meilen.

Das Naturgas Amerikas enthält:

	Pennsylvanien	Ohio	Kansas[2]
Schwefelwasserstoff	0,00	0,15	0,00
Kohlensäure	0,05	0,20	0,00
Sauerstoff	0,00	0,15	0,00
Schwere Kohlenwasserstoffe	14,0	0,30	0,25
Kohlenoxyd	0,4	0,50	1,00
Wasserstoff	1,10	1,50	0,00
Methan	80,85	93,60	93,65
Stickstoff	4,5	3,6	4,8

Das Gas hat im allgemeinen einen Heizwert von 8000 Calorien und wird in Pennsylvanien und Kansas ohne vorhergehende Reinigung abgegeben. Die Fernleitung erfolgt in Stahlrohren mit Gummidichtungen. Die Verwendung zur Beleuchtung und Heizung in den zum Teil weit entfernten Städten hat die Verwendung für industrielle Zwecke schon übertroffen[3].

Das Holzgas.

In den Gegenden, wo die Natur das Gas dem Menschen nicht in so freigebiger Weise zur Verfügung stellte, mußte sich der Mensch selbst helfen. Er stellt das Gas zunächst ausschließlich und heute noch ganz überwiegend durch Trockendestillation organischer Materialien her.

Früher hat das Holzgas eine bedeutende Rolle gespielt. Schon *Lebon* beschäftigte sich eingehend mit dem Studium der Herstellung von Holzgas; die technische Anwendung desselben ermöglichte *Pettenkofer*[4]. Nachdem er die Bedingungen der Herstellung und Reinigung experimentell festgestellt hatte, richtete er 1851 die Holzgasbeleuchtung des Münchener Bahnhofs ein. Nach seinem Vorbild baute dann *Riedinger* in Süddeutschland eine größere Anzahl von Holzgaswerken, von denen 1862 immer noch 20 Anstalten in Betrieb waren. Die letzte in Deutschland wurde erst vor wenigen Jahren in eine Steinkohlengasanstalt umgewandelt. Nach *Pettenkofer* enthält das rohe Holzgas:

Kohlensäure	25,7
Schwere Kohlenwasserstoffe	6,9
Kohlenoxyd	40,6
Wasserstoff	15,1
Methan	11,1

---

[1] Journ. f. Gasbel. 1912, 729.

[2] Zahlreiche Analysen: Journ. f. Gasbel. 1895, 57.

[3] Natural Gas Journ. 1908, 2, 17; Mineral Resources 1908, 320; Eng. Min. Journ. 1906, 146; Zft. f. angew. Chem. 1911, 625; Journ. f. Gasbel. 1912, 180.

[4] Zft. f. analyt. Chem. 1864, 9.

Knapp findet als Ergebnis von 14 Analysen in gereinigtem Holzgas:

<pre>
Schwere Kohlenwasserstoffe . .   6,5 bis 10,5
Kohlenoxyd . . . .   21,3 „ 21,6
Wasserstoff . . . .   18,4 „ 48,7
Leichte Kohlenwasserstoffe . .   9,4 „ 35,4
</pre>

Die großen Schwankungen des Wasserstoffes und Methangehaltes erklären sich durch sehr verschiedene Entgasungstemperaturen[1]. Das spez. Gewicht beträgt 0,6 bis 0,7 und die Leuchtkraft ist um etwa 20 Proz. höher als die eines normalen Steinkohlengases. Die Destillation erfolgt in eisernen Retorten bei 700 bis 800°. Die Reinigung besteht hauptsächlich in der Entfernung der Kohlensäure durch trockenen Ätzkalk, von dem 100 cbm Gas 100 bis 125 k erfordern[1].

Die Nebenprodukte sind ganz anderer Natur als die der Steinkohlengaswerke. Außer dem Holzteer wird Essigsäure, Methylalkohol und Aceton gewonnen. Ihre Herstellung bezweckt auch heute noch eine blühende chemische Industrie, bei der aber das Gas Nebenprodukt geworden ist.

Auch die älteste und ehrwürdigste Trockendestillation, die Köhlerei, wird ja auch heute noch überall, wo Holz in ausreichendem Maße zur Gewinnung von Holzkohle zur Verfügung steht, in ihrer primitiven Form betrieben; die entstehenden brennbaren Gase werden aber wenig ausgenutzt.

Von sehr geringer Bedeutung war die Herstellung von Leuchtgas aus Torf, welche kurze Zeit in zwei kleinen Gasanstalten in der norddeutschen Moorgegend betrieben wurde. Heute wird Torf nur zur Herstellung von Kraftgas und zur Gewinnung der Nebenprodukte verarbeitet[2].

Die Braunkohle ist nur in sehr beschränktem Umfange zur Herstellung von Leuchtgas benutzt worden. Heute existieren nur noch in Österreich zwei kleine Fabriken, die Leuchtgas aus Braunkohle direkt herstellen. Dagegen wird das aus gewissen Braunkohlen in den Schwelereien hergestellte Gasöl in ausgedehntem Maße zur Herstellung von ölcarburiertem Wasser-Kraftgas und von reinem Ölgas verwendet.

Das Schwelgas der Sächsisch-Thüringischen Braunkohlenindustrie wird ausschließlich zum Heizen der Schwelöfen und als Kraftgas benutzt[3].

Ähnlich liegen die Verhältnisse in der jungen Industrie, die den in Messel bei Darmstadt geförderten bitumenhaltigen Schiefer verschwelt. Dagegen ist der Bogheadschiefer als Material der schottischen Schwelindustrie anfänglich in großem Maßstabe zur Leuchtgasfabrikation benutzt worden. So wurde Harburg lange Zeit mit Leuchtgas von einer Schwelerei, die Bogheadschiefer verarbeitete, versehen. Andere Städte wie Frankfurt, Bremen, Braunschweig usw. setzten den Steinkohlen 20 bis 50 Proz. Bogheadschiefer zu[4].

---

[1] *Klason*, *Heidestam* und *Norlin* finden bei Vergasungstemperaturen unter 400° keinen Wasserstoff und keine aromatischen Kohlenwasserstoffe. Zft. f. angew. Chem. 1910, 1257.

[2] *Reissig:* Handbuch f. Holz- u. Torfgasbeleuchtung 1863; Journ. f. Gasbel. 1863, 386, 421.

[3] *Gräfe:* Journ. f. Gasbel. 1903, 525.

[4] *Scheithauer:* Schwelteere, 1911; auch *Schilling,* Handbuch 1869, 15.

Das Ölgas.

Nachdem die ersten Jahrzehnte der jungen Leuchtgasindustrie verstrichen waren, suchte man die Steinkohlen durch andere Stoffe zu ersetzen. Im ersten Kapitel wurde schon erwähnt, daß man Holz, Torf, Harz und Abfallprodukte verschiedener Art und besonders Öl zur Gaserzeugung zu verwenden suchte. In Deutschland hat das Holz, in England das Öl den Kohlen kurze Zeit eine scharfe Konkurrenz gemacht. *John Taylor* betrieb seit 1814, seit 1815 unter dem Schutze eines Patents, die Herstellung von Ölgas. 1823 gab es in England elf Ölgasanstalten, z. B. Liverpool und Hull, die jedoch in wenig Jahren in Steinkohlengasanstalten verwandelt wurden. Ähnlich ging es der 1828 von *Knoblauch & Schiele* in Frankfurt a. M. errichteten Ölgasfabrik, die schon 1830 zur Vergasung der billigen amerikanischen Harze überging. Die anderen deutschen Ölgasanstalten in Köln, Wesel und Hanau gingen sofort zum Steinkohlengas über. Als Material benutzten diese Ölgasanstalten fette Öle tierischer und pflanzlicher Herkunft, da die Mineralöle zu dieser Zeit auf dem Weltmarkt noch keine Rolle spielten. Die hohen und schwankenden Preise der fetten Öle machten ein wirtschaftliches Arbeiten unmöglich.

In der Mitte des vorigen Jahrhunderts fand man auf verschiedenen Wegen neue Rohprodukte, die die Ölgasfabrikation wieder aufleben ließen. In Schottland und Deutschland hatte sich die Schwelindustrie entwickelt und lieferte bedeutende Mengen von Schwelölen. Harburg wurde lange Zeit direkt von einer Schwelerei, die schottischen Bogheadschiefer verarbeitete, mit Leuchtgas versorgt. In Amerika hatte 1859 *J. Drake* die erste Petroleumquelle entdeckt. Mit den billigeren und besseren Rohprodukten gewann auch das Ölgas wieder an Boden, fand aber nur für kleine Anstalten, die Kohlenbetrieb nicht lohnend erscheinen ließen, Verwendung.

Anders wurde das erst nach 1870, als man begann die Eisenbahnwagen mit Ölgas zu beleuchten und nun die Bahnverwaltungen Ölgas in zahlreichen Zentralen herstellten. Außerdem gibt es in Deutschland und Österreich zusammen zurzeit 15 durchweg sehr kleine Ölgasanstalten.

Da heute auf dem Gasöl zur Herstellung von reinem Ölgas ein Zoll von 6 Mk. für 100 k steht, verwendet man ausschließlich inländisches Gasöl. Es wird bei uns hergestellt von den Öldestillationen, die Elsässer und hannoversches Rohöl verarbeiten, und besonders von der Sächsisch-Thüringischen Braunkohlenschwelindustrie und neuerdings von der Messeler Schieferölindustrie. Die deutschen mineralischen Gasöle stehen dem galizischen Gasöl nahe, die zur Carburierung von Wassergas in bedeutenden Mengen eingeführt werden, da der für diese Verwendung erhobene ermäßigte Zoll von 3 Mk. ihre Anwendung eben noch gestattet. Die Braunkohlenschwelereien bringen zwei Sorten, Gasöl und Paraffinöl, auf den Markt. Das Gasöl, Fett- oder Rotöl (vom spez. Gewicht 0,870 bis 0,900) wird beim Abpressen der B- oder Sekundaparaffinmasse, das Paraffinöl (vom spez. Gewicht 0,900 bis 0,930) beim Abpressen der C- oder Tertiamasse gewonnen.

Vom technischen Standpunkte aus eignen sich alle anderen Gasöle, die aus den erwähnten Gründen bei und nur zur Herstellung von ölcarburiertem Wassergas dienen, mindestens ebensogut zur Herstellung von Ölgas. In der folgenden Tabelle sind die Konstanten und die Wertzahl, d. h. das Produkt aus Gasmenge und dessen Heizwert in WE. nach den Untersuchungen von *Hempel*[1] zusammengestellt.

Zusammenstellung der physikalischen Konstanten einiger Gasöle. Siedeanalyse. Mengen in Volumenprozenten.

	Spez. Gewicht 15/4	*Engler*-Grade	Flammpunkt Grad	Siedebeginn Grad	bis 150	150 bis 200	200 bis 250	250 bis 300	300 bis 350	350 bis 400	Rückstand	Heizwert oberer Calorien	Wertzahl. Heizwert u. Gasausbeute bei norm. Vergasung
Galizisches Gasöl . .	0,870	1,848	55,5	124	1,3	4,2	6,6	23,6	35,2	23,6	5,5	10 741	642
„ „	0,877	2,39	63	91	0,5	1,6	4,2	15,4	37,2	33,2	7,9	10 882	644
Rumänisches Gasöl .	0,879	1,348	75	200	—	—	37,2	42,8	14,2	—	5,8	—	555
„ „	0,886	1,483	66,5	154	—	1,1	23,5	44,1	21,1	—	10,2	—	539
Pechelbronner Gasöl	0,847	1,479	—	208	—	—	9,0	47,0	31,2	10,5	2,3	10 186	663
Gasöl aus schwerem Wietzer Öl. . . .	0,849	1,395	95	219	—	—	10,8	62,6	23,1	—	3,5	9 994	657
Gasöl aus leichtem Wietzer Öl . . .	0,882	3,51	—	106	1,7	5,3	9,0	6,1	13,9	35,9	28,1	10 032	646
Gasöl von *Messel* 1908	0,856	1,578	—	235	—	—	1,0	40,5	38,0	13,1	7,4	10 055	656
„ „ „ 1907	0,882	1,714	—	127	—	4,9	15,3	22,7	26,8	22,0	8,3	9 795	599
„ „ *Riebeck* .	0,873	1,282	—	164	—	2,4	33,9	34,3	20,4	3,6	5,4	9 807	550
Paraffinöl von *Riebeck*	0,939	2,083	—	134	—	—	1,6	25,0	43,2	24,6	5,6	9 837	511

In Amerika ist die Herstellung von ölcarburiertem Wassergas und von Ölgas außerhalb der eigentlichen Ölgebiete, in denen meist das Naturgas vorherrscht, außerordentlich verbreitet. Amerika besitzt nicht sehr viele Gaskohlen, aber ausgedehnte Lager wertvollen Anthrazits, der direkt zur Herstellung von ölcarburiertem Wassergas benutzt wird. In kohlenarmen Gegenden wie Californien, wo Öl reichlich vorhanden ist, hat in der letzten Zeit die Herstellung von reinem Ölgas sehr zugenommen. 1899 gab es in Californien 33 Steinkohlengas- und 2 Ölgasfabriken, 1909 1 Steinkohlenfabrik und 56 Ölgasfabriken. Die Industrie ist dort von der *Pacific Gas and Electric Corporation* monopolisiert[2].

Zur Beurteilung von Gasölen bestimmt man das spez. Gewicht bei 15° am besten mit einer geeigneten Spindel und die Siedegrenzen in der von *Engler* angegebenen Weise. Der Heizwert wird in der Bombe bestimmt. Verluste durch Verspritzen oder Verdunsten werden durch die von *Schleicher & Schüll* in den Handel gebrachten Cellulosezylinder vermieden. Zweckmäßiger ist es, besonders zur Vermeidung von Verlusten durch Verdunstung, das Öl in einem Platintiegelchen, welcher mit Papier zugedeckt ist, in die Bombe

---

[1] *Hempel:* Journ. f. Gasbel. 1910, 53, 77, 101, 137, 155.
[2] Zft. f. angew. Chem. 1909, 1024; 1911, 630.

zu bringen. Der Heizwert für Cellulose oder Papier muß durch Versuche ermittelt und abgerechnet werden. An die Heizwertbestimmungen wird zweckmäßig eine Schwefelbestimmung angeschlossen. Diese Bestimmungen geben nur Anhaltspunkte für die Gleichmäßigkeit der Ware. Über den Wert eines Öles als Gasöl geben sie keinen Aufschluß. Diese Lücke füllen die Apparate von *Wernecke*[1] und *Hempel*[2] aus. Der Vergleich der Ergebnisse mit diesen kleinen Versuchsapparaten, in denen das Öl vergast wird, mit den Ergebnissen des Großbetriebes ist jedoch nicht immer befriedigend, und die Apparate sind so teuer und ihre Anwendung so zeitraubend, daß sie in der Praxis wohl selten benutzt werden.

Der Vorzugzoll von 3 Mk. (3,60 brutto) auf 100 k wird nur auf Öle mit dem spez. Gewicht von 0,830 bis 0,880 bei 15° gewährt. Als gutes Gasöl kann ein Öl angesehen werden, dessen Flammpunkt im *Pensky*schen Apparat nicht unter 50 bis 65° liegt. Bei der Bestimmung der Siedegrenzen nach *Engler* sollen bis 300° mindestens 60 Proz. überdestillieren, und der Rückstand soll höchstens 1 Proz. betragen; je enger die Siedegrenzen sind, desto besser ist die Ausbeute und desto leichter die Regelung des Betriebes.

Nach den Untersuchungen von *Torpe* und *Young*[3], *Vohl*[4] und *Engler*[5] entstehen aus den hochmolekularen Paraffinen niedere Paraffine und Olefine, *Armstrong* und *Müller*[6] und *Haber*[7] fanden unter den gasförmigen Kohlenwasserstoffen gesättigte und ungesättigte aliphatische neben aromatischen Kohlenwasserstoffen, wie Benzol und seine Homologen.

Die Herstellung des Ölgases findet in gußeisernen Retorten oder in Schachtöfen statt. Gewöhnlich sind zwei Retorten übereinander angeordnet und miteinander verbunden.

Young und *Bell*[8] vergasen in dem von ihnen erfundenen Peeblesprozeß in weiten Retorten von 2,75 m Länge und 0,7 m Durchmesser bei etwa 480 bis 600°. Hierbei erfolgt die Zersetzung des Öls überwiegend durch strahlende Energie. Es bleibt ein beträchtlicher Teil des Öles unzersetzt. Das Rohgas wird dann heiß mit Öl gewaschen und von zersetzten Öldämpfen, Teer und Ruß befreit. Das Waschöl tritt vorgewärmt in die Retorte. Man erhält ein lichtstarkes Ölgas und als Nebenprodukt nur Koks, dessen Menge 25 Proz. vom Öl beträgt.

Anders arbeiten die Apparate von *Dworkowitsch*, *Pintsch* und anderen. *Dworkowitsch*[9] arbeitet mit engen Retorten und Temperaturen von 800 bis 850°. Der Apparat von *Pintsch* besteht aus zwei übereinanderliegenden und miteinander verbundenen Retorten von etwa 70 cm lichter Weite. Das Öl

---

[1] Journ. f. Gasbel. 1910, 137.
[2] Journ. f. Gasbel. 1910, 78.
[3] Ann. Chem. Pharm. 165, 1.
[4] Dingl. polyt. Journ. 1865, 69.
[5] Ber. d. deutsch. chem. Gesellsch. 1897 (30), 2908.
[6] Chem. Soc. Journ. 1886, 74.
[7] Journ. f. Gasbel. 1896, 377.
[8] Journ. f. Gasbel. 1894, 305.
[9] Journ. f. Gasbel. 1894, 10.

wird vorn in die obere Retorte eingeführt und zersetzt sich bei etwa 1000°
an den heißeren Wänden der unteren Retorte. Etwa alle 24 Stunden muß
der Graphit aus den Retorten entfernt werden, und man erhält außer diesen
beträchtliche Mengen von Ölteer als Nebenprodukt. Die Beheizung geschieht durch einen Koksgenerator oder mit Öl- oder Teerfeuerung.

Neuerdings baut *Pintsch* Ölgasanstalten auch nach dem Vorbild der
Apparate zur Herstellung von ölcarburiertem Wassergas. Der Wassergasgenerator fehlt natürlich, und die Heizung erfolgt durch Verbrennen des Öl-
gasteers. Der Vergaser und der Überhitzer sind eiserne Schachtöfen, die mit
Schamottematerial ausgekleidet und mit Schamottesteinen dicht ausgesetzt
sind. In dem Stutzen des Vergasers ist ein Hilfsrost eingebaut, auf dem
man zunächst mit Koks oder Ölgraphit anheizt. Sowie die obersten Stein-
reihen heiß sind, wird Ölteer mit einem Dampfzerstäuber hineingeblasen
und mit Wind verbrannt. Die Verbrennungsgase heizen Vergaser und Überhitzer und gehen zum Kamin. Sobald die Temperatur von 700 bis 750° erreicht ist, wird Teer, Dampf und Luft abgestellt, die Abzugsklappe geschlossen
und das Ventil zur Vorlage geöffnet, und nun wird Öl in den Vergaser ein-
gespritzt. Das Vergasen erfolgt selbstverständlich in beiden Teilen des
Apparats, zumal die Temperatur im Vergaser zunächst immer höher als
im Überhitzer ist. Ist die Temperatur so weit gefallen, daß die Ölgase nicht
mehr genug fixiert werden, was man an der braunen Farbe des Gases er-
kennt, so wird wieder abgestellt und mit Teer angeheizt. Der Graphit wird
mit Wind aus dem Steingitter herausgebrannt. Der Konsum an Ölteer zur
Heizung stellt sich auf etwa 15 k für 100 k vergastes Öl, d. h. etwa 50 Proz.
des erzeugten Teers. Aus 100 k Öl erhält man 50 bis 60 cbm Gas.

Das Ölgas enthält:

	Amerik. Ölgas[1] Vol.-Proz.	nach *Scheithauer*[2] Vol.-Proz.	nach *Graefe*[3] Vol.-Proz.	nach *Hempel*[4] Vol.-Proz.
Kohlensäure	0	1,0	0,4	0,4 bis 0,8
Sauerstoff	0,4	0,5	—	—
Schwere Kohlenwasserstoffe	45,4 bis 54,2	33,0	28,3	27,69 bis 36,61
Kohlenoxyd	1,2 „ 0,3	2,5	2,5	0,52 „ 2,5
Wasserstoff	5,0 „ 9,8	15,0	14,3	13,27 „ 19,40
Methan	32,8 „ 43,6	46,0	41,0	24,91 „ 51,41
Äthan		—	9,9	6,75
Stickstoff	2,5 „ 4,4	2,0	3,5	0,32 bis 1,28

Das Ölgas hat eine Leuchtkraft von 10 bis 11 HK bei 33 l Stunden-
konsum und einem oberen Heizwert von etwa 10 000 bis 12 000 Cal. Die
Leuchtkraft ist also 3 bis 4 mal, der Heizwert 2 bis 3 mal so groß als der des
Steinkohlengases. Das spez. Gewicht beträgt 0,8 bis 0,9.

Außerdem enthält das gereinigte Gas etwa 0,25 bis 0,30 g Schwefel in
100 cbm. Die Reinigungsanlagen sind den der Leuchtgasfabrikation aus

---

[1] Journ. Soc. Chem. Ind. 1910, 196.
[2] Journ. f. Gasbel. 1898, 144.
[3] Journ. f. Gasbel. 1900, 524.
[4] Laboratoriumsversuche. Journ. f. Gasbel. 1910, 163.

Steinkohlen genau nachgebildet und bestehen meist aus einem Kühler, Wäscher, Gassauger, Teerscheider und einer kleinen Eisenoxydreinigung. 50 bis 60 Proz. des Öls werden in Gas übergeführt, 30 Proz. finden sich in Teer und 4 bis 6 im Koks. Der Ölgasteer hat ein spez. Gewicht von 0,95 bis 1,00.

Die Untersuchung einiger Ölgasteere ergab Proz.:

	I	II	III	IV
Wasser				0,25
Leichtöl	18	6	16	0,7
Mittelöl	10	11	11	3,18
Schweröl	14	16	10	15,80
Anthraceenöl	10	10	60	31,71
Pech	48	57	60	48,36

Verwendung. In Deutschland wird das Ölgas fast ausschließlich zur Beleuchtung der Eisenbahnwagen hergestellt und zu diesem Zweck auf etwa 12 Atm. komprimiert. Hierbei scheiden alle Ölgase, welche nicht nach dem Peeblesprozeß hergestellt sind, Kohlenwasserstoffe ab, und zwar aus 100 cbm Gas etwa 6 bis 8 k leichte Öle. Dadurch kann die Leuchtkraft um 25 Proz. sinken. Die Kondensate enthalten:

Benzol	70 Proz.
Toluol	15
Höhere aromatische Kohlenwasserstoffe	5
„ aliphatische „	10

Man hat zeitweise dem Ölgas 20 bis 50, meist 25 Proz. Acetylen zugesetzt, um die Leuchtkraft auf etwa das Dreifache zu heben, ist aber heute nach Einführung des Gasglühlichts in den Eisenbahnwagen wieder davon abgekommen. Das Gas wird in Gastransportwagen unter 10 Atm. Druck auf die Bahnhöfe verteilt. Jeder Eisenbahnwagen nimmt den Gasbedarf für 30 bis 40 Brennstunden, d. h. pro Flamme etwa 1 cbm bei gewöhnlichem Druck, mit. Das Gas wird direkt aus den Gaskesseln durch ein Reduzierventil mit einem sehr geringen Druck den Lampen zugeführt.

Das Ölgas ist recht teuer. Die Kosten für Material und Herstellungskosten ohne Amortisation betragen 25 bis 33 Pfg. für 1 cbm.

Zur Herstellung von

Luftgas

wird Luft in einem hierzu geeigneten Apparat mit Benzindämpfen gesättigt. Luftgas wird nur in ganz kleinen Gasanstalten oder zur Beleuchtung einzelner Häuser verwendet und kann nur in Brennern mit Glühkörpern zur Beleuchtung dienen.

In 1 cbm Luft verdampft man etwa 250 g Benzin vom spez. Gewicht 0,64 bis 0,69. Das Benzin besteht aus den Kohlenwasserstoffen, die bei der Destillation des amerikanischen Rohpetroleums zuerst übergehen, hauptsächlich aus Pentan und Hexan und kommt als Gasolin 1 (0,64 bis 0,66) und Gasolin 2 (0,66 bis 0,68) und Automobilbenzin 1a (0,69) in den Handel.

Die Apparate der verschiedenen Systeme arbeiten in ähnlicher Weise. In der Gebläsetrommel wird Luft komprimiert, während aus dem Benzinverdränger, der mit dem Gebläse verkuppelt ist, die entsprechende Menge Benzin zugesetzt wird. Im Vergaser nimmt die Luft den Benzindampf auf. Das Gas hat einen Heizwert von etwa 3000 w und ein spez. Gewicht von 1,12. Darum muß es unter einem Druck von etwa 140 mm Wassersäule verteilt werden.

Bezüglich Acetylen verweise ich auf das in derselben Sammlung erschienene Buch: „Das Acetylen, seine Eigenschaften, seine Herstellung und Verwendung" von *J. H. Vogel.*

Das Steinkohlengas.

Das Material. In Europa sind die Steinkohlen bei weitem das wichtigste Material zur Leuchtgasbereitung.

Die Veränderung des Materials von den getrockneten Resten heutiger Pflanzen zum Torf, zur Braun- und schließlich zur Steinkohle zeigt in schematischer Weise folgende Zusammenstellung:

Einteilung und Zusammensetzung der fossilen Brennstoffe.
(Nach *Brookmann*, Sammelwerk Bd. I, S. 258.)

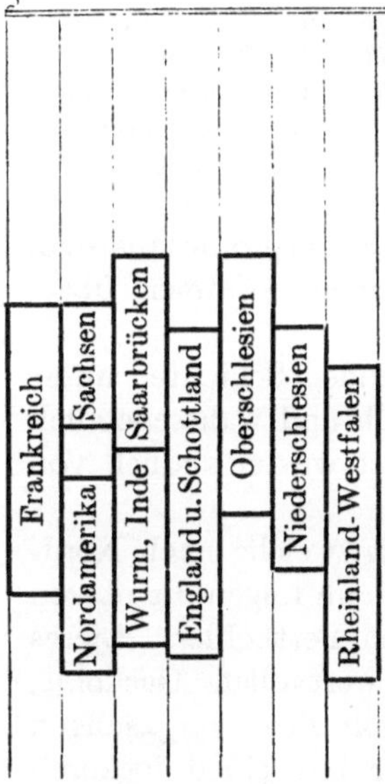

Die links stehenden Klammern ordnen die Lagerstätten den Zusammensetzungsbereichen zu: Frankreich, Sachsen, Nordamerika, Saarbrücken, Wurm, Inde, England u. Schottland, Oberschlesien, Niederschlesien, Rheinland-Westfalen.

	Zusammensetzung C	H	O	Wärmeeinheiten theoretisch	Verdampfung praktisch	Grubenfeuchtigkeit	Spez. Gewicht	Koksausbeute	Beschaffenheit des Koks
Holz . . .	50	6	44	4500	5,3	60	1,15	15	Struktur
Torf . . .	55	6	39	5000	5,9	50		30	Pulver
„ . . .	60	5	35	5500	6,5	45		35	„
Lignit . . .	65	5	30	6000	7,1	40		40	„
Braunkohle	70	5	25	6200	7,3	30		45	„
„	72	5	23	6400	7,5	20		48	„
„	74	5	21	6800	8,0	10		50	⎰ Pulver oder
„	76	5	19	7100	8,4	8		53	⎱ gesintert
„	78	5	17	7400	8,7	6	1,20	55	„
Flammkohle	80	5	15	7600	9,0	4	1,25	60	gesintert
Gaskohle .	82	5	13	7800	9,2	3		63	gebacken
„ .	84	5	11	8000	9,4	2		65	„
Kokskohle .	86	5	9	8300	9,8	2	1,30	70	„
„	88	5	7	8500	10,0	1		75	„
Magerkohle.	90	5	5	8800	10,4	1	1,35	78	„
„	92	4	4	8700	10,2	1		80	gesintert
Anthrazit .	94	3	3	8500	10,0	$\frac{1}{2}$	1,40	90	Pulver
„ . .	96	2	2	8400	9,9	$\frac{1}{2}$		95	„
„ . .	98	1	1	8200	9,6	$\frac{1}{2}$		98	„
Graphit . .	100	—	—	8100	9,5	—	2,30	100	„

Das Material, aus dem die Kohlen der verschiedenen Epochen entstanden, ist jedenfalls verschieden gewesen, so daß z. B. Braunkohlen selbst unter gleichen Bedingungen stets ein anderes Material geben werden als die Steinkohlen.

Steinkohle findet sich in wechselnder Menge und Beschaffenheit in allen Erdteilen, nicht in allen Kohlenlagern wird Gaskohle gefunden. Australien lieferte früher lange Zeit nach Europa eine wertvolle, sehr bituminöse Schieferkohle, welche als Zusatzkohle in Gaswerken Verwendung fand. Amerika besitzt Gaskohlen und Kokskohlen und besonders sehr bedeutende Vorräte von Anthrazit. Englands reichste Gaskohlenfelder liegen in der Grafschaft Durham (New-Leversen, West-Leversen, Leversen Wallsend, Warmouth, Londondery, Consett, Craghead und viele andere). Auch in Northumberland und Yorkshire und in Schottland werden Gaskohlen gefördert, während South Wales (Cardiff) überwiegend Eß-Kohlen auf den Markt bringt.

Nächst Englands Kohlenfeldern ist das wirtschaftlich bedeutendste Kohlenbecken Europas das westfälische. Das flözführende obere Carbon steht hier nur in einem kleinen Bezirk nord- und südwärts der Ruhr an, etwa in dem Dreieck, dessen Ecken Mühlheim a. d. Ruhr, Unna und ein Punkt wenige Kilometer nördlich von Elberfeld-Barmen bilden.

Man gliedert das Steinkohlengebirge:

	Gesamt-mächtig-keit m	Zahl der bauwür-digen Flöze	deren Gesamt-mächtig-keit	Gehalt der Kohle an flüchtigen Bestandteil. Proz.	Leitflöz
Hangende Mergeldecke . .	0—1400	—	—	—	—
1. Gasflammkohlengruppe.	1000	26	?	37—45	Bismarck
2. Gaskohlengruppe . . .	300	10	8	33—37	Zollverein
3. Fettkohlengruppe . . .	600	25	23	20—33	Catharina und Sonnenschein
4. Magerkohlengruppe . .	1050	10	9—10	5—20	Mausegatt

Die Reihenfolge der wichtigsten Flöze zeigen die Seigerprofile aus dem Ruhrkohlengebiet und aus Oberschlesien. Die Gaskohlen kommen überwiegend in den nördlichen Bezirken vor.

Das Steinkohlengebirge setzt sich unter den hangenden Schichten unter dem Rhein her fort bis Aachen, Belgien, Nordfrankreich und wahrscheinlich bis England. Eigentliche Gaskohle findet sich aber erst wieder südlich von Calais.

Im Saargebiet unterscheidet man vier Flözgruppen, welche nach Nordost verlaufen. Die oberen Flöze führen magere Kohle, dann folgen die oberen und unteren Flammkohlen und zuletzt die wertvollsten Fettkohlen. Dieses im Saarrevier als Fettkohle bezeichnete Material ist wertvollste Gaskohle, welche 37,8 cbm Gas aus 100 k Kohle (Mittel aus zwölf Probevergasungen der Lehr- und Versuchsgasanstalt in Karlsruhe), aber nur einen lockeren Koks geben.

Die sächsischen Kohlenfelder bei Zwickau und Chemnitz führen ebenfalls eine Gaskohle, welche gute Gasausbeuten, 30 bis 35 cbm aus 100 k, aber einen minderwertigen Koks geben. In Niederschlesien ist die Erzeugung an

Gaskohlen nicht sehr bedeutend; dagegen birgt Oberschlesien Gaskohlenvorräte, die noch Jahrhunderte ausreichen werden, wenn längst die anderen europäischen Kohlenfelder abgebaut sind.

Der Bedarf Deutschlands an Gaskohlen betrug 1910 etwa 7,2 Millionen t. Davon fallen auf:

Ruhrkohlengebiet	2 300 000 t	32,0 Proz.	à 12,00 Mk.
Saarkohlengebiet	1 000 000	13,9	à 15,00
Oberschlesisches Kohlengebiet . . .	1 200 000	16,63	à 11,50
Niederschlesisches Kohlengebiet . .	200 000	2,73	à 16,00
Sachsen	200 000	2,73	à 16,00
England	2 300 000	32,0	à 8,50

Die angegebenen Preise sind Durchschnittspreise ab Grube.

Die Gasanstalten verbrauchten von der Gesamtförderung:

	Ruhrkohlen	Saarkohlen
1906	3,36	10,78
1907	3,28	10,69
1908	3,28	10,89
1909	3,26	11,01
1910	3,26	10,50
1911	3,32	11,12

Die Richtpreise des Rhein.-Westf. Kohlensyndikats betrugen für Förderkohlen mit 25 Proz. Stückgehalt für:

	1910 bis 1911	1911 bis 1912	1912 bis 1913
Fettkohlen	10,50	10,50	11,25
Gas- und Gasflammkohlen . .	12,50 bis 13,50	11,50 bis 12,50	12,00 bis 13,00
Eßkohlen	10,00	10,00	10,75
Magerkohlen	10,00	10,00	10,75

Die Einteilung der Steinkohle. Auch die Steinkohle ist noch heute einer fortgesetzten Änderung unterworfen. Der Sauerstoffgehalt sinkt ständig weiter und die Abspaltung von Methan bewirkt es, daß die Kohle mit der fortschreitenden Entwicklung immer gasärmer wird. So kommt es, daß Kohlen verschiedenen Alters sehr verschiedene Eigenschaften und sehr verschiedene technische Verwendbarkeit haben.

Zur Herstellung von Leuchtgas verwendet man naturgemäß eine möglichst gasreiche, d. h. junge Kohle. In keiner Industrie sind aber die Nebenerzeugnisse von so einschneidender wirtschaftlicher Bedeutung wie in der Gasfabrikation. Um wirtschaftlich arbeiten zu können, muß man auch auf die Qualität und Quantität der Nebenprodukte, insbesondere des Kokses Rücksicht nehmen. Die jüngsten und gasreichsten Kohlen geben nur einen kaum gefritteten, technisch ziemlich wertlosen Koks. Man benutzt daher zur Herstellung des Leuchtgases etwas ältere und immerhin noch gasreiche Kohlen, die zugleich einen hinreichend festen Koks geben, während die mächtige Schwesterindustrie, die Kokerei, welche auf Koks als Hauptprodukt arbeitet, noch ältere, dementsprechend gasärmere Kohlen verkokt, die einen sehr harten, wertvollen Koks liefern. Die ältesten Kohlen des Carbon, die Anthrazite, enthalten nur wenig Gas und geben auch keinen brauchbaren

Koks mehr. Die Kohle, welche einen guten Koks liefern soll, muß einerseits schmelzen und darf andererseits nicht so viel Gas entwickeln, daß die geschmolzene Kohle zu stark gebläht wird. Die älteste Einteilung der Kohlen nach der Eigenschaft ihres Kokses stammt von *Karsten*[1] (1836); er teilte die Kohlen ein in Sand-, Sinter- und Backkohlen. *Schondorf*[2] schob Zwischenstufen ein und gab eine Charakteristik des im Platintiegel hergestellten Kokskuchens. *Gruner*[3] versuchte nun diese Einteilung zahlenmäßig festzulegen. Sein Versuch war erfolglos, ebenso wie viele später nachfolgende[1]. *Gruner* zog zunächst das Gewichtsverhältnis vom Sauerstoff zum Wasserstoff und dann die Koksmenge heran.

Muck[4] änderte nach den Koksausbeuten die Zahlen von *Gruner* ab. Die Grenzen, die er angibt, gelten aber nur für Ruhrkohlen; die Koksausbeuten der Kohlen verschiedener Herkunft schwanken innerhalb viel weiterer Grenzen. Die Saarkohlen z. B. geben viel niedrigere Koksausbeuten als die Ruhrkohlen. *Hilt* erweiterte die *Schondorf*sche Einteilung und zog die Gasausbeute mit hinzu. Man teilt die Kohlen auch heute noch ein:

1. Gasreiche Sandkohle	52,6 bis 55,5	Proz. Koks
2. Gasreiche (junge) Sinterkohle	55,5 „ 60,0	„ „
3. Backende Gaskohle	60,0 „ 66,6	„ „
4. Backkohle	66,6 „ 84,6	„ „
5. Gasarme (alte) Sinterkohle	84,6 „ 89,0	„ „
6. Gasarme Sandkohle oder Anthracit . . .	über 90,0	„ „

Zuletzt versuchte *Fleck*[5] das Verhältnis vom disponibeln zum gebundenen Wasserstoff zur zahlenmäßigen Abgrenzung der verschiedenen Klassen heranzuziehen. Der gebundene Wasserstoff ist die Menge, die nötig wäre, um mit dem gesamten in der Kohle vorhandenen Sauerstoff Wasser zu bilden; der überschüssige Wasserstoff ist der disponible ($H - \frac{1}{8} O$). Auch diese Einteilung erwies sich als unhaltbar.

Außer diesen Kohlensorten, deren Unterscheidung durch ihre technische Verwendbarkeit begründet ist, teilt man noch nach den mineralogischen Unterschieden in die Kohlenarten ein:

1. Die Glanzkohle ist tiefschwarz glänzend, sehr spaltbar, und findet sich überwiegend in den liegenden Partien der Fett-, Eß- und Magerkohle.
2. Die Mattkohle ist wenig spaltbar, fester und leichter als die Glanzkohle. Sie ist charakterisiert durch Streifen von Kohle verschiedenen Glanzes und findet sich mehr in den hängenden Partien der Gas- und Gasflammkohlen.
3. Die Cannelkohle ist mattschwarz, nicht mehr spaltbar und besitzt muscheligen Bruch; sie läßt sich bearbeiten und polieren.
4. Pseudo-Cannelkohle ist mattschwarz, aber spröde und brüchig. Ihr Kohlenstoffgehalt in der Reinkohle ist höher als der der echten Cannelkohle.
5. Die Faserkohle, auch mineralische Holzkohle genannt, ist tief samtschwarz mit seidigem Glanz. Sie kommt in geringer Menge und in ganz dünnen Streifen,

---

[1] *Muck:* Steinkohlenchemie. Bonn 1892.
[2] Zft. f. Berg-, Hütten- u. Salinenw. 1875.
[3] Annales des Mines 1873; Dingl. polyt. Journ. **213**, 244.
[4] *Muck:* Chemie der Steinkohle (Leipzig 1891).
[5] Dingl. polyt. Journ. **180**, 460; **181**, 48, 267; **195**, 430.

aber in allen Kohlenpartien vor. Sie gibt eine hohe Koksausbeute und enthält meist viel Schwefel.

6. Brandschiefer ist kohlehaltiger Tonschiefer. Er kommt in enormen Mengen vor, ist aber wegen seines hohen Aschegehaltes wertlos. Er birgt oft wohlerhaltene Abdrücke von Fossilien.

Potonier[1] nimmt an, daß die Glanzkohlen aus Torf, die Mattkohlen aus Faulschlamm unter Wasser entstanden sind. Durch chemische Analyse lassen sich die verschiedenen Gattungen voneinander nicht unterscheiden.

Zwischen allen Kohlengattungen finden sich natürlich Übergänge, so daß es oft recht schwer ist, die Kohlen zu klassifizieren. Ferner schwanken die Begriffe in den verschiedenen Kohlendistrikten, da es sich ja um Vergleiche der verschiedenen Kohlen handelt. Man nennt daher da, wo magere Kohlen vorherrschen, wie im Saargebiet, schon Kohlen fett, die man in Gegenden, die reich an fetter Kohle sind, wie das Ruhrkohlengebiet, in dem keine Flammkohlen, aber sehr viel fette Kohlen gewonnen werden, als mager bezeichnet.

Chemie der Kohle.

Die Rohkohle besteht aus Kohlensubstanz oder Reinkohle, gebundenen Gasen, Wasser und mineralischen Bestandteilen. Beim Wasser pflegt man grobe oder Grubenfeuchtigkeit und gebundenes Wasser zu unterscheiden. Grobes Wasser ist das Wasser, welches beim Stehen der Kohlen in kürzerer Zeit, meist 48 Stunden, verdunstet; gebundenes Wasser ist das Wasser, das die Kohle erst beim Trocknen bei höherer Temperatur abgibt. Für die Unterscheidung sind praktische Gründe maßgebend. Grubenfeuchte Kohle läßt sich schlecht mahlen und würde auch beim Zerkleinern Wasser verlieren. Man läßt daher die Kohle zunächst stehen, bis sie lufttrocken ist. Die letzten Reste des Wassers werden durch Molekularkräfte so fest gehalten, daß man die Kohle zum vollständigen Trocknen erhitzen muß. Das „gebundene Wasser" ist nicht chemisch gebunden, und ein prinzipieller Unterschied zwischen Grubenfeuchtigkeit und gebundenem Wasser existiert nicht. Trotzdem enthalten ältere Kohlen meist weniger gebundene Feuchtigkeit als jüngere.

Richter[2] ließ gepulverte Kohle 24 Stunden bei 15° über Wasser stehen und bestimmte den Gewichtsverlust durch Trocknen über 100° oder über Schwefelsäure, und *Muck*[3] bestimmte direkt die Gewichtszunahme trockener Kohle beim Stehen über Wasser, ohne jedoch zu einem greifbaren Resultat zu gelangen. Sieben Kohlen aus hangenden Flözen der Zeche Hannover enthielten 4,2 bis 5,5 Proz. gebundene Feuchtigkeit.

Gaskohle von Zeche Bismarck enthielt		5,79	Proz. grobe Feuchtigkeit		
Gaskohle der Zeche Ewald	„	6	„	„	„
8 Fettkohlen der Zeche Prosber	1,4 bis 3,8		„	„	„
16 „ „ „ Ruhr und Rhein	1 „ 2		„	„	„
5 Magerkohlen der Zeche Langenbrahm	0,99 „ 2,35		„	„	„

---

[1] *Potonier:* Entstehung der Kohle 1907, S. 24.
[2] Dingl. polyt. Journ. **195**, 320.
[3] *Muck:* Chem. Beiträge S. 31.

Ebenso gibt *Bruckmann*[1] den Wassergehalt frisch geförderter Kohle in schematisierter Weise für

Gasflammkohle	4 Proz.
Gaskohle	3 „
Fettkohle	2 „
Eßkohle	1 „
Magerkohle	$\frac{1}{2}$ „

Den Zahlen selbst darf man aber keinen zu großen Wert beilegen, sie gelten nur mit vielen Ausnahmen und innerhalb des Ruhrkohlengebiets.

Die Steinkohle enthält ebenfalls durch Adhäsion mechanisch gebunden je nach ihrem Alter mehr oder weniger große Mengen von Gasen.

Die Gase kann man durch Auskochen der grob zerkleinerten Kohle mit luftfreiem Wasser entwickeln. Die Gase enthalten fast immer Methan, immer Kohlensäure, Sauerstoff und Stickstoff. Der Stickstoff übertrifft in allen Fällen den Sauerstoff um mehr als das Fünffache, woraus hervorgeht, daß der Sauerstoff der zur Kohle gelangten atmosphärischen Luft zum Teil zur Bildung von Kohlensäure und Wasser verbraucht ist. Aber auch unter Zurechnung des Sauerstoffs der Kohlensäure überwiegt der Stickstoff noch so bedeutend, daß man annehmen muß, daß ein Teil aus der Kohle stammt. Beim Lagern der Kohle in der Grube im Wetterstrom nimmt der Gesamtgasgehalt und das Methan stark ab, dagegen steigt der Gehalt an Kohlensäure. Dasselbe tritt beim Lagern über Tage ein. Die Gase entstehen bei den unbekannten Reaktionen, der die Kohle bei ihrer fortgesetzten Veränderung unterliegt, und werden ständig an die Umgebung abgegeben, wobei sie dann die schlagenden Wetter bilden.

Der Aschegehalt der Kohle ist außerordentlich großen Schwankungen unterworfen. Die Asche stammt

1. aus Mineralbestandteilen der Pflanzen;
2. aus mineralischen Niederschlägen, welche sich bei der Bildung der Kohle gleichzeitig mit der Pflanzensubstanz abgesetzt haben.
3. aus später durch das Wasser hineingebrachten Stoffen (Schwefelkies).

Holz enthält[2]:

Birkenholz	0,3 Proz.	Asche
Eichenholz	0,4 „	„
Buchenholz	0,6 „	„
Fichtenholz	0,7 „	„

Die Asche frischen Holzes besteht überwiegend aus Calciumcarbonat. Die mineralischen Niederschläge, welche sich mit den Pflanzenteilen zusammen abgelagert haben, können z. B. im Brandschiefer die Kohlensubstanz überwiegen. Sie bestehen überwiegend aus Aluminiumsilicaten.

Die später durch Wasser eingeführten Stoffe sind vor allem Schwefeleisen, Kochsalz, lösliche Kieselsäure und Bariumsulfat. Die Kohlenaschen enthalten ferner regelmäßig Eisen, Aluminium, Calcium, Magnesium, Kalium,

---

[1] *Bruckmann:* Entwicklung des Rhein. Westfäl. Kohlenbergbaues.
[2] Fischers Jahresber. d. chem. Technol. 1893, 5; 1899, 5.

Natrium, Schwefelsäure, Phosphorsäure, Kieselsäure, Kohlensäure, Chlor, Schwefel als Sulfid. Gelegentlich finden sich Mangan, Kupfer, Barium, Strontium und Titan.

Noch mehr als der natürliche Aschegehalt der Kohle selbst schwankt der Aschegehalt der Förderkohle, da oft enorme Mengen Bergmittel unter die Kohle gemischt ist. Daher täte es sehr not, daß man aus dem umfangreichen, vorliegenden Material Normalzahlen festlegt und die Kohle auch nach ihrem Aschegehalt oder richtiger nach ihrem Gehalt an Kohlesubstanz bewertet.

Die Ruhrkohlen sind stets am aschereichsten. Da der Aschegehalt der Rohkohle natürlich im hohen Maße von der Achtsamkeit auf den Gruben und von der Kohlenaufbereitung abhängt, so sind die Durchschnittsaschen verschiedener Zechen sehr verschieden. *Volkmann* fand z. B. im Mittel von im ganzen 600 Kohlenanalysen von Gasförderkohlen der Zechen:

	1910	1911
Ewald	7,89	8,35
Zollverein	10,28	10,67
Consolidation	10,77	11,92
Stinnes I/II	11,05	11,47
Königin Elisabeth	12,85	11,01
Unser Fritz	12,98	12,19

Ferner hängt der Aschegehalt auf das engste mit der Stückgröße der Kohlen zusammen. Als Mittel von ebenfalls sehr zahlreichen Untersuchungen fand derselbe:

Stückkohlen, westfälische	. . . .	6,88 Proz.
Nuß 3 und 4 „	. . . .	5,94
Gruskohlen „	. . . .	15,53

Der Aschegehalt von Gruskohlen ist jedoch häufig sehr viel höher und kann 30 Proz. betragen. In Kohle aus der Grube Heinitz fand die Lehr- und Versuchsgasanstalt:

Stückkohle	. . . .	3,83	Proz. Asche
Würfelkohle	. . . .	5,66	„ „
Nußkohle	. . . .	11,00 bis 11,30 Proz.	„

Die eigentliche Kohlensubstanz besteht aus Kohlenstoff, Wasserstoff, Sauerstoff, Stickstoff und Schwefel. Die Elemente sind miteinander chemisch verbunden. Über die Chemie der Verbindungen herrscht aber noch völliges Dunkel. Daher sind natürlich auch die chemischen Veränderungen, die die Pflanzensubstanz bei ihrer Umwandlung in Kohle durchmacht, unbekannt geblieben [1]).

Die Verteilung der Elemente in der wasser- und aschefreien Substanz zeigt umstehende Tabelle:

---

[1] Vgl. *Fischer:* Taschenbuch für Feuerungstechniker. 7. Aufl. S. 60.

	Proz. in Reinsubstanz				
	C	H	O	N	
Cellulose[1]	44,4	6,2	49,4	—	
Eichenholz[1]	50,0	5,9	44,0	0,1	
Torf, Grunewald[1]	49,9	6,5	42,4	1,2	
Braunkohle, Uslar[1]	63,0	4,4	31,0	1,6	
„ Ossegg[1]	75,6	5,4	18,3	0,7	
Steinkohlen:					
Flammkohlen, Saar	75,75	4,87	19,38		
„ O.-Schles. . .	76,38	5,23	18,39		
„ Newcastle . .	79,54	5,63	14,83		
Gasflammkohlen:					
Ruhrkohle, Bismarck . . .	81,78	5,87	12,34		Muck
„ „ . . .	84,90	4,44	8,13	0,98	Börnstein
„ Neuessen . . .	82,87	5,06	9,64	0,70	
Gaskohlen:					
1. Ruhrkohlen[2]	83,04	4,91	8,99	1,64	Mittel aus 9
„ [3]	83,44	5,32	6,77	1,51	„ „ 47
2. Saarkohlen[3]	84,92	5,42	7,52	1,30	14
3. Schlesische Kohlen . . .	79,05	4,88	10,37	1,38	Drehschmidt, 22. Analyse
„ „ . . .	84,15	5,07	8,15	1,25	Bunte 1907, 23. „
Sächsische „ . . .	82,95	5,42	9,04	1,34	„ 1907, 37. „
Englische „ . . .	82,86	4,95	8,54	1,63	Drehschmidt, 37. „
„ „ . . .	85,17	5,34	5,90	1,97	Bunte, 21. „
Cannelkohle: Consolidation .	85,41	6,02	9,62		?
Joachim	85,80	6,9	7,25		Muck
Fettkohlen:					
Shamrock I/II	88,02	5,2	4,79	0,93	Börnstein
Blumental	86,04	5,18	6,25	0,88	„
Fettkohlen: Zeche Courl . .	86,20	5,15	8,65 ?		Muck, Bergger. Lab.
Eßkohle: Zeche Altstaden . .	90,10	4,54	5,35		„ „ „
„ Hamburg . .	90,28	4,27	5,44		„ „ „
„ Sellerbeck . .	91,13	4,50	4,50		„ „ „
Anthracit: Langenbrahm . .	92,09	3,65	4,26		„ „ „
Piesberg	95,3	1,9	2,3	0,5	Fischer

Die Cellulosen sind Polymere von fünfwertigen aliphatischen Alkoholen.
Für einen großen Teil der Destillationsprodukte aus der Steinkohle sind
die ringförmigen Bindungen charakteristisch. *Balzer*[4] hat versucht, sich
die Konstitution der Kohle vorzustellen; er kommt zu folgenden Leitsätzen:

1. Die Kohlen sind Gemenge komplizierter Kohlenstoffverbindungen.
2. Die Verbindungen bilden genetische, vielleicht homologe Reihen.
3. Das Kohlenstoffgerüst ist kompliziert. Die einzige Analogie dafür bildet die
   aromatische Reihe der organischen Verbindungen.

Den Beweis für diese vorsichtig gefaßten Thesen bleibt er schuldig.

Die dritte These kann heute als unwahrscheinlich angesehen werden,
seit *Börnstein* bewiesen hat, daß Kohle bei der Destillation bei niedriger

[1] *Fischer:* Kraftgas, 24.
[2] *Drehschmidt,* Journ. f. Gasbel. 1904, 677.
[3] *Bunte* 1907.
[4] Viertelj. d. Züricher Naturforsch. Gesellschaft 1873.

Temperatur überwiegend aliphatische Körper bildet, und seit man weiß, daß aliphatische Körper sich bei hohen Temperaturen in aromatische umwandeln.

Die Reaktionsbedingungen, unter denen sich die Umwandlung der Kohlen vollzieht, sind auch nur zum Teil bekannt. Man nimmt heute an, daß Druck und Temperatur keine ausschlaggebende Rolle gespielt haben; dem widersprechen die Versuche von *Bergius* nicht, der in der neuesten Zeit unter hohem Druck und Temperatur kohleähnliche Substanz hergestellt hat, da es sich darum handelte, Reaktionen, die in Millionen von Jahren in der Natur vor sich gehen, im Laboratorium in wenig Stunden durchzuführen.

Das Hauptprodukt des Verkohlungsvorgangs, die Reinkohle, ist sehr verschieden je nach dem geologischen Alter der Kohle. Mit dem steigenden Alter verschiebt sich das Verhältnis der Bestandteile, wie aus der Tabelle über Zusammensetzung der reinen Substanzen S. 24 deutlich hervorgeht.

Der Kohlenstoffgehalt steigt mit dem zunehmenden Alter, da der Wasserstoff- und Sauerstoffgehalt sinken. Der größte Teil von Wasserstoff und Sauerstoff wird als Wasser abgespalten. Der Gehalt an Wasserstoff, der übrig bliebe, wenn mit dem vorhandenen Sauerstoff der Wasserstoff so viel Wasser als möglich bildete, heißt disponibler Wasserstoff. Der Gehalt an disponiblen Wasserstoff muß natürlich steigen, solange Kohlensäure abgespalten wird, und erreicht demgemäß seine höchste Höhe bei den jungen Gaskohlen.

Muck berechnete den Gehalt an Sauerstoff, Wasserstoff und disponiblem Wasserstoff, der 1000 Tln. Kohlenstoff entspricht:

	Sauerstoff	Wasserstoff	Disp. Wasserstoff
Holz	830,7	121,8	18,0
Torf	557,6	98,5	28,9
Lignit	424,2	83,7	30,7
Englische Gaskohle	183,2	59,1	36,2
Westfäl. Gaskohle: Zeche Holland	133,1	60,0	43,3
„ Hannover	102,5	57,8	44,7
Westfäl. Kokskohle	74,6	52,0	42,7
Sinterkohle des Würmreviers	67,6	45,4	36,9
Anthrazit: Langenbrahm	42,2	40,7	35,4
Piesberg	46,2	17,2	11,5

Der Sauerstoffgehalt sinkt in der Periode der Kohlensäureabspaltung schneller als der Wasserstoff; in der späteren Periode der Methanabspaltung nimmt der Wasserstoff schneller als der Sauerstoffgehalt ab. Ein Werturteil an Hand der Zahlen des disponiblen Wasserstoffs ist nicht möglich.

Der Stickstoff der Reinkohle ist in seinem Gehalt ziemlich konstant durch alle Altersstufen. Er liegt nach *Grundmann* bei schlesischen Kohlen zwischen 0,356 und 2,112 Proz. *Taylor, Playfair, Naad* u. a. geben für englische Kohlen zwischen 0,21 und 2,44 Proz.[1]

---

[1] *Bertelsmann:* Der Stickstoff der Kohle. 1904.

Meymott Tidy findet in englischen Kohlen:

Wales (Anthrazit)	0,91 Proz.	Stickstoff	
Lancashire	1,25 „	„	
Newcastle	1,32 „	„	
Schottland	1,44 „	„	

Forster gibt an:

Wales	0,91	Proz. Stickstoff
Englische Kohle	1,66 bis 1,75	„ „
Schottische Cannelkohle	1,28	„ „

In den jungen Kohlen ist 1 bis 1,5 Proz. Stickstoff. Der Gehalt steigt bei den Fettkohlen auf 2 Proz. und sinkt bei den älteren Kohlen wieder[1]. Anthrazit hat 1 Proz. und weniger. Bei den Gaskohlen Deutschlands beträgt der Gehalt an Stickstoff:

	Knublauch[2]	Schilling[3] schmidt[4] Mittelwerte		Bunte[5]	Lehr- u. Vers.-Anstalt[6]
Ruhrkohlen	1,215 bis 1,612	1,50	1,52	1,25 bis 1,65	0,98 bis 1,68 (72 Unters.)
Saarkohlen	—	1,06	1,60	—	0,65 „ 1,56
Oberschles. Kohlen	—	1,37	—	1,27 „ 1,46	0,80 „ 1,61
Niederschles. Kohlen	—	1,37	—	1,07 „ 1,20	—
Sächsische Kohlen	—	1,20	—	1,20 „ 1,65	0,91 „ 1,44
Englische Kohlen	1,102 „ 1,443	1,45	2,06		1,84 „ 2,04

F. Fischer[7] hat gezeigt, daß der Stickstoffgehalt der Reinkohle aus ein und derselben Grube um 37 Proz. und der eines Flözes auf derselben Grube um 21,5 Proz. seines Gehaltes schwankt. Der Stickstoff fehlt nie und kann nicht allein aus der ursprünglichen Holzsubstanz stammen. Das heutige Holz enthält etwa 0,1 Proz. Stickstoff. Deshalb nimmt *Bertelsmann* an, daß ein Teil des Stickstoffes in der Kohle aus der Atmosphäre und ein Teil aus animalischen Resten stammt. Dadurch erklärt sich auch ungezwungen die große Schwankung des Stickstoffgehalts der nahe beieinander gelegenen Flözpartien. Da schon im Torf viel mehr Stickstoff als in der lebenden Pflanze enthalten ist, so erscheint es möglich, daß bei der Torfbildung stickstoffbildende Bakterien tätig sind. Torf aus dem Grunewald enthält 1,2 Proz. Stickstoff in wasser- und aschefreier Substanz, dem Harz 0,8 Proz., Mohr vom Reichswald 1,7 Proz.[8]

Demgegenüber weist *Rau*[1] darauf hin, daß in den Blättern und Stengeln von Farnen 0,38 bis 1,85 Proz. Stickstoff enthalten ist.

Über die Bindung des Stickstoffs ist nichts bekannt. Bemerkenswert ist, daß oft Kohlen mit hohem Stickstoffgehalt bei der Destillation weniger

---

[1] Stahl u. Eisen 1910, 1241.
[2] Journ. f. Gasbel. 1883, 440.
[3] Diss. 1887.
[4] Journ. f. Gasbel. 1904, 677.
[5] *Bunte:* Muspratts Handbuch V, 291.
[6] Journ. f. Gasbel.
[7] Zft. f. angew. Chem. 1894, 605.
[8] *Fischer:* Kraftgas S. 24.

flüchtige Stickstoffverbindungen entwickeln als Kohle mit geringerem Gehalt an Stickstoff. Im Koks bleiben bis zu $^1/_3$ des Gesamtstickstoffs der Kohlen in sehr beständiger Bindung zurück.

Der Schwefel findet sich organisch gebunden und als Sulfid und Sulfat. Sulfat ist gewöhnlich nur in geringem Maße vorhanden. Der Gehalt an Sulfidschwefel ist zufälligen Schwankungen unterworfen. Der organische Schwefel entstammt pflanzlichen und tierischen Resten. Der Gesamtschwefel beträgt nach Untersuchungen der Lehr- und Versuchsgasanstalt:

Ruhrkohlen	0,55 bis 3,15 Proz.
Saarkohlen	0,40 „ 1,03 „
Schlesische Kohlen	0,26 „ 2,00 „
Sächsische Kohlen	0,43 „ 2,13 „
Englische Kohlen	1,07 „ 2,25 „

Drehschmidt fand:

	Schwefel in Rohkohle	Reinkohle i. Mittel	Flüchtiger Schwefel i. M.
Englische Kohle (37 Unters.) . .	0,84 bis 3,11 i. M. 1,84	2,06	0,77
Westfäl. Kohle (9 Unters.) . . .	0,59 „ 2,48 „ 1,33	1,52	0,67
Schles. Kohle (22 Unters.) . . .	0,74 „ 2,20 „ 1,43	1,60	0,61

Fischer[1] findet in sechs Kohlen verschiedenen Alters und verschiedener Herkunft:

		im Mittel
Schwefel insgesamt	1,50 bis 2,83	2,36
flüchtig	1,43 „ 2,73	2,32
in der Asche	0,02 „ 0,09	0,036
als Sulfid	0,24 „ 1,64	1,106
organisch gebunden .	0,42 „ 1,51	1,154

Es gibt jedoch auch englische Kohlen, welche bis an 4 Proz. Schwefel in der Reinkohle enthalten.

Der Verfasser fand in Durchschnittsproben, welche jede aus mehreren 100 Proben gemischt waren, die im Verlaufe von 4 Jahren aus einzelnen Eisenbahnwagen genommen wurden, folgenden Schwefelgehalt:

Consolidation	0,77 Proz.
Stinnes	1,42
Königsgrube	1,00
Ewald	1,30
Zollverein	1,41
Unser Fritz	1,02
Nordstern	1,45
Königin Elisabeth	1,29

Der technische Wert der verschiedenen Kohlensorten hängt, wie wir sahen, ab von der Menge der durch die Erhitzung gewinnbaren Gase und von der Backfähigkeit. Beide hängen nicht direkt voneinander ab, stehen aber doch in gewisser Beziehung zueinander. Die Backfähigkeit, d. h. die Fähigkeit der Kohle zu schmelzen, haben weder die jüngsten noch die ältesten Kohlen. Junge Kohlen mit 40 bis 50 Proz. und alte Kohlen mit etwa 10 Proz.

---

[1] Fischers Jahresber. d. chem. Technol. 1899, 13.

an flüchtigen Bestandteilen geben sandigen Koks. Kohlen mit 30 bis 40 Proz. und 10 bis 15 Proz. geben gesinterten, und nur Kohlen mit 15 bis 30 Proz. Gasausbeute geben einen gut gebackenen Koks.

Man versuchte zunächst, allerdings ohne Erfolg, die Backfähigkeit mit der Zusammensetzung zu erklären. Der disponible Wasserstoff und der Sauerstoffgehalt wurden — vergeblich — herangezogen. Die Schmelzbarkeit ist eine Eigenschaft bestimmter, uns unbekannter Verbindungen, welche die Kohlensubstanz auf dem langen Wege vom Holz zum Graphit bildet. Diese Verbindungen kann man fassen, wenn man die Kohle mit organischen Lösungsmitteln behandelt. Schon *Lampadius*[1] extrahierte mit Schwefelkohlenstoff 4 bis 5 Proz. einer braunen Schmiere und bemerkte, daß der Rest die Backfähigkeit verloren hatte. Chloroform[2] löst etwa 1,25 Proz., die Lösung fluoresciert stark, und die gewonnene Substanz schmilzt zwischen 75 bis 80°. Alkohol[3] löst nur Spuren, Phenol[4] 2 bis 4 Proz. Benzol löst bei 200° und 14 Atm. Druck 1,15 Proz. Höher siedende Wasserstoffe lösen mehr. Am stärksten ist die Einwirkung stickstoffhaltiger Mittel, Pyridin[5] z. B. aus Gaskohle mit 64 bis 66 Proz., Koks 24 bis 35 Proz.

Die Backfähigkeit geht auch durch Behandeln mit konzentrierter Schwefelsäure und Salpetersäure und mit *Schweizers* Reagens und durch Erhitzen von Kohle auf 200° an der Luft verloren[6]. *Boudouard* schreibt die Backfähigkeit Kondensationsprodukten von Kohlehydraten zu. Durch langsame Oxydation derselben soll Huminsäure entstehen. *Donath* schreibt die Backfähigkeit Abbauprodukten der Eiweißkörper zu und konstruiert eine Abhängigkeit derselben von dem Gehalt an Stickstoff und organisch gebundenem Schwefel[7].

Um über die Konstitution der Kohle Aufschluß zu erlangen, oxydierte *Guignet* mit Salpetersäure und erhielt Oxalsäure und Trinitroresorcin. Der Rest bestand aus in Wasser unlöslichen nitrierten Produkten, die in Alkalien löslich sind. Ferner schmolz er Kohle mit Ätznatron, und erhielt als Destillat Ammoniak und Anilin. Der Rückstand war zum Teil in Wasser löslich, und aus der wässerigen Lösung wurden durch Säuren humusartige Körper gefällt. *Donath* fand eine Reaktion, welche vermutlich durch Abbauprodukte des Lignins hervorgerufen wird. Das Lignin, die eigentliche Holzsubstanz, ist seiner Konstitution nach unbekannt. Holzkohle (mit Ausnahme von ganz schwarz gebrannter, in der die fraglichen Abbauprodukte vermutlich schon zerstört sind), Torf und Braunkohle reagieren mit verdünnter Salpetersäure (1 Tl. konzentrierter vom spez. Gewicht 1,40 mit 9 Tln. Wasser) lebhaft bei 70°. Das Reaktionsprodukt ist eine rotgefärbte Lösung und Gase, die Stick-

---

[1] Journ. f. prakt. Chem. 1836, **7**, 1—7.
[2] *Liepmann:* nach *Muck* 1891, 70.
[3] *Reinsch:* Journ. f. prakt. Chem. 1880.
[4] *Guignet:* Compt. rend. **88**, 590.
[5] *Bedson:* Journ. of Gaslight. 1908, 627.
[6] *Boudouard:* Compt. rend. 1909, **148**, 348.
[7] Zft. f. angew. Chem. 1906, 657 u. 1272.

stoff, Stickoxyde, Kohlensäure und Blausäure enthalten. Neuerdings haben sich in Oberschlesien auch in typischer Steinkohle braune Partien gefunden, die diese Reaktion gaben. *Donath*[1] schließt aus der Tatsache, daß Steinkohle diese Reaktion im allgemeinen nicht zeigt, daß die Pflanzensubstanz, aus der die Steinkohle entstanden ist, nur wenig und selten Lignin enthalten habe. Wahrscheinlicher ist es jedoch, daß die Abbauprodukte, die diese Reaktion geben, in der Steinkohle ähnlich wie in der schwarzgebrannten Holzkohle schon weiter verändert sind, und daß aus diesem Grunde Steinkohlen die *Donath*sche Reaktion meist nicht mehr zeigt.

Die Lehr- und Versuchsanstalt in Karlsruhe[2] untersuchte die meisten der in Deutschland verarbeiteten Gaskohlen; auf dieses hervorragende Material kann hier nur verwiesen werden, auch auf die Untersuchungen von *Geipert*[3], *Bunte* und *Drehschmidt*[4], *Constam* und *Schläpfer*[5] und *Börnstein*[6] seien nur erwähnt.

Rau und *Lambris*[7] geben vier eingehende Kohlenanalysen an:

	Feuchtigkeit	In feuchter Kohle			In trockener Kohle			In lufttrockner Kohle					In Reinkohle					Proz. auf trock. Rohk.	Proz. auf Reinkohle
		Asche	Koks	Gas	Asche	Koks	Gas	C	H	N	S	O	C	H	N	S	O		
Graf Bismarck Flöz A.: 380 m über Leitflöz Bismarck. Gasflammkohle	5,02	2,03	62,09	32,89	2,14	65,37	34,63	77,72	4,80	1,06	0,78	8,59				0,84	9,24	7,18	7,33
Zollverein: Gaskohle . . .	2,19	2,53	68,85	28,96	2,58	70,39	29,61	82,26	5,21	1,12	0,88	5,81	86,33	5,47	1,18	0,92	6,10	4,90	5,03
Kokskohle: Grube Anna bei Alsdorf	1,12	3,63	79,25	19,63	3,67	80,15	19,85	84,84	4,68	1,28	0,83	3,62	89,08	4,91	1,34	0,87	3,80	2,74	2,85
Antrazit: Neu Laurweg Kohlscheid	1,34	5,05	91,17	7,49	5,12	92,41	7,59	85,10	3,36	1,03	1,02	3,10	90,91	3,59	1,10	1,09	3,31	2,05	2,16

Destill.-Vers. 80 Std. auf 1000° NH_3 Reakt.-Wasser

Im Großbetrieb der Gaswerke ergaben sich für die verarbeiteten Kohlen folgende Mittelwerte:

		Anzahl der Untersuchungen	Wasser	Flücht. Bestandteile, trocken	Koks	Asche
Köln	1902/03	128	3,05	—	—	11,07
	1908/09	132	2,50	29,49	69,01	10,73
	1909/10	73	2,37	28,86	68,77	10,63
	1910/11	118	2,36	28,82	68,82	11,58
	1911/12	—	2,54	29,76	67,70	12,49
Düsseldorf	1909/10	50	3,7	—	—	11,45
	1911/12	132	1,3	—	—	11,134
	1912/13	—	2,88	—	—	11,60

---

[1] Österr. Zft. f. Berg- u. Hüttenw. 1903, 310; Chem.-Ztg. 1904, Nr. 16 u. Nr. 80; 1908, S. 1271; Zft. f. angew. Chem. 1906, 651 u. 1272.

[2] Journ. f. Gasbel. 1909.

[3] Journ. f. Gasbel. 1909, 259.

[4] Journ. f. Gasbel. 1904, 677.

[5] Journ. f. Gasbel. 1906, 741.

[6] Journ. f. Gasbel. 1909, 770.

[7] Journ. f. Gasbel. 1913, 537 u. 557.

Die Mittelwerte einzelner Zechen bewegten sich für Düsseldorf in folgenden Grenzen:

Zollverein	1910/11	11	5,50	30,90	69,10	10,28
	1911/12	28	2,72	31,31	68,69	10,67
Ewald	1910/11	13	3,00	31,51	68,49	7,89
	1911/12	6	—	33,07	65,74	8,35
Consolidation . . .	1910/11	9	2,34	29,77	69,33	10,77
	1911/12	16	2,25	29,29	69,71	11,92
Königsgrube . . .	1910/11	17	3,50	30,93	68,07	13,97
	1911/12	29	2,05	29,43	69,33	11,88
Nordstern	1911/12	10	1,82	30,00	68,98	10,82
Mathias Stinnes. .	1910/11	9	5,1	30,14	69,16	11,05
	1911/12	16	2,01	31,00	67,90	11,47
Königin Elisabeth .	1910/11	13	2,3	30,30	67,7	12,85
	1911/12	18	2,87	28,04	70,75	11,01
Unser Fritz . . .	1910/11	11	3,51	29,60	69,40	16,5
	1911/12	8	2,25	29,70	70,34	12,19

Im Laboratorium des Gaswerks Fürth wurden im Jahre 1911 untersucht:

	Anzahl der Untersuchgn.	Wasser	Flücht. Bestandteile, trocken	Koks	Asche	WE Heizwert
Dechen	118	2,68	33,30	65,35	6,7	7450
Heinitz	8	2,17	32,3	66,2	7,1	7876
Frankenholz	8	2,28	34,1	64,39	8,2	7394
Consolidation . . .	13	2,35	30,1	68,3	7,7	7528
Hugo	10	2,23	31,6	66,7	7,2	7140
Zwickauer-Gas Würfel	5	7,35	35,0	60,5	6,8	7337

Die Durchschnittszusammensetzung von Gaskohlen von Ruhr und Saar betrug in Nürnberg im Mittel mehrerer Jahre[1]:

	Saarkohlen	Ruhrkohlen
Kohlenstoff	75,55	74,99
Wasserstoff	4,85	4,69
Sauerstoff	9,96	7,11
Schwefel	1,10	1,09
Wasser	1,03	0,99
Asche	7,51	11,13
Koks	68,43	71,02
Gas	30,54	27,99

Wertverminderung und Selbstentzündung beim Lagern. Beim Lagern verliert jede Kohle an Wert[2]. Die Verluste sind kurz nach der Förderung sehr bedeutend, da die Kohle dann das Methan abgibt, das in der Erde abgespalten und durch Druck und Adhäsion festgehalten wurde. Dieser Verlust läßt aber bei den meisten Kohlen so schnell nach, daß er bei der Ankunft

---

[1] Denkschrift Nürnberg 1906.
[2] Vgl. *Fischer:* Taschenbuch für Feuerungstechniker, 7. Aufl., S. 72.

an der Verbrauchsstelle schon keine Rolle mehr spielt. Nasse Kokskohle verliert an Gas, ausgedrückt als Verlust in Gewichtsprozenten, in

	29 Std.	48 Std.	7 Tage
Mittel von 3 gut übereinstimmenden Versuchen	1,19	0,167	0,34 Proz.
in Summa		1,697 Proz.	

Daraus berechnet sich der Gasverlust einer Kokerei, die täglich nur 350 t Kohle verkokt, auf 3,74 Millionen cbm jährlich.

Eine weniger merkliche Rolle bei der Wertverminderung spielt die Oxydation der Kohle. Dieselbe erfolgt bei verschiedenen Kohlen sehr verschieden schnell und bei Feinkohle rascher als bei Grobkohle. Es scheint, daß Kohle mit hohem Gehalt an disponiblem Wasserstoff, also auch Gaskohle, besonders zur Oxydation neigt, und die Sauerstoffaufnahme erfolgt bis zum Verschwinden des disponiblen Wasserstoffs[1]. Dabei tritt Gewichtszunahme ein und die Backfähigkeit[2] sinkt, d. h. der Koks wird schlecht. *Volkmann* ließ je etwa 150 t Ruhrkohlen 1 Jahr lang frei und im Schuppen lagern und vergaste dann frische und Lagerkohle gleicher Herkunft. Frischkohle gab in allen Fällen mehr Gas und weniger Koks. Bei Kohle von Zeche Consolidation hat die Backfähigkeit beim Lagern nicht, bei Zollverein merklich und bei Unser Fritz sehr bedeutend abgenommen. Die Ausbeute an grobem Koks zeigt das in der folgenden Tabelle deutlich.

	Gesamtkoks k aus 100 k tgl.	Grob Proz.	Nuß Proz.	Abfall Proz.	Steine Proz.	
frisch	73,64	79,42	7,93	12,23	0,43	Consolidation
1 Jahr im Schuppen	75,11	80,43	7,90	10,81	0,85	Consolidation
1 Jahr auf Freilager	75,39	79,73	8,16	11,30	0,80	Consolidation
frisch	72,59	81,96	8,25	9,56	0,22	Zollverein
1 Jahr im Schuppen	73,29	80,30	8,11	11,14	0,38	Zollverein
1 Jahr im Freien .	73,04	75,51	9,13	15,01	0,35	Zollverein
1 Jahr im Schuppen	73,32	65,34	10,76	23,24	0,66	Unser Fritz
1 Jahr im Freien .	74,43	57,92	11,85	29,77	0,46	Unser Fritz

Ferner sinkt der Heizwert[3] der Kohle und damit der Heizwert des Gases. Die Verluste werden bis zu 20 Proz. angegeben, dürften wohl aber nicht mehr als 2 bis 3 Proz. in einem Zeitraum bis zu 3 Jahren betragen.

Durch die langsame Oxydation wird Wärme entwickelt, und dadurch kommt es zu Selbstentzündung und Kohlenbränden. Vielfach wird dem Schwefelkies die Schuld gegeben[4], obwohl der Nachweis, daß der Schwefelkies die Selbstentzündung hervorgerufen hat, niemals erbracht wurde. Neuer-

---

[1] *Richter:* Dingl. polyt. Journ. 1868, **190**, 398.

[2] *K. Bunte:* Journ. f. Gasbel. 1910. 816.

[3] Vgl. *Grundmann:* Zft. f. Berg-, Hütten- u. Salinenw. 1861, 199, 350; 1862, 325; *Porter* u. *Owitz:* Chem.-Ztg. 1910, 282; 1911, 1008; *Fessenden* u. *Wharton:* Zft. d. Ver. d. Ing. 1908, 1492; *Söhren:* Journ. f. Gasbel. 1900, 885, 905; *Prenger:* Journ. f. Gasbel. 1909, 793; *Seidel:* Glückauf 1909, 37; *Fischer:* Das Kraftgas S. 29.

[4] *Hädike:* Journ. f. Gasbel. 1881, 44; *Wenzel:* Zft. d. Ver. d. Gas- u. Wasserfach m. Österr.-Ung. 1910, 62; Journ. ind. eng. chem. 1911, **3**, 151.

dings zieht man auch die Bakterien zur Verantwortung[1]. Man bleibt aber doch wohl besser bei der Ansicht *Ferd. Fischers*[2], daß die ungesättigten Verbindungen, die auch die Backfähigkeit bedingen, die Wärmeentwicklung einleiten. Ältere Kohlen vermögen erst bei Temperaturen von 200 bis 275° Sauerstoff unter Wärmeentwicklung aufzunehmen und entzünden sich daher unter normalen Verhältnissen nicht. Daher versucht man nach *Fischer* die Aufnahmefähigkeit für Sauerstoff durch das Brom- und Jodadditionsvermögen zu ermitteln oder die Temperatursteigerung von Kohle zu beobachten, die im Sauerstoffstrom auf 135 bis 150° erwärmt wird[3].

Zur Vermeidung von Bränden lagert man die Kohle nicht zu hoch und luftig. Die Luft soll die Wärme wegführen, aber sie bringt andererseits auch den Sauerstoff, der die Erwärmung beschleunigt. Kesselkohlen lagert man manchmal unter Wasser. Bei Gaskohlen, bei denen das nicht geht, hilft nur sorgfältiges Beobachten der Temperatur und Auseinanderwerfen warmer Stellen. Der Vorschlag, die Kohle durch Behandeln mit Ammoniak und Kohlensäure zu inkrustieren, oder das Lagern unter indifferenten Gasen wird wohl im großen niemals ausgeführt werden[4].

Untersuchung der Gaskohlen.

Über den Wert der Kohlenuntersuchungen ist viel gestritten worden; besonders die Kohlenproduzenten versuchen stets die vorhandenen großen Schwierigkeiten aufzubauschen und lehnen es nach Möglichkeit ab, beim Verkauf irgendwelche Garantien zu bieten. Dadurch erreichen sie es auch tatsächlich, daß viele Abnehmer der ständigen Kontrolle der Kohle nicht das nötige Interesse widmen. Die Zechen selbst untersuchen aber ihre Kohlen ganz regelmäßig und wissen über den Aschegehalt ihrer Kohle genau Bescheid. Das Rheinisch-Westfälische Kohlensyndikat hat sogar selbst die Klassifikation des Kokses nach seinem Aschegehalt eingeführt.

Den Heizwert der Kohle als Norm für den Verkauf zu wählen, ist — außer für die, welche einen Vorteil aus den hierdurch nötigen und allerdings nur von Geübten und mit kostspieligen Apparaten auszuführenden Verkaufsanalysen haben — wohl kaum nötig. Aber warum soll neben der Art der Kohle nicht auch ein bestimmter minimaler Gehalt an brennbarer Substanz beim Verkauf garantiert werden können? Die Schwierigkeiten bei der Probenahme sind nicht größer als bei Erzen, die stets nach dem Gehalt gehandelt werden.

Der schwierigste Teil der Kohlenuntersuchung ist die Probenahme. Hier bedingen anscheinend kleine Unregelmäßigkeiten beim Entnehmen der Probe größere Fehler als ungenaue Analysen.

---

[1] *Galle:* Zft. f. Bakt. u. Parasitenk. **2**, 28, 461; *Schone:* Centralbl. f. Zuckerind. 1911, 984.

[2] *Fischer:* Zft. f. angew. Chem. 1899, 564, 764, 787; *Fischer:* Taschenbuch für Feuerungstechniker. 7. Aufl. S. 63.

[3] *Dennstedt* u. *Binz:* Zft. f. angew. Chem. 1908, 1060, 1825.

[4] *Hart:* Chem.-Ztg. 1906, 1204; *Geipert:* Journ. f. Gasbel. 1910, 816.

Die Art der Probenahme hängt natürlich von der Menge der zu untersuchenden Kohle und dem Transportmittel ab. Am einfachsten gestaltet sich die Probenahme bei dem am häufigsten in Betracht kommenden Bezug in Eisenbahnwagen. In diesem Falle genügt es, wenn man einige zuverlässige, genau instruierte Arbeiter zur Probenahme auswählt und selbst nur eine fortgesetzte Kontrolle ausübt. Wird von Hand abgeladen, so läßt man einfach jede 20. Schaufel in bereit stehende Körbe werfen. Aus einem 10 t-Wagen genügen etwa 6, aus einem 12 bis 15 t-Wagen 8, aus einem 20 t-Wagen 10 große Kokskörbe. Geschieht das Entladen mit einem Greifer, so werden nach jedem Griff 4 Schaufeln voll für die Probe entnommen. Am schwierigsten gestaltet sich die Probenahme bei einem Waggonkipper. Man muß warten, bis die Kohlenförderanlage leer ist, einen Wagen allein kippen und am Förderband Probe nehmen. Eine automatische Probenahme an irgendeiner Stelle der Förderanlage kann sehr bedenklich sein. Jedenfalls muß man sich regelmäßig davon überzeugen, daß die Vorrichtung einen wirklichen Durchschnitt nimmt und daß nicht, wie es in diesem Fall ganz besonders leicht vorkommen kann, die Feinkohle oder die groben Stücke nicht mitgeprobt werden. Jedenfalls muß man sich in allen Fällen vor Pedanterie hüten und den gegebenen Verhältnissen mit Sorgfalt Rechnung tragen.

Der Verein deutscher Ingenieure und der Internationale Verband der Dampfkessel-Überwachungsvereine haben im Jahre 1899 für die Probenahme von Kohlen bei Ausführung von Leistungsversuchen an Dampfkesseln und ähnlichen Anlagen eine Norm aufgestellt[1]. Ähnlich ist die Vorschrift der Lehr- und Versuchsgasanstalt in Karlsruhe:

Anweisung zur Probenahme. Von der zu prüfenden Kohlensorte wird beim Abladen eines Wagens im Gaswerk jede zwanzigste oder dreißigste Schaufel beiseite in Körbe (Kokskörbe) geworfen, wobei darauf zu achten ist, daß das Verhältnis von Stücken und Kleinkohle in der Probe dem der Ladung entspricht. Diese Rohprobe im Gewicht von etwa 5 bis 10 Zentner wird auf einer festen, reinen Unterlage (Beton, Steinfliesen, Bohlen u. dgl.) ausgebreitet und kleingestampft. Hiernach werden die zerkleinerten Kohlen nach Art der Betonbereitung gemischt, quadratisch zu einer Schicht von etwa 8 bis 10 cm Höhe ausgebreitet und durch die beiden Diagonalen in vier Teile geteilt. Die Kohlen in zwei gegenüberliegenden Dreiecken werden beseitigt, der Rest noch weiter zerkleinert, gemischt und abermals zu einem Viereck ausgebreitet, das in gleicher Weise behandelt wird. In dieser Weise wird fortgefahren, bis eine Probemenge von etwa 10 k übrig bleibt, welche in gut verschlossenen Gefäßen zur Untersuchung verschickt wird.

Liegen die Kohlen auf Lager, so sind mindestens an zehn verschiedenen Stellen Proben von je 25 bis 30 k zu entnehmen, die zusammengeschüttet zur Durchschnittsprobe verarbeitet werden. Bei grobstückigem Material soll die erste Rohprobe nicht unter 300 k betragen.

Diese etwas umständliche Arbeit der Probenahme ist nach vielfacher Erfahrung unbedingt erforderlich, um eine zuverlässige Durchschnittsprobe zu erhalten.

---

[1] Jede andere Probenahme ist zu verwerfen. Es ist z. B. unverständlich, wie der Chemiker des Kohlensyndikats vorschreiben kann, daß man aus einem ganzen Waggon Nußkohle nur an neun Stellen von der Oberfläche je 1 bis 3 Nüsse (also 100 bis 500 g bei 10 t) zur Probe nehmen soll. Bekanntlich lassen die Zechen besonders bei Förderkohlen von der Oberfläche der Waggons die Steine ablesen.

Es ist zweckmäßig, die Kohlenprobe von etwa 400 bis 600 k je nach Größe des Eisenbahnwagens auf einer Unterlage von Beton oder Eisen mit einem Stößer gleich so zu zerkleinern, daß die größten Stücke Walnußgröße haben; dann wird von der in einem Quadrat ausgebreiteten Probe entsprechend der Vorschrift so lange jedesmal die Hälfte entfernt und der Rest durcheinander geschaufelt, bis nur etwa 50 k übrig sind. Diese werden in einem großen gußeisernen Mörser (zu diesem Zweck eignen sich vorzüglich die Deckel eines 800 oder 1000 mm Gasrohres, die sich wohl auf jedem Schrotthaufen eines größeren Gaswerks finden) bis Erbsengröße zerstampft und dann auf einer Eisenplatte ausgebreitet, in kleine Quadrate verteilt und mit einem großen Löffel aus jedem Quadrat so lange etwas entnommen, bis die Probe etwa 5 k beträgt. Die Probe wird dann auf einer Tarierwage, welche bei 10 k Belastung noch eine Empfindlichkeit von 20 bis wenigstens 50 mg hat, gewogen, 48 Stunden lang auf einem Blech mit umgebogenen Rand in einem staub- und zugfreien Zimmer mit nicht zu großen Temperaturschwankungen offen hingestellt und danach zurückgewogen. Die Gewichtsabnahme in Prozenten ist die sog. grobe Feuchtigkeit.

Die ganze Probe wird dann am zweckmäßigsten und einfachsten in einer Kugelmühle in 2 Stunden staubfein zermahlen. Da die Durchmischung zugleich eine vollkommenste ist, braucht man jetzt nur noch eine kleine Probe von etwa 500 g dem Laboratorium zur Untersuchung zu übergeben.

Man kann sich auch mit einer kleineren und billigeren Mühle begnügen, und wird dann die Tischprobe statt 5 k nur 1 k groß wählen, muß dann aber für sehr sorgfältige Mischung des Mahlgutes Sorge tragen.

Weiter ist es dann für viele Bestimmungen, z. B. Verkokung, Veraschung und Elementaranalyse, nötig, die Kohle im Achatmörser staubfein zu reiben. Sieben des Mahlgutes ist unstatthaft, es sei denn, daß man das im Sieb zurückbleibende Material so lange nachpulvert, bis alles restlos durch dasselbe Sieb geht.

Zu einer genauen Feuchtigkeitsbestimmung muß man schon beim Abladen und während des Zerkleinerns etwa jede Stunde eine gesonderte Probe nehmen und den Feuchtigkeitsgehalt in diesen Proben ohne weitere Zerkleinerung bestimmen. Diese Bestimmung gehört aber im normalen Gaswerkbetrieb zu den Ausnahmen.

In der lufttrockenen Kohle bestimmt man das gebundene Wasser durch Abwägen von etwa 10 g auf der Analysenwage und zweistündiges Trocknen bei 105 bis 110°. Bei höheren Temperaturen neigen jüngere Kohlen schon zur Aufnahme von Sauerstoff.

Bei genauen Untersuchungen muß die Möglichkeit der Oxydation ausgeschlossen werden.

Mit Recht legt man auf Gaswerken den größten Wert auf die Bestimmung der flüchtigen Bestandteile und des Kokses in der Kohle. Da man den Gehalt derselben nicht auf exakte Weise bestimmen kann, ist man gezwungen, ganz gleiche Versuchsbedingungen einzuhalten, um vergleichbare

Resultate zu erhalten. Die älteste Vorschrift für die Verkokungsprobe hat *Muck*[1] gegeben. Sie lautet:

Man erhitzt 1 g der feingepulverten Kohle in einem mindestens 3 cm hohen vorher gewogenen Platintiegel bei fest aufgelegtem Deckel über einer Flamme eines Bunsenbrenners, bis keine merkbaren Gasmengen mehr entweichen, läßt erkalten und wägt. Der Boden des Tiegels darf höchstens 3 cm über der Brenneröffnung stehen, die Flammenhöhe darf nicht unter 18 cm betragen.

Nach der amerikanischen Methode wird 1 g frischer Kohle in einem Platintiegel von 20 bis 30 g Gewicht 7 Minuten über einer 20 cm hohen Flamme erhitzt. Der Tiegel hängt in einem Platindreieck 6 bis 8 cm über der Brenneröffnung[2].

Mahler erhitzt 5 g Kohle in einem ähnlichen Platintiegel bis zum Verschwinden der leuchtenden Flamme und dann noch 5 Minuten[3], *Goutal* 2 g bis zum Verschwinden der leuchtenden Flamme und dann noch 1 Minute[4]. Die verbreitetste ist wohl die Bochumer Methode von *Brookmann* und *Berthold:* Man erhitzt 1 g Kohle in einem Platintiegel mit rauher Oberfläche von etwa 20 ccm Inhalt (27—28 g) mit vollständig übergreifendem Deckel, in dem sich ein Loch von 2 mm befindet, bis zum Verschwinden der Flamme über einem Bunsenbrenner von 20 cm Flammenhöhe so, daß der Tiegel sich in der oberen Oxydationszone, also etwa 9 cm über der Brenneröffnung befindet[5].

Bunte[6] verkokt in einem Platintiegel von 3 cm Höhe, glatter Oberfläche und gewöhnlichem Deckel ohne übergreifenden Rand, und erhält bei 25 Untersuchungen von Ruhrkohlen im Tiegel 66,20 bis 73,95, im Mittel 68,8 Proz. Koks, in der Versuchsgasanstalt 67,40 bis 73,90, im Mittel 68,6 Proz. Koks. Fast ebenso befriedigende Resultate erhält *Geipert*[7], welcher nach der naturgemäß etwas höhere Ergebnisse zeitigenden Vorschrift von *Muck* mit einem Tiegel mit übergreifendem Rand, aber ohne Loch arbeitet.

Geipert arbeitet so, daß er die Verkokung mit dem einflammigen Bunsenbrenner einleitet und sie mit dem Dreibrenner zu Ende führt. Nach der Bochumer Methode fallen die Werte nach zahlreichen Versuchen des Verfassers 3 bis 5 Proz. niedriger als im Großbetriebe der Gaswerke aus.

Beck zieht die Entgasung durch Verkleinern der Flamme in die Länge[8].

Constam[9] hat mit verschiedenen Mitarbeitern die Ergebnisse der verschiedenen Verkokungsmethoden untereinander und mit den Ergebnissen einer Probedestillation von 0,5 bis 1 k in ·einer sog. Tischgasanstalt ver-

---

[1] *Muck,* Chemie der Steinkohle, II. Aufl. 1891, S. 10.

[2] Journ. Amer. Chem. Soc. **21**, 1122.

[3] *Mahler,* Études sur les combustibles, 83.

[4] Annal. de Chem. analyt. 1903, 1.

[5] *Berthold:* Journ. f. Gasbel. 1908, 628.

Der von *Berthold* vorgeschriebene Normalverkokungstiegel wird von *Fr. Eisenach & Co.,* Offenbach geliefert.

[6] Bericht über die Untersuchung von Gaskohlen, 1909.

[7] Journ. f. Gasbel. 1909, 253.

[8] *Beck:* Journ. f. Gasbel. 1909, 960.

[9] *Constam* u. *Rougeaut:* Journ. f. Gasbel. 1904, 963; *Constam* u. *Schläpfer:* Journ. f. Gasbel. 1906, 741 u. 874.

glichen und gefunden, daß die amerikanische Methode seinen Vergasungsversuchen am nächsten kommt. Auf seinen Antrag wurde auf dem Internationalen Kongreß für angewandte Chemie beschlossen, allgemein als den Gehalt an flüchtigen Bestandteilen von Brennstoffen zu bezeichnen, die auf wasser- und aschefreie Substanz bezogene von 100 g subtrahierte Koksausbeute, welche nach der Vorschrift des American Committee on Coal Analyses gefunden wird. Da es jedoch allgemein bekannt ist, daß die Vergasungsversuche mit solch kleinen Kohlenmengen bei 700 bis 820° sich mit den Ergebnissen des Großbetriebes durchaus nicht decken[1], so ist in der Praxis bei uns auf diesen Beschluß bisher kaum Rücksicht genommen worden.

Zieht man die gefundene Koksausbeute in Prozenten von Hundert ab, so findet man die flüchtigen Bestandteile, zieht man den gefundenen Koks und das gebundene Wasser von Hundert ab, so erhält man die Gasausbeute in Gewichtsprozenten.

Die Verkokungsmethode im Tiegel gibt aber auch noch wertvolle Aufschlüsse über die Beschaffenheit des Kokses, doch gehört neben einer sehr gleichmäßigen Ausführung der Bestimmung eine große Übung zur richtigen Beurteilung der Tiegelkokse. Die Form der Tiegelkokse variiert aber mit der Methode noch sehr viel mehr als die Koksausbeute.

Verzichtet man bei der Ausführung laufender Kohlenuntersuchung auf die Beurteilung des Tiegelkokses, so kann man den gewogenen Kokskuchen gleich im Tiegel veraschen und so die dritte der unentbehrlichen Kohlenuntersuchungen mit der Verkokung verbinden. Andernfalls nimmt man die Veraschung in einem Veraschungsschälchen aus Platin oder einfacher in einem Tiegel flacher Form aus Porzellan vor. Es ist sehr zweckmäßig und bequem, mehrere Kohlen zu gleicher Zeit in einem Muffelofen zu veraschen.

Auch bei der Ausführung der Aschebestimmung ist die Arbeitsweise durchaus nicht gleichgültig. Es ist unbedingt nötig, daß man, um vergleichbare Resultate zu erhalten, die Kohlen stets gleich lange erhitzt und in gleicher Weise abkühlen läßt[2]. Bei Benutzung einer Muffel genügen 2 Stunden zur Veraschung. Nimmt man die Veraschung über offener Flamme vor, so muß man zu Beginn sehr vorsichtig und mit kleiner Flamme erhitzen, da sonst der Koks zusammensintert und schwer verbrennt; durch Auflegung eines Glimmerblättchens müssen sonst unvermeidliche Verluste durch Umherspritzen vermieden werden.

Langbein[3] bestimmt die Asche in Verbindung mit dem Heizwert durch Wägen des Verbrennungsrückstandes im Platinkörbchen der Bombe. Die rapide Verbrennung bei der Heizwertbestimmung begünstigt aber ein Umherspritzen der verbrennenden Substanz in hohem Grade, und die so gefundenen Aschen stimmen mit den nach anderen Methoden gefundenen nicht überein.

Die Kohlenasche wird selten untersucht. Ihre Bestandteile werden nach den Regeln der allgemeinen quantitativen Analyse bestimmt.

---

[1] Bericht über die Untersuchung von Gaskohlen, 1909.
[2] *Weisser:* Chem.-Ztg. 1912, 758.
[3] Zft. f. angew. Chem. 1900, 1132.

Die Bestimmung des Schwefels in der Kohle sollte auf Gaswerken recht oft ausgeführt werden, da der Gehalt an Schwefelverbindungen in Gas vom Schwefelgehalt der Kohle abhängt, und da die Kosten für die Reinigung des Gases bei höherem Schwefelgehalt erheblich steigen.

In den allermeisten Fällen begnügt man sich mit der Bestimmung des Gesamtschwefels nach *Eschka*.

In einem Platintiegel von etwa 30 cbm Inhalt wird 1 g feingepulverte Kohle mit 1,5 g einer Mischung aus 1 Tl. Natriumcarbonat und 2 Tln. gebrannter Magnesia mit einem Platindraht gut gemischt und mit kleiner Flamme bis zur schwachen Rotglut des Tiegelbodens auf schwefelfreier Flamme oder auf einer Asbestscheibe mit einem Loch so lange erhitzt, bis alle Kohle verbrannt ist. Der Tiegel wird in einem Becherglas mit verdünnter Salzsäure so lange behandelt, bis die Schmelze vollständig gelöst ist, herausgenommen und abgespritzt. Die Lösung wird mit Brom oxydiert und nach Vertreibung des Broms durch Kochen von den Aschebestandteilen durch Filtrierung getrennt. Der Schwefel wird nun als Bariumsulfat bestimmt.

Die angewandten Chemikalien müssen auf ihren Schwefelgehalt untersucht und der eventuell gefundene Schwefel durch einen vollständigen blinden Versuch bestimmt und in Abzug gebracht werden.

Die Methode nach *Eschka* gibt nur bei Kohlen, deren Schwefelgehalt 2 Proz. nicht übersteigt, zuverlässige Resultate[1]. Andernfalls ist die umständliche Arbeitsweise von *Brunk*[2], nach der man die Kohle mit Kobaltoxyd und Natriumcarbonat im Sauerstoffstrom erhitzt, zuverlässiger.

Der flüchtige Schwefel kann durch Verbrennen der Kohle im Sauerstoffstrom, mit Platin als Kontaktsubstanz, Auffangen in Wasserstoffsuperoxyd und Titrieren mit $^1/_{10}$ n-Kalilauge oder in der calorimetrischen Bombe durch Fällen oder Titrieren der schwefelsäurehaltigen Kondensate bestimmt werden[3].

Kohlenstoff und Wasserstoff werden durch Verbrennen im Sauerstoffstrom nach den Regeln der Elementaranalyse, der Stickstoff nach der Methode von *Kjeldahl* bestimmt. Die Kenntnis ihres Gehaltes hat aber für die Praxis keinen Wert und spielt bloß bei wissenschaftlichen Arbeiten eine Rolle.

Die Bestimmung des Heizwertes in der Kohle, welche für die Untersuchung von Kesselkohlen von hervorragender Bedeutung ist, hat keinen Wert für die Beurteilung einer Gaskohle.

Die besprochenen Untersuchungsmethoden haben durchweg nur den Zweck, die Kohlenlieferanten zu kontrollieren; will man sich ein Urteil über den Wert einer Kohle als Gaskohle bilden, so bleibt als einziges Verfahren die Probevergasung übrig. *Leybold* hat eine Probevergasung in kleinem Maßstabe mit Proben von 1 k Kohlen vorgeschlagen, und Untersuchungen wurden mit solchen sog. Tischgasanstalten früher häufig ausgeführt[4]. Die Unter-

[1] *Hilliger:* Zft. f. angew. Chemie 1909, 436, 493.
[2] Zft. f. angew. Chemie 1905, 1560.
[3] Vgl. *Sauer:* Zft. f. analyt. Chem. 1873, 22; *Hempel:* Gasanalytische Methoden S. 397; *Graefe:* Zft. f. angew. Chem. 17, 616; *Pfeiffer:* Journ. f. Gasbel. 1905, 714; *Fischer:* Taschenbuch für Feuerungstechniker, 7. Aufl., S. 28.
[4] *Constam:* l. c.

suchungen sind mühsam und zeitraubend und die Resultate stimmen mit denen des Betriebes nicht überein. Tischgasanstalten sind Demonstrationsapparate, die in die Auditorien gehören.

Schon im Jahre 1866 schlug *Schilling*[1] vor, mittels einer kleinen Versuchsgasanstalt aus dem Steigrohr eine Probe zu entnehmen und so den Verlauf der Entgasung zu beobachten. Eine derartige Anordnung paßt sich zwar den Verhältnissen im Betrieb an und ist geeignet, wertvolle wissenschaftliche Ergebnisse zu liefern, aber die einzig wichtigen Zahlen, die Gas- und Koksausbeute gestattet sie nicht zu bestimmen.

Neuerdings hat *Strache*[2] eine neue Methode der Kohlenuntersuchung angegeben, die im Grunde genommen eine Versuchsgasanstalt ist, in der man nur 1 g Kohle vergast. Ihr haften naturgemäß alle die erwähnten Fehler in erhöhtem Maße an. Sie bedarf vieler Übung und höchst exakten Arbeitens und kann im günstigsten Fall nur untereinander vergleichbare Resultate geben.

Eigentliche Versuchsgasanstalten sind teuer, und nur große Gaswerke sind in der Lage, sie sich einzurichten. In den meisten Versuchsgasanstalten arbeitet man mit einem kleinen Ofen mit zwei Horizontalretorten. Arbeitet man unter stets gleichen Bedingungen und bei möglichst gleichen Ofentemperaturen, was durchaus nicht leicht ist, so gestatten diese Anlagen natürlich ein wohl begründetes Urteil über den Wert verschiedener Kohlen als Gaskohlen.

In den modernen Betrieben arbeitet man aber mit anderen Ofensystemen und bei anderen sehr schwankenden Temperaturen. Darum darf man nicht erwarten, daß sich die Resultate einer derartigen Versuchsgasanstalt mit denen des Betriebes decken. Wertvoller wird eine derartige Anlage, wenn sie gestattet, einzelne Öfen aus dem Betrieb abzutrennen und das in denselben erzeugte Gas der Versuchsgasanstalt zuzuführen.

Vor einer Überschätzung einzelner Versuchsergebnisse kann aber nicht genug gewarnt werden. Selbst wenn die Untersuchungen ganz exakt ausgeführt sind, so variieren die Kohlen einer Zeche doch so sehr, daß man eine ganze Reihe von Untersuchungen über eine gleichartige Kohle in Betracht ziehen muß, ehe man ein Urteil über die Kohle einer Zeche fällen kann. Da ein ausreichendes Material hierzu bisher nicht veröffentlicht ist, so ist man in der Auswahl der Kohlen auch heute noch trotz aller Versuchsgasanstalten auf die Erfahrungen im Betriebe einzig und allein angewiesen. Kleinere Gaswerke können die Versuche mit ihrem ganzen Betrieb, größere Gaswerke mit einem getrennt geleiteten Teil ihres Betriebes ausführen, wenn sie zeitweilig nur eine Kohlensorte vergasen, Kohle und Koks wiegen und Unterfeuerung, Gasausbeute und Heizwert des Gases bestimmen. Die Hauptschwierigkeit liegt aber hier darin, daß es fast unmöglich ist, die Temperatur mehrerer Öfen längere Zeit konstant zu halten.

Die Lehr- und Versuchsgasanstalt Karlsruhe untersuchte in Horizontalöfen zahlreiche Kohlen; von den Ergebnissen seien hier nur folgende angegeben:

---

[1] *Schilling:* 1866, 36.
[2] Zft. d. Österr. Ing.- u. Archit.-Vereins 1911, 366.

Entgasungsversuche mit deutschen Gaskohlen.

Ruhrkohlen.

Geordnet nach fallender Koksausbeute aus Rohkohle.

	Ewald Fortsetzung	Rheinbabenschächte	Zollverein	Schlägel u. Eisen (Gaswerk)	Königsgrube	Graf Moltke	Rheinelbe und Alma	Nordstern	Mont Cenis	Mathias Stinnes	Unser Fritz	Ewald
Rohanalyse:												
Asche . . . . Proz.	9,90	14,14	10,64	9,12	12,97	11,70	8,75	8,23	11,66	6,61	10,36	13,86
Wasser . . . . ,,	1,30	1,65	1,90	1,44	1,90	1,90	1,87	2,53	2,13	2,16	2,59	2,06
Reinkohle . . . . ,,	88,80	84,21	87,46	89,44	85,13	86,40	89,38	89,24	86,21	91,23	87,05	84,08
Raumgewicht der Kohle (1 cbm) k	775	883	334,5	—	820	833	760	779	807	—	795	840
Ladegewicht . . . . k	120 bis 130	115 bis 125	130	120	125	115 bis 125	125	125—130	125	120	100 bis 120	135
Entgasungsdauer. . . . . . Std.	5 bis 5^1/$_2$	5	5	4^1/$_2$	5	5 bis 5^1/$_2$	5	5	4^1/$_2$	4	5	5
Mittlere Temp. d. Ofens . . °C	1160	1165	1200	1200	1170	1130	1210	1205	1185	1215	1140	1185
100 k Rohkohle geben:												
Gasausbeute 15° 760 mm f. cbm	32,5	31,3	33,4	31,9	30,9	33,8	34,8	33,1	33,8	33,0	31,2	33,8
Koks[1] . . . . k	72,6	70,9[2]	70,3	70,3	70,5	69,4[2]	69,4	68,4[3]	67,6	67,8	67,4	66,9
Raumgewicht des Koks (1 cbm) k	360	377	—	—	387	382	—	375	386	—	354	354
Teer . . . . k	6,0	4,9	4,8	5,1	4,3	5,2	5,4	5,1	6,1	6,0	6,0	6,0
Gaswasser . . . . k	4,6	5,3	6,0	5,2	6,2	5,1	6,2	6,5	6,0	6,2	8,4	6,3
100 k Reinkohle geben:												
Gasausbeute 15° 760° f.	36,6	37,2	38,2	35,7	36,3	39,1	39,0	37,1	39,2	36,2	35,8	40,2
Koks. . . . . k	70,5	67,4	68,4	68,4	67,5	66,7	67,95	67,5	65,0	67,2	65,5	63,15
Teer . . . . k	6,8	5,8	5,5	5,7	5,0	6,0	6,2	5,8	7,1	6,5	6,9	7,1
Gaswasser . . . . k	4,6	5,2	6,0	5,2	6,2	5,07	6,2	6,5	6,00	6,22	8,35	6,3
Gasbeschaffenheit:												
Leuchtkraft 0° 760 m tr. HK . .	9,3	7,3	10,6	8,9	9,5	10,8	10,8	10,6	10,6	12,1	15,2	10,0
Leuchtwertzahl	282	213	330	264	274	340	351	327	336	374	440	324
Ob. Heizw. 0° 760 mm tr. Cal. .	5460	5200	5730	5730	5570	5880	5600	5490	5600	5300	5900	5680
Heizwertzahl	1650	1520	1780	1700	1600	1855	1820	1690	1760	1630	1710	1785
Spez. Gewicht	0,378	0,405	0,386	0,390	0,372	0,400	0,407	′,393	0,380	0,410	0,420	0,413

[1] Der Koks hat, wo nichts anderes bemerkt ist, die Eigenschaften eines normalen guten Gaskokses.
[2] Der Koks hat ziemlich leichtschmelzende Schlacken.
[3] Der Koks ist zerreiblich.

Entgasungsversuche mit deutschen Gaskohlen.

Saarkohlen.
Geordnet nach fallender Koksausbeute aus Rohkohle.

Schlesische Kohlen.
Geordnet nach fallender Koksausbeute aus Rohkohle

	May-bach	Kamp-hausen	Dud-weiler	Heinitz Nuß (Gas-werk)	Heinitz Würfel	Merlen-bach I	Spittel	Velsen	Königin Luise	Dubensko	Hedwig-wunsch Stück	Hedwig-wunsch Klein	Donners-marck
Rohanalyse:													
Asche . . . . . Proz.	8,51	8,03	6,62	11,30	5,66	6,13	11,07	10,49	5,81	5,33	8,72	13,11	5,31
Wasser . . . . . „	1,09	0,98	1,11	1,09	1,47	1,26	2,24	1,69	1,46	1,86	2,78	3,17	2,74
Reinkohle . . . „	90,40	90,99	92,27	87,61	92,87	92,61	86,69	87,92	92,73	92,81	88,50	83,72	91,95
Raumgew.d.Kohle(1cbm) k	779	796	770	—	735	—	—	770	825	725	762	860	736
Ladegewicht . . k	125	125 bis 130	125	120	120	120	120	120	115 bis 120	125 bis 130	125	125	120 bis 125
Entgasungsdauer Std.	5	5	5	$4^1/_2$	$4^1/_2$	$4^1/_2$	$4^1/_2$	5	5	$4^1/_2$ bis 5	$4^1/_2$ bis 5	$4^1/_2$ bis 5	$4^1/_2$ bis 5
Mittl. Temp. d. Ofens °C	1165	1145	1200	1130	1185	1160	1115	1185	1190	1160	1155	1140	1170
100 k Rohkohle geben:													
Gasausbeute 15°													
760 mm f.. . . cbm	34,0	32,5	33,8	32,0	35,6	34,2	32,6	35,0	34,6	33,3	33,9	32,8	33,6
Koks[1] . . . . . k	69,5	69,2	68,6	67,4	66,4	65,0	63,5[2]	62,2	68,9	66,8	66,1	66,1	65,9
Raumgew.d.Koks(1cbm)k	398	398	385	—	379	—	—	345	356	406	414	—	378
Teer . . . . . . k	5,6	5,8	5,8	5,6	6,5	5,6	5,6	6,9	4,9	6,3	6,5	5,8	7,0
Gaswasser . . . k	4,5	4,9	5,7	6,3	6,5	7,0	6,0	7,7	6,8	7,6	7,8	7,8	6,3
100 k Reinkohle geben:													
Gasausbeute 15° 760° f.	37,6	35,7	36,6	36,6	38,4	37,0	37,6	39,8	37,4	35,9	38,3	39,2	36,6
Koks . . . . . . k	67,4	67,4	67,1	64,4	65,5	64,0	60,8	58,9	68,1	66,3	64,7	63,2	66,0
Teer . . . . . k	6,2	6,3	6,3	6,5	7,0	6,0	6,4	7,9	5,3	6,8	7,3	6,9	7,6
Gaswasser . . . k	4,5	4,9	5,7	6,2	6,5	7,0	6,0	7,7	6,8	7,6	7,8	7,8	6,2
Gasbeschaffenheit:													
Leuchtkraft 0°													
760 mm tr. . . HK	12,9	12,6	12,7	12,1	14,6	11,4	10,0	14,1	10,8	11,4	6,8	5,9	14,8
Leuchtwertzahl . . .	409	382	400	360	485	364	303	460	254	353	215	180	464
Oberer Heizwert,													
0° 760 mm tr. Cal.	5680	5700	5780	5700	5840	5730	5485	6250	5445	5880	5500	5180 (1210°)	5780
Heizwertzahl	1800	1720	1820	1700	1940	1830	1665	2040	1750	1820	1740	1585	1810
Spezifisches Gewicht .	0,399	0,410	0,411	0,404	0,390	0,416	0,430	0,470	0,407	0,411	0,450	0,430	0,431

[1] Der Koks hat, wo nichts anderes bemerkt ist, die Eigenschaften eines guten Gaskokses.
[2] Der Koks ist zerreiblich.

Ott findet bei Entgasungsversuchen in seinem kleinen Horizontalofen mit 2 Retorten[1]:

	Asche in der Kohle	Vergasung-Temperatur	Gas aus 100 k 15° 760	Unterer Heizwert 15° 760	Untere Heizwert-zahl 15°	Lichtstärke Schnittbr. 150	Ausbeute in		
							Proz. Koks	Proz. Teer	Proz. Am-moniak
Saarkohle:									
Kamphausen Nuß I	9,7	1185	32,2	5020	161 640	11,3	69,0	6,28	0,223
Maybach . . Nuß I	8,0	1185	33,0	5130	169 290	13,0	67,9	5,80	0,249
Ruhrförderkohle:									
Wilhelmine Victoria	11,1	1170	31,3	5020	157 130	10,0	71,8	5,80	0,306

Ruhrkohlen ergaben im Vertikalofen der Versuchsgasanstalt Köln ohne Dampfzusatz:

Dampfzusatz	1908/09	1909/10	1910/11	1911/12
Gasausbeute	317,21	319,76	328,01	338,29 cbm
Heizwert	5427	5464	5494	5458 WE
Wertzahl	172 150	174 714	180 208	184 639
Kohlensäure	—	1,65	1,55	1,88 Proz.
Koksausbeute	67,54	67,17	67,83	67,43 „

Wertvolle Entgasungsuntersuchungen stellte die Firma *Koppers*[2] in ihrer Versuchskokerei mit ganz verschiedenen Kohlensorten an:

Entgasungsversuche mit Kohlen verschiedenen Alters nach Untersuchungen der Firma *Koppers*.[3]

Herkunft	Kokskohle				Gasflammkohle		Gaskohle		Cannel
	magere		fette						
	1.	2.	3.	4.	5.	6.	7.	8.	9.
Asche . . . . Proz.	9,34	9,00	7,64	1,20	4,50	2,30	2,50	1,00	5,50
Tiegelausbeute nach									
Muck . . . . . „	84,80	80,00	76,16	72,30	71,40	64,60	63,10	66,64	64,40
Ausbringen im Ofen									
an Koks . . . . „	85,93	82,75	80,97	77,33	76,38	74,04	74,48	75,64	74,77
Teer . . . . „	1,37	2,75	1,22	1,70	3,35	2,92	2,73	2,55	1,85
Sulfat . . . . . . „	0,96	1,27	1,28	1,33	1,35	1,53	1,29	1,50	1,46
Gaswasser . . . . „	3,43	3,08	4,32	6,14	5,15	6,57	5,42	5,36	4,30
H_2S . . . . „	0,27	0,58	0,31	0,25	0,37	0,34	0,14	0,17	0,70
CO_2 . . . . „	0,35	1,05	0,65	0,96	0,55	0,66	0,53	0,63	0,73
Gas pro t Kohle ohne CO_2									
+ H_2S bei 0° und 760 B.	232	243	265	260	283	290	316	308	321
Desgl. bei +15°	244	257	281	275	299	306	334	325	348
Gas pro t Kohle mit CO_2									
+ H_2S bei 0° und 760 B.	235	252	270	267	289	295	320	312	329
Desgl. +15°	248	266	279	281	304	311	337	329	357

[1] Journ. f. Gasbel. 1909, 622.
[2] *Peters:* Journ. f. Gasbel. 1908, 465.
[3] *Peters:* Journ. f. Gasbel. 1908, 465.

Herkunft	Kokskohle				Gasflammkohle		Gaskohle		Cannel
	magere		fette						
	1.	2.	3.	4.	5.	6.	7.	8.	9.
1 cbm Gas liefert an Heizwerten } unteren { WE	4351	4539	4910	5007	5055	5051	5230	5144	5565
oberen { „	4962	5161	5571	5659	5705	5695	5882	5789	6249
Die Gasmenge eines k Kohle ergibt an Heizwerten } unteren { WE	1065	1166	1372	1376	1516	1545	1746	1673	1942
oberen { „	1214	1326	1557	1556	1711	1742	1964	1883	2180
N_2	9,70	8,40	3,74	2,56	7,20	7,69	7,38	8,57	5,00
H_2	54,33	53,90	56,01	53,20	47,58	46,92	45,72	43,44	46,90
CH_4	30,77	31,10	32,65	33,04	35,72	34,99	35,40	37,09	36,10
CmHn	1,20	2,20	3,40	3,60	3,80	4,10	5,20	4,00	7,00
CO	4,00	4,40	4,20	7,60	5,70	6,30	6,30	6,90	5,00
Gas in Gewichtsprozenten	8,65	9,88	12,57	13,63	14,20	15,18	16,80	15,65	17,65
Spez. Gewicht des Gases .	0,35	0,38	0,44	0,49	0,46	0,49	0,46	0,47	0,50

Die Trockendestillation der Kohle.

Sehr viele, besonders organische Körper befinden sich nicht im Gleichgewichtszustand, sondern sind in steter sehr langsamer Veränderung begriffen. Die Reaktionen gehen aber so allmählich vor sich, daß sie sich nur im Laufe langer Zeiträume erkennen lassen oder sich der Beobachtung entziehen. Wir haben schon gesehen, daß einer derartigen sehr langsamen Zersetzung auch die Steinkohle unterliegt, die unter langsamer Abspaltung von Kohlensäure und später von Methan immer reicher an Kohlenstoff wird.

Jede chemische Reaktion läßt sich durch Steigerung der Temperatur beschleunigen. Wenn man nassen Torf hohen Drucken und Temperaturen (630° und über 100 Atm.) 8 Stunden und länger aussetzt, so erhält man nach Bergius[1] unter Kohlensäure- und Methanabspaltung ein der Kohle sehr ähnliches Produkt. Aus junger gasreicher Kohle wird in der Natur im Laufe geologischer Zeiträume Anthrazit und in der Retorte in wenig Stunden der Koks. Die Bedingungen sind natürlich für die beiden verwandten Reaktionen sehr verschieden, und darum können auch die Produkte nicht ganz gleich sein. Den Mechanismus der Zersetzungsreaktion, den die Kohle erleidet, kennen wir ebensowenig, wie wir etwas über die Zusammensetzung der Kohle wissen. Bei der langsamen Zersetzung der Kohle in der Natur tritt als einziges greifbares Produkt das Methan auf, und wir wissen, daß Wasser abgespalten wird, wie sich aber Kohlenstoffverbindungen, der Stickstoff und Schwefel hierbei verhalten, entzieht sich der Beobachtung.

---

[1] Vortrag auf dem Chemiker-Kongreß in Freiburg i. B.

Einfluß der Temperatur.

Die Vergasung der Rohstoffe bei niederen Temperaturen von 250 bis 450° liefert nach *Börnsteins*[1] eingehenden Untersuchungen andere Produkte als die übliche Vergasung bei 1000 bis 1300°. *Börnstein* findet z. B. nur wenig Ammoniak und sehr wenig Schwefelkohlenstoff. Der Teer enthält hauptsächlich aliphatische Kohlenwasserstoffe ähnlich dem Teer der Braunkohlenschwelerei, der ja auch durch Destillation von 400 bis 600° gewonnen wird.

Die erste merkbare Abspaltung von Wasser beginnt bei 200°[1], bei 150 bis 250° tritt ein öliges Destillat und bei 350 bis 445° das erste brennbare Gas auf. Schwefel tritt in den Destillationsprodukten zuerst bei 250 bis 350° auf. Bei 440 bis 454° entsteht:

Wasser . . . . 4,3 Gew.-Proz.
Teer . . . . 7,5 „
Gas . . . . 23,4 cbm = 3,92 Proz.
Rückstand . . . . . 84,28 Gew.-Proz.

Das Gas enthält:

Kohlensäure . . . . . 3,8 bis 18,5 Proz., im Mittel 8,2 Proz.
Kohlenwasserstoffe . . 5,6 „ 13,1 „ „ „ 9,5 „
Kohlenoxyd . . . . . 2,0 „ 6,9 „ „ „ 3,9 „
Wasserstoff . . . . . 6,5 „ 17,3 „ „ „ 9,2 „
Methan und Äthan . 60,1 „ 72,5 „
Methan . . . . 35,0 „ 45,0 „
Äthan . . . . 25,0 „ 28,0 „

Der Gehalt an Wasserstoff ist also auffallend niedrig, der des Äthans sehr hoch. Die höheren Homologen des Methans sind im Gas, soweit sie gasförmig sind, vorhanden, die hochmolekularen bis zum Hartparaffin im Teer nachzuweisen. Im Teer sind Phenole, aber keine aromatischen Kohlenwasserstoffe. *Wright*[2] vergaste Derbyshire-Silkestone bei 800 bis 1100°:

	Aus 100 k Kohlen	
	800°	1100°
Koks	64,97 k	64,10 k
Teer	7,27 „	6,47 „
Gaswasser	9,78 „	9,78 „
Gas	21,14 cbm	31,21 cbm

	Aus 100 Tn. Kohle									
	bei 800°					bei 1100°				
	Kohlenstoff	Wasserstoff	Schwefel	Stickstoff	Sauerstoff	Kohlenstoff	Wasserstoff	Schwefel	Stickstoff	Sauerstoff
im Koks . .	57,38	1,24	1,05	1,06	1,28	57,95	0,70	0,77	0,47	1,24
„ Teer . .	6,11	0,46	0,05	0,06	0,60	4,78	0,38	0,06	0,05	1,18
„ Gaswasser	0,08	1,06	0,12	0,22	8,30	0,08	1,06	0,13	0,21	8,30
„ Gas . . .	7,56	2,85	Spur	0,36	1,46	8,53	3,42	Spur	0,86	2,30
in der Reinigungsmasse	0,22	0,02	0,39	0,01	0,56	0,38	0,04	0,74	0,02	0,93

[1] Journ. f. Gasbel. 1906, 627, 648, 667.
[2] Journ. Chem. Soc. 1884, 99.

Bei höherer Temperatur verschwinden die von *Börnstein* nachgewiesenen aliphatischen Kohlenwasserstoffe bis auf das Methan und seine nächsten Homologen, und es treten die aromatischen Kohlenwasserstoffe in den Vordergrund. Höhere Homologen des Phenols und Pyridins werden spärlich, dagegen treten Schwefelwasserstoff, Schwefelkohlenstoff, Ammoniak und Blausäure reichlicher auf.

Die Grenzen, zwischen denen sich die Entgasung der Kohlen im großen bewegen, liegen im allgemeinen zwischen 1000 und 1200°, und die Ofentemperaturen dürften bei normalem Betrieb 900° als untere und 1300° als obere Grenze nicht überschreiten. Auch innerhalb dieses Temperaturintervalls steigt die Gasausbeute mit steigender Temperatur, dagegen fällt der Heizwert, doch nur in dem Maße, daß die Heizwertzahl (das Produkt aus Gasausbeute und Heizwert) immer noch steigt.

Von den vielen hervorragenden Untersuchungen der Lehr- und Versuchsanstalt[1] in Karlsruhe sei als Beispiel eine Reihe von Probevergasungen bei verschiedenen Temperaturen mit Kohle von der Zeche Mathias Stinnes angeführt:

Ofentemperaturen	Gasausb. aus 100 k Reink. 0° 760 mm	mittl. unterer Heizwert 0° 760 mm trocken	Heizwertzahl	Schwefelgehalt des Rohgases g
1150	29,5	5600	183 000	528,0
1175	30,8	5300	178 500	
1200	33,0			643,5
1250	35,8	4940	196 000	
1280	37,2	4700	197 000	1071,0

Eine andere Kohle ergab nach *Bunte*[1]:

Ofentemperaturen	Gasausbeute aus 100 k Rohkohle 0° 760 mm	Gasausbeute aus 100 k Reinkohle
unter 1100	26,85 cbm	31,0 cbm[2]
1100 bis 1140	28,80	33,2
1140 „ 1180	30,70	35,4
1180 „ 1220	32,23	37,2
1220 „ 1250	33,26	38,4

Ofentemperaturen	Heizwert 0° 760 mm	Heizwertzahl	Leuchtwertzahl	Spez. Gewicht	Schwefel in Reingas
1050	5503	188 100	451,0	0,447	42,7
1065	5213	207 800	448,0	0,427	55,5
1180	5220	211 000	—	—	—
1200	5023	211 200	—	—	—
1210	5101	211 200	434,0	0,418	—
1250	5031	215 000	376,5	0,409	58,6

Es sinkt also der Leuchtwert und das spez. Gewicht, und es steigt der Schwefelgehalt des Gases.

---

[1] Journ. f. Gasbel. 1909, 745.
[2] Journ. f. Gasbel. 1909, 754; 1910, 745.

Die Zusammensetzung des Reingases ändert sich ebenfalls:

| | Ofentemperaturen | | |
Gaszusammensetzung	1050°	1180°	1250°
Kohlensäure	2,7	2,6	2,4
Schwere Kohlenwasserstoffe .	4,2	3,7	3,7
Sauerstoff	0,4	0,9	0,6
Kohlenoxyd	9,5	9,4	10,2
Wasserstoff	49,8	50,6	52,8
Methan	29,7	29,6	28,9
Stickstoff	3,7	3,2	1,4

Im Rohgas ist vorhanden:

Ofentemperaturen	Schwefelwasserstoff am Steigrohr Vol.-Proz.	Ammoniak g in 100 cbm	Blausäure g in 100 cbm
1050	1,11	321	206,4
1160	0,88	266	307,0
1250	0,84	189	345,0

Zu hohe Temperatur im Entgasungsraum führt wieder zur Zersetzung der Destillationserzeugnisse. Wird Kohlengas auf über 700° erhitzt, so zersetzen sich die Kohlenwasserstoffe unter Bildung von Wasserstoff und Ruß oder Graphit. *Simmersbach*[1] erhitzte Koksofengas auf 700 bis 1200°, indem er es über Schamotte streichen ließ, und fand folgende Veränderungen:

Änderung der Gaszusammensetzung in Volumprozenten.

Gas-Zusammensetzung vor dem Erhitzen	Temperatur ° C	810	900	1010	1100	1210
	Dauer der Einwirkung sek	22	18	14	14	16
3,4	CO_2	2,6	2,5	1,1	0,6	0,0
0,7	O_2	0,5	0,4	0,3	0,2	0,0
7,9	CO	8,1	8,7	9,0	11,2	11,8
2,6	C_nH_m	2,2	0,8	0,2	0,0	0,0
31,7	CH_4	28,9	25,1	24,8	16,0	6,8
42,8	H_2	49,3	54,6	57,1	65,1	74,9

Die Schamotte wurde jedesmal mit Sauerstoff ausgeglüht und so von Graphit befreit. Schon bei 700° beginnt die Zersetzung, und bei 900 bis 940° sind alle Kohlenwasserstoffe vollständig zersetzt. Der Sauerstoff und die Kohlensäure bilden mit dem abgeschiedenen Kohlenstoff Kohlenoxyd.

Der Teer wird mit steigender Temperatur dickflüssiger und sein spez. Gewicht steigt von 1,02 bis 1,225. Es steigt der Gehalt an freiem Kohlenstoff und damit die Neigung des Teers zu Verstopfungen der Steigrohre. Dies zeigen die Untersuchungen von *Wright*[2], bei denen leider die Angaben über die Temperatur fehlen. Aus der Gasausbeute kann man ungefähr auf die Temperatur schließen.

---

[1] Stahl u. Eisen 1912.
[2] Journ. f. Gasbel. 1888, 1006.

Spez. Gewicht des Teers bei 15,5°	Gasausbeute pro 1000 k Kohle cbm	Ammoniak-wasser	Rohnaphtha	Leichte Teeröle	Kreosot	Anthracen-öl	Pech
1,086	186,88	1,20	9,17	10,50	26,45	20,32	28,89
1,102	202,78	1,03	9,05	7,46	25,83	15,57	36,80
1,140	250,64	1,04	3,73	4,47	27,29	18,13	41,80
1,154	286,18	1,05	3,45	2,59	27,33	13,77	47,67
1,206	329,49	0,383	0,995	0,567	19,440	12,280	64,080

Spez. Gewicht des Teers	Vol.-Proz. Rohnaphtha	Vol.-Proz. der Destillate				Vol.-Proz. Paraffin in der Rohnaphtha	Vol.-Proz. d. Dest.	
		—100°	—120°	$\frac{120°}{140°}$	$\frac{140°}{170°}$		—160°	$\frac{160°}{180°}$
1,086	10,96	0,85	0,82	2,52	3,10	5,0	0,41	1,76
1,102	10,73	1,15	0,97	2,01	2,74	4,0	0,21	1,74
1,170	4,59	1,00	1,10	0,89	1,02	1,5	0,34	1,36
1,154	4,27	0,75	0,79	0,90	0,86	1,0	0,11	0,55
1,206	1,31	0,38	0,54	0,27	0,24	1,0	0,14	0,15

Die kalt in die glühende Retorte eingebrachte Kohle nimmt die hohe Temperatur derselben nur allmählich an, und daher ändert sich während

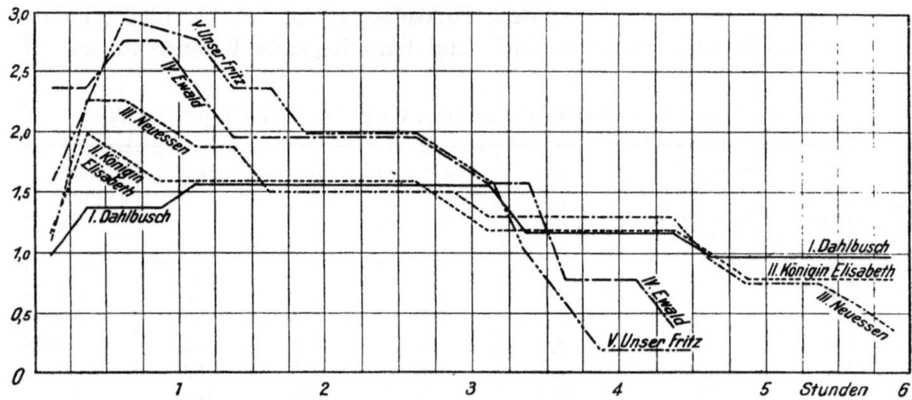

Fig. 3. Entgasungsgeschwindigkeit einiger Ruhrkohlen.

der ersten Periode das Gas mit steigender Temperatur. Außerdem ändern sich fortgesetzt die Gasentwicklung und die Zusammensetzung des Gases und der Nebenprodukte mit steigender Entgasungsdauer[1].

	10 Min.	1 Std. 30 Min.	3 Std. 25 Min.	5 Std. 35 Min.
Schwefelwasserstoff	1,30	1,42	0,49	0,11
Kohlensäure	2,21	2,09	1,49	1,50
Wasserstoff	20,10	38,33	52,68	67,12
Kohlenoxyd	6,19	5,68	6,21	6,12
Methan	57,38	44,03	33,54	22,58
Schwere Kohlenwasserstoffe .	10,62	5,98	3,04	1,79
Stickstoff	2,20	2,47	2,55	0,78

[1] *Wright:* Journ. f. Gasbel. 1888, 169, 1006; *Bunte:* das. 1910, 779.

Je länger die Kohle aussteht, desto auffallender wird der Unterschied in der Zusammensetzung des Gases aus der ersten und der letzten Phase der Entwicklung. Am auffallendsten tritt dies hervor bei Kammeröfen mit 24 stündiger Gärungszeit und bei Koksöfen, welche meist 36 Stunden ausstehen müssen. Fig. 3 zeigt die Entgasungsgeschwindigkeit.

Man unterscheidet dementsprechend bei Koksöfen Reich- und Armgas.

Koksgas in den verschiedenen Perioden der Entgasung. [1]

	Stunden nach der Beschickung					
	1	6	11	16	21	vor dem Ausdrücken
Kohlensäure	1,4	2,2	1,4	1,0	1,0	0,8
Schwere Kohlenwasserstoffe .	5,6	5,0	3,4	1,4	0,2	0
Sauerstoff	0,8	0,8	0,7	0,2	0,2	0
Kohlenoxyd	5,4	4,9	4,3	4,4	4,6	5,4
Wasserstoff	39,2	44,8	47,9	54,5	62,6	76,8
Methan	41,1	36,1	34,1	29,8	23,0	4,5
Stickstoff	6,5	6,2	8,2	8,7	8,4	12,5

In der großen Änderung des Gases während der Destillation liegt ein Nachteil der Kammeröfen, der sich besonders in kleineren Betrieben bemerkbar macht. Mit der fortschreitenden Vergasung fallen Heizwert, Leuchtwert und spez. Gewicht.

Ebenso sinkt der Schwefelwasserstoffgehalt, während der Schwefelkohlenstoffgehalt auffallenderweise zunächst steigt, dann rasch fällt. Diese Erscheinung findet wohl ihre Erklärung darin, daß beide Schwefelverbindungen bei Temperaturen über 500° sehr schnell zerfallen, selbst wenn Schwefeldampf und glühende Kohle vorhanden sind [2] (Fig. 4). Der flüchtige Schwefel, der schon bei ziemlich niedriger Temperatur abgespalten wird und als Dampf aus dem Innern des noch nicht sehr heißen Kohlenkerns kommt und durch die äußeren Schichten durchtreten muß, ist fast vollständig verbraucht, wenn der innere Kohlenkern heiß wird.

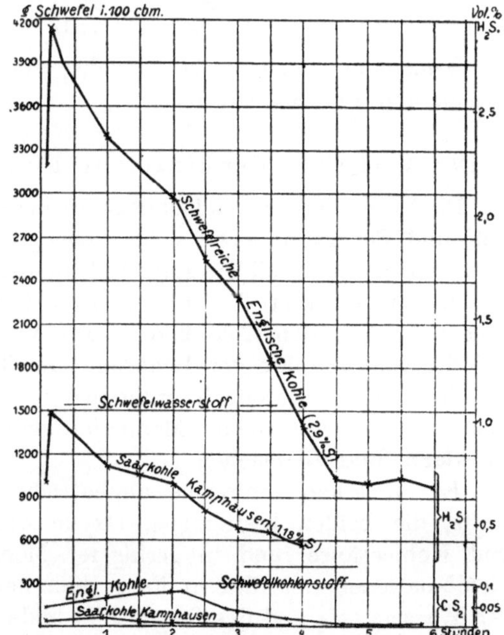

Fig. 4. Verlauf der Schwefelwasserstoffentwicklung bei der Destillation von Saarkohle und einer schwefelreichen englischen Kohle.

---

[1] *Short:* Journ. f. Gasbel. 1907, 942.
[2] *Witzeck:* Journ. f. Gasbel. 1903, 22 ff.

Der Schwefelwasserstoff zerfällt schon bei niedrigerer Temperatur als der Schwefelkohlenstoff. Der Zerfall geht jedoch noch so langsam vor sich, daß die abnehmende Gasentwicklung günstig auf den Zerfall einwirkt, da die Schwefelverbindung dann länger den hohen Temperaturen ausgesetzt sind.

Der Stickstoff findet sich im Rohgas als Element, als Ammoniak und als Blausäure. Die Stickstoffverbindungen nehmen im allgemeinen mit steigender Temperatur zu.

Folgende Tabelle[1] zeigt die Verteilung des Stickstoffs auf die Destillationserzeugnisse bei Temperaturen von 600 bis 900° und bei dreistündiger Entgasungsdauer:

| | | Stickstoff in Proz. d. Gesamtstickstoffe | | | |
		im Koks	im Ammoniak	als Elemente im Gas	als Cyanverb. u. im Teer
1. Saarkohle Heinitz . . .	600°	72,4	10,0	5,13	11,87
	700°	70,1	19,6	7,98	2,32
	800°	65,2	21,7	9,43	3,67
	900°	62,1	20,8	15,61	1,49
2. Ilseder Kohle	600°	82,33	5,99	3,01	8,67
	700°	80,33	11,98	6,15	1,04
	800°	78,21	15,28	6,41	0,10
	900°	74,18	14,82	10,34	0,66

Dementsprechend steigt zunächst auch bei der Destillation der Ammoniak und Blausäuregehalt.

Das Verhalten der einzelnen Elemente bei der Entgasung.

Die Verbindungen des Kohlenstoffs in der Kohle enthalten immer Wasserstoff und Sauerstoff. Die sicher sehr großen Moleküle werden durch die Hitze zersetzt und bilden zum Teil kleinere, welche flüchtig sind und sich im Gas, Wasser und Teer finden, zum Teil noch größere und widerstandsfähigere, welche den Koks bilden. Die Verbindungen in der Kohle sind alle und die Endprodukte der Reaktion zum Teil unbekannt, und da auch die flüchtigen Körper vielfach untereinander reagieren, ist es fast unmöglich, sich über die unendliche Mannigfaltigkeit der verschiedenen Reaktionen ein klares Bild zu machen.

Es entstehen zahlreiche aliphatische und aromatische Kohlenwasserstoffe, die beiden beständigen Oxyde des Kohlenstoffs, das Kohlenoxyd und Kohlensäure, und in geringerer Menge zahlreiche Verbindungen aus Kombinationen der fünf in Frage kommenden Elemente. Der größte Teil des Wasserstoffs und des Sauerstoffs bilden natürlich zunächst Wasser, und dieses wird, soweit es noch mit der glühenden Kohle in Berührung kommt, dem Wassergasgleichgewicht zustreben. Ein Teil des Sauerstoffs verbrennt die Kohle unter Bildung von Kohlensäure, welche dann durch Kohlenstoff in der Hitze zu Kohlenoxyd reduziert wird.

Der Zusatz von Wasserdampf gegen Ende der Destillation hat, so wie er bei den Vertikalöfen angewendet wird, auf die Bildung von Kohlenwasser-

---

[1] *Mayer* u. *Altmayer:* Journ. f. Gasbel. 1907, 25.

stoffen keinen merklichen Einfluß, da der Dampf in fast ganz ausgestandenen Koks hineingeblasen wird. Er bildet natürlich unter Wärmeaufnahme Wassergas, und da die Gasausbeute hierdurch wesentlich steigt, so sinkt der prozentuale, nicht der absolute Gehalt an Kohlenwasserstoffen und der Heizwert. Hohe Temperatur bewirkt die Zersetzung der entstandenen Kohlenwasserstoffe an den glühenden Retortenwänden unter Bildung von Graphit und kohlenstoffärmerem Gas. Durch diese Zersetzung steigt die Gasausbeute, und es sinkt der Heizwert. Ferner entstehen aber auch von vornherein bei höherer Temperatur kurze und kohlenstoffärmere Ketten, und es steigt die Menge des Kohlenstoffs im Koks.

Stickstoff.

Von dem in der Kohle enthaltenen Stickstoff bleiben etwa $^2/_3$ im Koks [1], während der Rest vermutlich zunächst als Ammoniak im entstehenden Gase vorhanden ist.

Das Ammoniak braucht zu seiner Entstehung bedeutende Wärmemengen und wird daher bei hohen Temperaturen leichter gebildet. Andererseits zerfällt das Ammoniak ähnlich wie der Schwefelkohlenstoff in beträchtlichem Maße in seine Bestandteile. Die Gleichgewichte zwischen Ammoniak, Stickstoff und Wasserstoff liegen nach *Haber* und *van Oort* [2]:

Zusammensetzung der Gleichgewichtsmischung.

Temperatur	Zusammensetzung der Gleichgewichtsmischung		
	Vol.-Proz. H_2	Vol.-Proz. N_2	Vol.-Proz. NH_3
27°	1,12	0,37	98,51
327°	68,46	22,82	8,72
627°	74,84	24,95	0,21
927°	75,00	25,00	0,024
1020°	75,00	25,00	0,012

Glücklicherweise ist die Geschwindigkeit des Zerfalls selbst bei hohen Temperaturen noch so gering, daß ein Teil des Ammoniaks erhalten bleibt.

Der Cyanwasserstoff entsteht aus Kohlenstoff und Ammoniak, und da er bei der hohen Temperatur im Ofen vollkommen beständig ist, steigt sein Gehalt mit steigender Temperatur und mit dem fortschreitenden Zerfall des Ammoniaks [3]:

Engl. Kohle Yorkshire-Silkestone		Sächsische Kohle	
Hellrotglut	Dunkelrotglut	Hellrotglut	Dunkelrotglut
208,7 g HCN	196,6 g HCN	176,8 g HCN	270,4 g HCN
228,1	216,3	275,8	277,9
329,8	284,4	386,0	286,3
314,7	338,5	312,0	324,5
209,3	290,8	227,1	278,1
188,7	270,4	76,2	191,1

[1] Journ. f. Gasbel. 1887, 661.
[2] Zft. f. anorg. Chem. 1905, 341.
[3] Journ. f. Gasbel. 1906, 208.

Außer dem Ammoniak und Cyan entstehen viele komplizierte, stickstoffhaltige, organische Verbindungen, hauptsächlich Amine und heterozyklische Verbindungen, welche den Stickstoff im Ring enthalten. Diese finden sich überwiegend im Teer und entstehen nur in geringer Menge.

Über die Verteilung des Stickstoffs der Kohle auf die Destillationsprodukte, besonders über das Ausbringen an Ammoniak und Cyan, liegen zahlreiche Arbeiten vor. *Knublauch*[1] und *Foster*[2] fanden bei Laboratoriumsversuchen:

Stickstoff der Kohle	Bei der Destillation ergaben 100 g Kohle		vom Stickstoffgehalt der Kohle als Ammoniak gewonnen
Proz.	Ammoniak g	Stickstoff g	Proz.
1,612	0,268	0,221	13,7
1,555	0,203	0,107	10,8
1,479	0,201	0,166	11,2
1,455	0,190	0,157	10,7
1,215	0,181	0,149	12,3

Stickstoff der Kohle (englische Kohle)	Stickstoff im Koks in Proz. des Stickstoffs in der Kohle	Stickstoff im Ammoniak in Proz des Stickstoffs der Kohle
1,75	62,8	11,1
1,73	48,7	14,5
1,67	65,9	12,5
1,66	52,7	11,6

Im Teer findet *W. Smith*[3] 1,667 Proz. Stickstoff, wovon 1,595 Proz. im Pech und etwa 2,0 Proz. im Teeröl sind. Derselbe fand im Koks:

Gaskoks . . . . 1,375 Proz.
Bienenkorbofenkoks 0,511
Koks von Carvès-Öfen 0,384

Daraus folgt, daß die Stickstoffentwicklung mehr Zeit braucht als die Entgasung in den kleinen Gasöfen. Dies bestätigt die Beobachtung von *Winkler*[4], der im Koks aus Koksöfen nur 28,7 Proz vom Stickstoff der Einsatzkohle fand. Laboratoriumsversuche dürfen hier zum Vergleich nicht herangezogen werden.

Über die Verteilung des Stickstoffs auf die verschiedenen Destillationsprodukte liegen weiter noch folgende Angaben vor:

	Leybold[5]	Leod.[6]	Foster[7]	Short[8]
Kohle	1,06 bis 1,50		1,73	1,57 Proz.
Koks	31 „ 36	58,3	48,68	43,31
Ammoniak	10 „ 14	17,1	14,5	15,16
Blauverbindungen	1,5 „ 2	1,2	1,56 }	} 1,43
Rhodan				
Stickstoff im Teer	1,0 „ 1,3	3,9 }	35,26	2,98
Rest als Gas	46 „ 56	19,5		37,12

[1] Journ. f. Gasbel. 1883, 440.
[2] Journ. of Gaslight. 1882, 1081.
[3] *Lunge-Köhler:* Ammoniak, 1912, 122.
[4] Jahrb. f. Berg- u. Hüttenwesen in Sachsen 1884.
[5] Journ. f. Gasbel. 1890, 336.
[6] Journ. Soc. Chem. Ind. 1907, 137.
[7] Journ. of Gaslighting. 1882, 1081.
[8] Journ. f. Gasbel. 1907, 942. Versuche im Koksofengroßbetrieb mit Durhamkohle.

Bei den Kohlen verschiedener Länder verteilt sich der Stickstoff verschieden auf die einzelnen Destillationsergebnisse:

	Mittelwerte [1]						
	Westf. Kohle	Engl. Kohle	Schles. Kohle	Böhm. Kohle	Sächs. Kohle	Saar- kohle	Braun- kohle
Gesamtstickstoff in der Kohle .	1,50	1,45	1,37	1,36	1,20	1,06	0,52 Proz.
davon im Koks	0,96	1,02	0,95	0,77	0,86	0,85	0,23
„ flüchtig	0,54	0,43	0,42	0,59	0,34	0,20	0,29
von 100 Tln. Stickstoff							
im Koks	80	72	70	69	64	57	38
flüchtig	20	28	30	31	36	43	62

Ältere Kohle gibt weniger Ammoniak als jüngere:

	Braun- kohle I	Braun- kohle II	Stein- kohle I	Stein- kohle II	Stein- kohle III	Anthra- zit IV
Sauerstoff in der Kohle .	32,60	12,66	12,46	10,76	9,09	5,04 Proz.
Vom Gesamtstickstoff der Kohle als Ammoniak gewonnen	35,23	10,98	20,83	23,07	13,92	9,96

Rau[2] erklärt diese Erscheinung mit dem fallenden Sauerstoffgehalt, der nur eine geringe Wasserbildung zuläßt.

Den Einfluß, den das Alter des Vergasungsmaterials auf die Bildung des Ammoniaks ausübt, zeigt ferner die Zusammenstellung von *Christie*[3]:

	Torf Bremen	Gaskohle Yorkshire	Gaskohle Consolida- tion	Fettkohle Aachen	Anthrazit Aachen
Koksausbeute	31,74	64,48	68,37	77,32	94,80 Proz.
Proz. des Gesamtstickstoffs					
im Koks	24,02	42,63	43,60	54,03	63,64
als Ammoniak	40,28	29,45	29,07	33,78	25,85
sonst flüchtig	35,70	27,92	27,33	12,19	10,51

Die Ammoniakentwicklung beginnt bei 350°, beim Anthrazit bei 450°, die Hauptentwicklung liegt zwischen 500 und 700°.

Das Ammoniak wird in höherem Grade zersetzt, wenn die Temperatur der Kohle schneller gesteigert wird. *Christie* erhitzte Gaskohle von Consolidation verschieden rasch auf 865° und fand:

Dauer der Erhitzung	N im Koks	als Ammoniak		sonst flüchtig
12 Min.	66,42		33,58	
80 „	56,92	18,25		24,83
170 „	37,35	27,45		35,20

[1] Journ. f. Gasbel. 1887, 661.
[2] Stahl u. Eisen 1910.
[3] Stahl u. Eisen 1910, 1243.

Drehschmidt[1] findet in der Versuchsgasanstalt der Berliner Gaswerke:

	Stickstoff der Rein-kohle	Ammoniak		Cyanwasserstoff	
		Aus 1 t Kohlen k	Stickstoff in Am-moniak	Aus 1 t Kohlen k	Stickstoff im Cyan
Englische Gaskohlen (37 Kohlensorten, 48 Unter-suchungen)	1,63	1,76 bis 3,64 im Mittel 2,73	2,112	0,41 bis 1,03 im Mittel 0,72	0,386
Westfälische Gaskohlen (9 Kohlensorten, 18 Unter-suchungen)	1,64	1,99 bis 2,90 im Mittel 2,37	1,950	0,63 bis 0,98 im Mittel 0,742	0,402
Schlesische Gaskohlen (22 Kohlensorten, 25 Unter-suchungen)	1,38	1,46 bis 3,42 im Mittel 2,46	2,055	0,31 bis 0,67 im Mittel 0,48	0,258

Der Einfluß des Wasserdampfes auf die Bildung von Ammoniak ist sehr bedeutend. Der Dampf stammt einerseits aus dem Wassergehalt der Kohle und entsteht andererseits als Verbrennungsprodukt des Wasserstoffs und des in der Gaskohle ja noch recht reichlich vorhandenen Sauerstoffs. Ferner führt man neuerdings bei Vertikalöfen Wasserdampf in den schon ziemlich ausgestandenen glühenden Koks ein. Die Kokereien verwenden zumeist gewaschene Kohle mit einem sehr hohen Wassergehalt von 12 bis 20 Proz.

Ein Wasserdampfgehalt im Rohgase vermehrt die Ammoniakausbeute bedeutend[2]. Nur einige Gasanstalten in Deutschland erzeugen wenig mehr als 10 k Ammonsulfat aus 1000 k Kohlen, meist ist die Ausbeute ungünstiger. Dagegen gewinnen die Kokereien bis zu 15 k Sulfat, und das Durchschnittsergebnis sämtlicher Zechen liegt im Ruhrgebiet bei 12,5 k.

Einfluß von Wasserdampfzusatz bei der Destillation auf die Bildung von Ammoniak:

Saarkohle Heinitz.

	Dauer des Versuchs	Ammoniakausbeute in Proz. des Gesamt-stickstoffs der Kohle bei			
		600°	700°	800°	900°
Trockne Entgasung	3 Std.[3]	10,83	19,17	21,38	20,57
Wasserdampfzusatz	6 „	13,04	20,85	23,12	23,84
„	9 „	3,17	8,53	9,64	5,35
„	12 „	1,84	5,10	6,12	2,21
„	15 „	0,17	3,17	3,71	—
„	18 „	—	1,50	2,14	—
„	21 „	—	—	1,12	—
Gesamtammoniak in Proz. des Stickstoffs		29,05	58,32	67,23	51,97

[1] Journ. f. Gasbel. 1904.

[2] Journ. Chem. Soc. 1883, 105.

[3] Bei der von *Mayer* und *Altmayer* gewählten Versuchsanordnung war nach dreistündiger trockner Entgasung alles entstehende Ammoniak gewonnen.

Die Menge des Stickstoffs der Kohle ist ohne merklichen Einfluß auf die Menge des gebildeten Ammoniaks, dagegen zeigt sich ein sehr bedeutender Unterschied bei den verschiedenen Kohlensorten und Kohlen verschiedener Herkunft. Es ergibt:

Westf. Gaskohle	(Mittel aus	6	Versuchen)	10,4 k	Ammonsulfat
„ Cannelkohle	„	„ 3	„	7,7 „	„
„ Kokskohle	„	„ 9	„	11,0 „	„
Oberschles. Gas- und Kokskohle	„	„ 9	„	13,5 „	„
Niederschl. Gaskohle	„	„ 2	„	7,7 „	„
„ Kokskohle	„	„ 3	„	8,4 „	„
Saar-Gas- und Kokskohle . . .	„	„ 6	„	8,2 „	. „
Engl. Gaskohle	„	„ 3	„	13,4 „	„

Die Ammoniakausbeute läßt sich durch Zusatz von 2 bis 3 Proz. Kalk zur Kohle bis etwa auf 20 Proz. steigern[1], doch sind die Nachteile des Zusatzes, Verschlechterung von Gas und Koks so bedeutend, daß man in der Praxis von diesem Zusatz wieder abgekommen ist. Der Cyanwasserstoff entsteht im Großbetrieb in bedeutend größerer Menge, als nach den Versuchen von *Foster* und *Knublauch*[2] zu erwarten steht, da die Temperaturen erheblich höher sind.

Der Schwefel. Der Sulfatschwefel bleibt bei der Trockendestillation unverändert in der Asche. Das Sulfid wird zersetzt und bildet Schwefeldampf, dieser verbindet sich bei höheren Temperaturen sowohl mit Wasserstoff zu Schwefelwasserstoff, als auch mit Kohlenstoff zu Schwefelkohlenstoff. Über die Zersetzung der organischen Verbindungen, die Schwefel enthalten, wissen wir nichts Bestimmtes, doch läßt sich vermuten, daß sie teils Schwefelwasserstoff, teils die komplizierten Schwefelverbindungen wie Thiophen und Thiophenol und andere bilden. Von dem Schwefelgehalt der Kohle sind 10 bis 50 Proz. flüchtig und davon 94 bis 97 Proz. als Schwefelwasserstoff[2]. *Drehschmidt* ermittelte das Verhältnis von Schwefel in der Kohle zum Schwefel im Roh- und Reingas:

	Schwefel in Rohkohle Proz.	im Mittel Proz.	in Rein- kohle Proz.	Schwefel vergasbar Proz.	im Mittel Proz.	Schwefel g in 100 cbm reinen Gases	im Mittel Proz.
Engl. Kohle (Mittel aus 37 Kohlensorten) . .	0,89 bis 3,11	1,84	2,06	0,09 bis 1,68	0,772	23,4 bis 172,9	94,29
Westf. Kohle (Mittel von 9 Kohlensorten) . .	0,59 „ 2,48	1,328	1,52	0,18 „ 1,33	0,666	23,9 „ 89,6	45,78
Schles. Kohlen (Mittel von 22 Kohlensorten)	0,74 „ 2,20	1,427	1,60	0,22 „ 1,22	0,613	19,6 „ 172,0	41,87

Als Mittel von je zehn Untersuchungen fand sich im Gas aus

Ruhrkohle:	Consolidation mit 0,75 Proz. S	38,6 g	in 160 cbm[3]
Durhamkohle:	New-Leversen „ 1,30 „ „	79,6 „	reinen Gases
Yorkshirekohle:	Silkestone „ 1,64 „ „	90,1 „	

---

[1] Journ. f. Gasbel. 1887, 55, 96.
[2] Chem.-Ztg. 1910, 986.
[3] Journ. f. Gasbel. 1909, 117.

Zusatz von Wasserdampf vergrößert die Menge des Schwefelwasserstoffs. In den Produkten der Trockendestillation der Steinkohlen sind bis jetzt folgende Körper nachgewiesen:

1. Kohlenwasserstoffe der aliphatischen Reihe.

gesättigte Kohlenwasserstoffe — Paraffine		Siedep.	ungesättigte Kohlenwasserstoffe — Olefine		Siedep.	Acetylene		Siedep.
C_nH_{2n+2}			C_nH_{2n}			C_nH_{2n-2}		
Methan	CH_4	—162°						
Äthan	C_2H_6	— 84°	Äthylen	C_2H_4	—105°	Acetylen	C_2H_2	—
Propan	C_3H_8	— 45°	Propylen	C_3H_6	— 48°	Allylen	C_3H_4	?
Butan	C_4H_{10}	+ 1°	Butylen	C_4H_8	— 5°	Crotonylen	C_4H_6	27°
Pentan	C_5H_{12}	38°	Propylen (Amylen)	C_5H_{10}	+ 39°	Pentin (Valylen)	C_5H_8	48°
Hexan	C_6H_{14}	70°	Hexylen usw.	C_6H_{12}	+ 73°	usw.		
Heptan	C_7H_{16}	C 98°						
Octan	C_8H_{18}	124°						
Nonan	C_9H_{20}	151°						
Decan	$C_{10}H_{22}$	171°						
usw. bis	$C_{27}H_{56}$							

Dazu kommen die sehr zahlreichen Isomeren, die ebenso wie die höheren Homologen wegen der Schwierigkeit der Trennung oft nicht einzeln nachgewiesen werden können.

Ringförmige Kohlenwasserstoffe der aromatischen Reihe:

Cyclopentadien	C_5H_6	41°	Cymol	$C_{10}H_{14}$	175°
Benzol	C_6H_6	80,4°	Naphthalin	$C_{10}H_8$	218°
Toluol	C_7H_8	110,3°	Methylnaphthaline	$C_{11}H_{10}$	242°
Xylol, ortho	C_8H_{10}	142°	Inden	C_9H_8	178°
,, meta	C_8H_{10}	139°	Diphenyl	$C_{12}H_{10}$	254°
,, para	C_8H_{10}	138°	Acenaphthen	$C_{12}H_{10}$	278°
Äthylbenzol	C_8H_{10}	136°	Fluoren	$C_{13}H_{10}$	295°
Hemimellithol	C_9H_{12}	175°	Phenanthren	$C_{14}H_{10}$	340°
Pseudocumol	C_9H_{12}	170°	Reten	$C_{18}H_{18}$	350°
Mesithylen	C_9H_{12}	164,5°	Anthracen	$C_{14}H_{10}$	351°
Cumol	C_9H_{12}	153°	Pyren	$C_{16}H_{10}$	—
Durol	$C_{10}H_{14}$	190°	Chrysen	$C_{18}H_{12}$	—

und zahlreiche Isomere.

Dihydrobenzol	C_6H_8	81,5°
Dihydrotoluol	C_7H_{10}	105 bis 108°
Dihydroxylol	C_8H_{12}	132 ,, 134°
Dihydrocymol	$C_{10}H_{14}$	129 ,, 132°
Tetrahydrobenzol	C_6H_{10}	82°
Tetrahydrotoluol	C_7H_{12}	103 ,, 105
Tetrahydroxylol	C_8H_{14}	129 bis 132
Hexahydrobenzol	C_6H_{12}	69°
Hexahydrotoluol	C_7H_{14}	97°
Hexahydroxylol	C_8H_{16}	118°
Dihydronaphthalin	$C_{10}H_{10}$	212°

2. Organische Verbindungen mit einem dritten Element:

Methylalkohol	CH_3OH	63°	Carbazol	$C_{12}H_9N$	355°
Alkohol	C_2H_6O	79°	Thiophen	C_4H_4S	84°
Aceton	C_2H_6O	56°	Thiotolen	C_5H_6S	113°
Essigsäure	$C_2H_4O_2$	119°	Mercaptan	C_2H_5SH	
Cumaron	C_8H_6O	171°	Anilin	C_6H_7N	182°
Benzoesäure	C_6H_5COOH	184°	Pyridin	C_6H_5N	117°
Phenol	C_6H_6O	184°	Picolin	C_6H_7N	134°
Cresol, ortho	C_7H_8O	188°	Lutidin	C_7H_9N	157°
„ meta	C_7H_8O	201°	Äthylpyridin	C_7H_9N	154°
„ para	C_7H_8O	199°	Collidin	C_7H_9N	165°
Xylenol	$C_8H_{10}O$	218 bis 225°	Parvolin	C_9H_3N	188°
α-Naphthol	$C_{10}H_8O$	278°	Chinolin	C_9H_7N	239°
β-Naphthol	$C_{10}H_8O$	294°	Chinaldin	$C_{10}H_9N$	242°
Cumaron	C_8H_6O	169°	Lepidin	$C_{10}H_9N$	257°
Methylamin			Cryptidin	$C_{11}H_{11}N$	274°
Äthylamin			Tetracolin	$C_{12}H_{13}N$	280°
Acetonitril	C_2H_3N	82°	Viridin	$C_{12}H_{19}N$	251°
Pyrrol	C_4H_5N	126°	Acridin	$C_{13}H_9N$	—

und viele Isomere.

3. Verschiedene Stoffe:

Cyan	$(CN)_2$	Wasser	H_2O
Blausäure	HCN	Stickstoff	N_2
Kohlenoxyd	CO	Ammoniak	NH_3
Kohlensäure	CO_2	Schwefelwasserstoff	H_2S
Kohlenoxysulfid	COS	Schwefelammon	$(NH_4)_2S$
Schwefelkohlenstoff	CS_2	u. Ammoniumpolysulfide	
Wasserstoff	H_2	Schweflige Säure	SO_2
Sauerstoff	O_2		

Die Elemente, aus denen die Kohle besteht, verteilen sich auf die verschiedenen Produkte der Destillation nach Untersuchungen von *Wright*[1]:

	Kohlenstoff Proz.	Wasserstoff Proz.	Sauerstoff Proz.	Stickstoff Proz.	Schwefel Proz.	Asche Proz.	Aus 100 k Kohle			
							Koks k	Teer k	Gaswasser k	Gas cbm
DerbyshireSilkestone Kohle	75,71	6,27	11,59	1,72	1,72	2,99				
bei 800° entgast:							64,97	7,27	9,78	21,14
Koks	57,38	1,24	1,28	1,06	1,05	2,96				
Teer	6,11	0,46	0,60	0,06	0,05					
Gaswasser	0,08	1,06	8,30	0,22	0,12					
Gas	7,56	2,85	1,46	0,36	Spur					
Reinigungsmassen	0,22	0,02	0,56	0,01	0,39					
Summa	71,35	5,63	12,20	1,71	1,61					
bei 1100° entgast:							64,10	6,47	9,78	31,21
Koks	57,95	0,70	1,24	0,47	0,77	—				
Teer	4,78	0,38	1,18	0,05	0,06					
Gaswasser	0,08	1,06	8,30	0,21	0,13					
Gas	8,53	3,42	Spur	0,86	2,30					
Reinigungsmassen	0,38	0,04	0,74	0,02	0,93					
Summa	71,73	5,61	13,95	1,61	1,70					

[1] Journ. f. Gasbel. 1888.

100 k Kohle haben etwa einen Heizwert von 750000 WE. Davon finden sich etwa 165000 WE. im Gas, 525000 WE. im Koks und 42500 WE. im Teer. Der Rest von 17 500 WE. ist Verlust[1].

Die Verteilung des Heizwertes kann man nach zahlreichen Betriebsversuchen wie folgt annehmen[2]:

bei einer Koksausbeute von	60	70	85 Proz.
im Koks	60	68	80
„ Teer	9	6	3
„ Gas	27	23	16
Verlust	4	3	1

Die verkaufte Energie aus den Produkten der Trockendestillation beträgt in Prozenten vom Energiegehalt der Kohle bei

	Gasanstalten 60 bis 70 Proz. Koksausb.	Kokereien 70 bis 85 Proz. Koksausb.
im verkauften Gas	27 bis 23 Proz.	11 bis 6 Proz.
„ „ Koks . . .	45 „ 56	68 „ 80
	72 bis 79 Proz.	79 bis 86 Proz.

1000 WE. kosten im Gas bei 5000 WE. Heizwert u. 13 Pfg. Gaspreis . . . . . 2,600 Pfg.
„   „   „   „ Koks „ 7000 „   „   „ 1.10 Mk. für 100 k Kokspreis 0,157 „
„   „   „   „ Teer „ 8500 „   „   „ 2.40 „   „   „   „ Teerpreis 0,282 „

Bei einem Preis von 12 Mk. von 1000 k Kohle ab Zeche erhält man etwa:

aus 300 cbm Gas von 13 Pfg.	39.00 Mk.
aus 570 k Koks von 1.10 Mk. per 100 k	6.27 Mk.
aus 44 „ Teer „ 2.40 „ „ „ „	1.06 Mk.
aus 260 „ NH_3	1.95 Mk.

Auf die Menge der Destillationsprodukte ist die Beschaffenheit der Kohle von größtem Einfluß; folgende Tabellen zeigen die Zusammensetzung verschiedener Kohlen und die Gasausbeute aus diesen[3]:

	Rohkohle		Reinkohle				Koks im Tiegel	Gas im Tiegel	Disp. Wasserst. auf 1000 Tn. Kohlenstoff
	Wasser	Asche	Kohlenstoff	Wasserstoff	Sauerstoff	Stickstoff			
Belgischer Anthrazit: Amercoeur	1,23	3,75	93,04	3,37	1,73	1,12	91,20	8,80	34
Ruhr-Magerkohle: Flöz Mausegatt .	1,19	4,18	90,95	3,91	2,93	1,44	86,56	13,44	39
„ -Eßkohle: „ Girondelle .	0,97	3,96	90,42	4,21	2,68	1,61	85,47	14,53	43
„ -Fettkohle I: „ Sonnenschein	0,77	2,64	91,04	4,33	2,56	1,49	82,38	17,62	44
„ „ II: „ Robert . .	1,02	3,17	89,06	4,68	3,77	1,47	77,99	22,01	48
„ -Gasflammkohle: „ Gladbeck .	1,57	6,42	85,96	4,87	6,30	1,20	67,99	32,01	48

[1] Feuerungstechnik 1912, 97.
[2] Stahl u. Eisen 1910, 1294.
[3] Journ. f. Gasbel. 1907. 747.

Destillationserzeugnisse:

	Mengen der Destillationsprodukte in Proz. der vergasten Kohle			
	Koks	Gas 0° 760 mm	Teer	Gaswasser aus Differenz
Belgischer Anthrazit Amercoeur	90,12	7,70	0,12	2,05
Ruhr-Magerkohle: Flöz Mausegat . . .	87,38	10,83	0,12 + 0,20	1,47
„ -Eßkohle: „ Girondelle . . .	84,41	12,51	1,28 + 0,25	1,55
„ -Fettkohle I: „ Sonnenschein .	80,93	13,55	2,60 + 0,67	2,25
„ „ II: „ Robert	77,60	13,68	4,81 + 0,71	3,20
„ -Gasflammkohle: „ Gladbeck . . .	68,14	15,99	6,47 + 1,46	7,94

Die Zahlen sind Mittelwerte aus zwei gut übereinstimmenden Versuchen.

Der Heizwert verteilt sich:

Heizwert in Proz. vom Heizwert der Rohkohle im				
Koks	Gas	Teer	Pech	Verlust
85,0		10,2		4,8
81,65		12,68		5,67
80,07		15,00		4,93
76,54		18,36		5,10
74,35		22,64		3,01
66,06		28,18		5,76

Verschiedene englische Kohlen ergaben nach *Constam*[1] einen besonders auffallenden Unterschied in der Ausbeute an Teer.

	Entgasung bei 800°			
	Koks	Gas	Teer	Pech
Bright Coal: Nottinghamshire	62,5	22,9	8,4	1,6
Trencherbone Coal: Lancashire	61,1	22,7	11,0	1,4
Best Hard Coal: Nottinghamshire	64,1	20,3	10,1	1,3
Kinneil Coal	62,3	21,9	9,5	2,2
Low Main Seam: Durham	63,2	20,6	9,5	2,2
Hutton Seam: Durham	64,9	22,1	7,7	2,0
Barnsley Coal: Yorkshire	70,4	18,3	6,9	1,8
Ballarat Seam: Durham	73,3	18,6	2,5	1,7
Mixons Nawig Coal: Wales	75,9	16,9	2,9	1,3

Den Unterschied in den Ausbeuten der verschiedenen Destillationserzeugnisse zeigen in hervorragendem Maße die Untersuchungen der Firma *Koppers*[2] (siehe S. 41). Auch bei einer gleichartigen Kohle, z. B. Gaskohlen, zeigen sich noch große Schwankungen. Die Ergebnisse der Untersuchungen der Lehr- und Versuchsgasanstalt Karlsruhe zeigt folgende Darstellung:

---

[1] Journ. f. Gasbel. 1907, 778.
[2] Journ. f. Gasbel. 1908, 465 u. 1114.

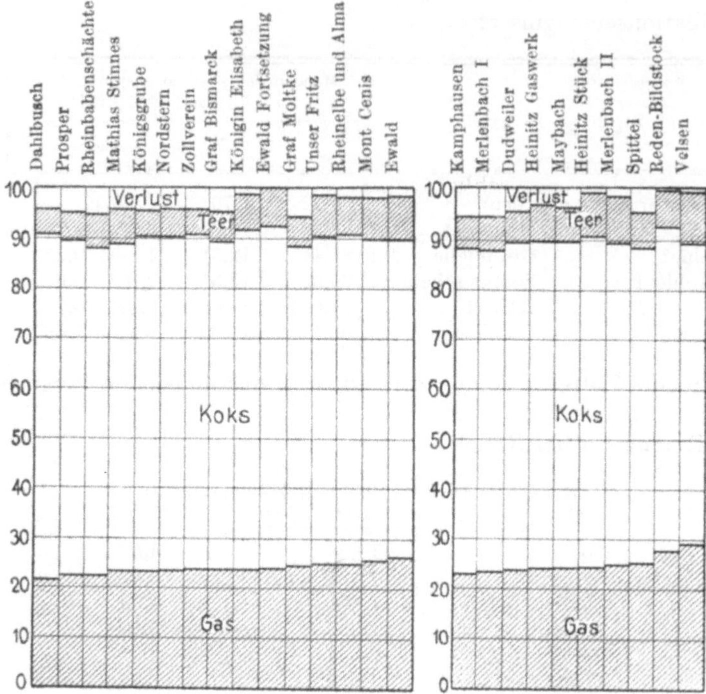

Fig. 5. Verteilung des Heizwertes der Kohle (= 100) auf Gas, Koks, Teer.

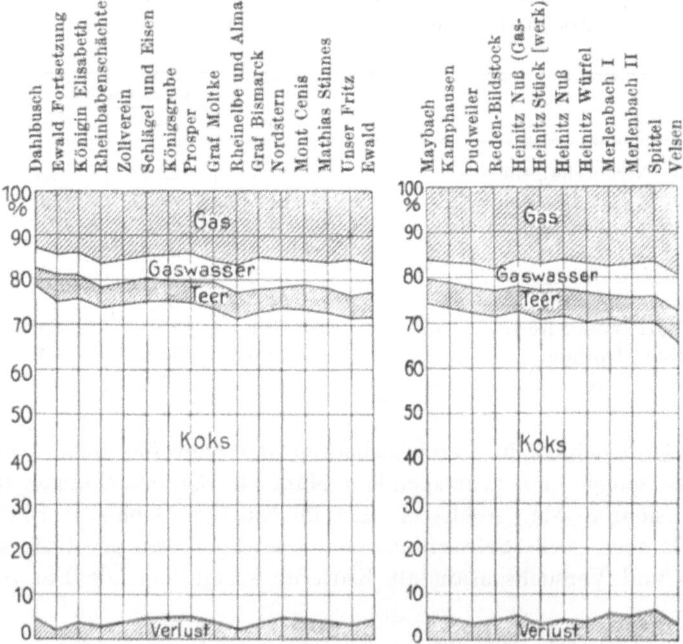

Fig. 6. Gewichte der Destillationsprodukte aus 100 kg Kohle.

Die Gaserzeugungsöfen.

Die Öfen zur Erzeugung von Leuchtgas bestehen aus dem Ofengehäuse, aus verschließbaren Behältern, Retorten oder Kammern, in denen die Entgasung der Kohle stattfindet, und aus der Heizvorrichtung.

Das Ofengehäuse umschließt die Retorten und führt die Feuergase.

Das Material, aus dem die Öfen aufgeführt werden, ist außen hart gebrannter Ziegelstein und innen Schamottematerial verschiedener Beschaffenheit. Schamotte ist gebrannter Ton, welcher sich in der Natur in mehr oder weniger reinem Zustand an vielen Stellen findet. Der Ton ist ein Verwitterungsprodukt des Feldspates K_2O, Al_2O_3, $6\,SiO_2$, dessen Alkali und $^2/_3$ von seiner Kieselsäure durch Wasser herausgelöst sind. Er hat die Zusammensetzung Al_2O_3, $2\,SiO_2$, $2\,H_2O$ und besteht in reinster Form aus 39,5 Proz. Al_2O_3, 46,6 Proz. SiO_2 und 13,9 Proz. Wasser. Ganz reiner weißer Ton ist selten und wertvoll, meist ist derselbe mit Alkali-, Kalk- und Magnesiasilicaten und Sulfaten und mit Eisen verunreinigt. Das Eisen ist Ursache der roten Farbe der gebrannten Schamotte. Der frische Ton wird nach mechanischer Vorbearbeitung mit der zwei- bis dreifachen Menge gemahlener, schon gebrannter Schamottebrocken von etwa Erbsengröße zu einem Brei vermengt und geformt. Nach gründlichem Trocknen wird die Masse allmählich bis auf 1300° erhitzt und etwa 14 Tage bei dieser Temperatur gebrannt. Beim Brennen tritt ein Schwinden des Materials von 5 bis 7 Proz. ein. Dieses Schwinden hört erst bei sehr scharf gebranntem Material auf, und findet bei gewöhnlichen Schamottesteinen nach ihrem Einbau in den Gaserzeugungsofen noch in merklichem Maße statt. Diese Formveränderungen beeinträchtigen natürlich die Widerstandskraft und Haltbarkeit des Ofens.

Das basische Schamottematerial wird bei den Temperaturen der Gasöfen vom Flugstaub stark angegriffen und schmilzt oberflächlich ab. Diese Schmelzschichten enthalten nach *Leisse*[1] 30 Proz. Eisenoxyd und bis zu 33 Proz. Schwefelsäure. Außer der rein basischen Schamotte verwendet man neuerdings die zuerst in England hergestellten sauren Quarzsteine, welche unter dem Namen Dinas in den Handel kommen. Diese Dinassteine enthalten 95 Proz. Kieselsäure, 2 bis 3 Proz. Eisen und Aluminiumoxyd und 2 bis 3 Proz. Kalk.

Das Material zeigt im Gegensatz zur Schamotte eine Volumenvergrößerung von etwa 3 Proz., welche vermutlich durch den Übergang vom krystallinischen in den amorphen Zustand des Quarzes hervorgerufen wird. Der Stein ist porös und hat eine geringere Festigkeit. Die Beschaffenheit des fertigen Materials hängt noch mehr als bei der Schamotte von der sorgfältigen Auswahl des Rohmaterials ab. Die Vorteile der Dinassteine liegen darin, daß Flugasche nicht angreifen kann und Wärme besser geleitet wird.

Gute Schamottesteine erweichen bei Segerkegel 30 bis 32, also bei 1670 bis 1720°. Dinassteine erweichen etwa bei 1710 bis 1750°.

---

[1] Journ. f. Gasbel. 1905, 257.

Für feuerfeste Materialien verschiedener Art gibt *Kanolt*[1] folgende Schmelzpunkte an:

Schamotteziegel	1555 bis 1725°
Bauxitziegel	1569 „ 1785°
Siliciumziegel	1700 „ 1705°
Chromitziegel	2050°
Magnesiaziegel	2115°

Die reinen Materialien schmelzen bei

Kaolin	1735 bis 1740°
Bauxit	1820°
Chromit	2180°
Tonerde	2010°
Kieselsäure	1750°

Der beim Bau der Öfen verwandte Schamottemörtel besteht aus 1 Tl. Ton und 3 Tln. fein gemahlener Schamotte. Zum Auspinseln der Fugen verwendet man ein Gemisch von 2 Tln. Ton und 5 Tln. Schamottemehl.

Die Untersuchung der feuerfesten Materialien erstreckt sich in erster Linie auf die Bestimmung der Feuerfestigkeit und des Schmelzpunktes, ferner auf die Bestimmung der Volumenänderung beim Brennen, der Druckfestigkeit und der Wärmeleitfähigkeit[2].

Auf die Art der Bestimmung kann hier nicht näher eingegangen werden.

Das Ofengehäuse ist bei Horizontal- und Schrägöfen ein Gewölbe, bei Vertikal- und Kammeröfen ein viereckiger Kasten. Das Mauerwerk wird wegen der starken Ausdehnung verankert, doch muß man auf starke Verschiebungen Rücksicht nehmen.

Als Heizmaterial dient auf Gaswerken bis heute noch fast ausschließlich der selbstgewonnene Koks. Die Feuerung war ursprünglich eine ganz einfache Rostfeuerung, die Retorten waren über der Feuerstelle angeordnet und die Wärmeübertragung fand durch direkte Strahlung und durch die heißen Feuergase statt. Da die Entgasung früher bei 800 bis 1000° vorgenommen wurde, so mußten die Rauchgase mit dieser Temperatur den Ofen verlassen. Der Energieverlust war daher bedeutend und die Unterfeuerung im Vergleich zu der niederen Ofentemperatur sehr hoch; sie betrug über 25 Proz. vom Gewicht der vergasten Kohlen.

Man findet Rostöfen bis zum heutigen Tage in ganz kleinen Gaswerken, da sie billig in der Anlage und einfach im Betrieb sind. Allerdings werden sie heute meist mit einer kleinen Anlage zur Wiedergewinnung der Wärme der abziehenden Rauchgase durch Vorwärmung der Oberluft gebaut. Dieser moderne Rostofen stellt schon eine Übergangsform zur Generatorfeuerung dar (Fig. 7 u. 8).

Die Generatorfeuerung stammt von *Siemens* und wurde um das Jahr 1876 aus der Glasindustrie übernommen. Bedeutende Ersparnisse an Arbeit

---

[1] Journ. of Gaslighting 119, 503.
[2] Journ. f. Gasbel. 1913. 245.

und Heizstoff und die Schonung der Retorten, die etwa doppelt solange
halten, verschaffte dem Generator bald allgemeine Verbreitung.

Durch die Generatorheizung wurde eine Ersparnis an Unterfeuerung von
30 bis 40 Proz. erreicht. Der Generator ist fast immer ein aus Schamotte
gemauerter Schachtofen, der unten durch einen wagerechten oder schrägen
Rost abgeschlossen ist und mit glühendem Koks gefüllt wird. Die bei der
Verbrennung der untersten Koksschicht zunächst entstehende Kohlensäure
wird bei der Berührung mit dem darüber liegenden glühenden Koks zu Kohlenoxyd reduziert. Diese Umwandlung ist jedoch nie vollständig. Der Vorgang kommt also schließlich einer Verbrennung von Kohlenstoff zu Kohlenoxyd gleich. Die entwickelte Wärmemenge beträgt für 1 k Kohlenstoff,

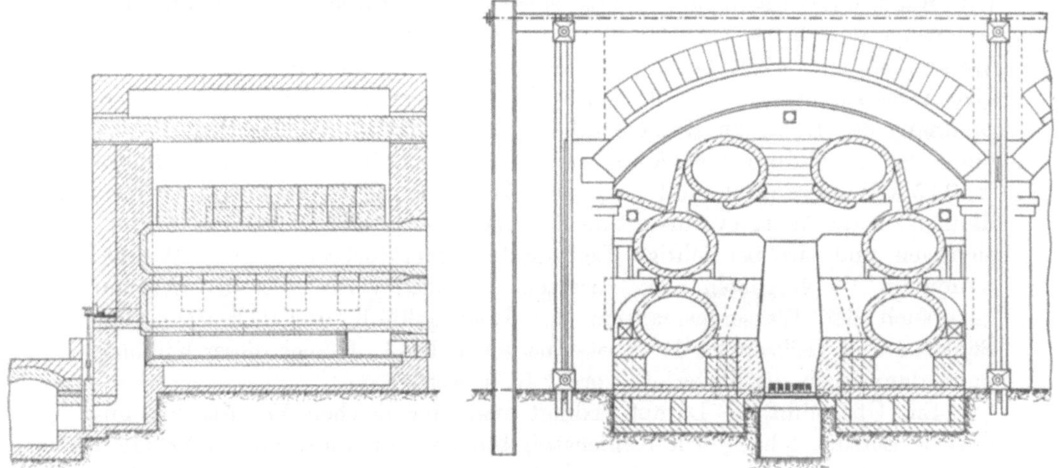

Fig. 7 u. 8. Moderner Rostofen von *Didier*.

welches zu Kohlenoxyd verbrennt, 2433 WE., also für 0,536 k Kohlenstoff,
welche 1 cbm Kohlenoxyd von 0° bilden, 1303 WE.[1].

Die Generatorgase treten mit einer Temperatur von ungefähr 1200° in
den Ofen und verbrennen nun mit einer zweiten Luftmenge der Sekundär-
oder Oberluft vollständig zu Kohlensäure. 1 k Kohlenstoff entwickelt bei
der vollständigen Verbrennung zu Kohlensäure 8100 WE., 0,536 k Kohlenstoff,
also bei der Verbrennung zu 1 cbm Kohlensäure von 0° 4337 WE. Die chemischen Reaktionen des Vorganges sind also:

$$C + O = CO \quad \text{und} \quad CO + O = CO_2$$

oder, genauer betrachtet:

$$C \quad + 2\,O = CO_2$$
$$CO_2 + \quad C = 2\,CO$$
$$CO \quad + \quad O = CO_2.$$

---

[1] Vgl. *Fischer:* Kraftgas.

Bei dem zweiten Teil der Verbrennung werden demnach 3034 WE. für den cbm entstandene Kohlensäure im Rauchgas entwickelt. Theoretisch läßt sich die obere Grenztemperatur der Gase auf 2820°, die Nutzwirkung auf 64,6 Proz. errechnen[1].

Die Nutzwirkung des Generators wird wesentlich erhöht durch die Einführung von Wasserdampf mit der Unterluft. Der Wasserdampf wird unter Bildung von Wassergas und Aufnahme von Wärme zersetzt:

$$H_2O + C = H_2 + CO.$$

Diese Wärme wird beim Verbrennen des Generatorgases im Ofen natürlich wieder nutzbar gemacht, die Menge der Unterluft wird verringert (ein Raumteil Wasserdampf ersetzt einen halben Raumteil Sauerstoff) und die Menge der Oberluft um die entsprechende Menge Luft vermehrt. 1 cbm Wasserstoff entwickelt bei seiner Verbrennung zu Wasserdampf 2598 WE. Der Wasserdampfzusatz läßt sich so weit steigern, bis die bei der Verbrennung der Kohle zu Kohlenstoff frei werdende Wärme von dem Prozeß der Wassergasbildung vollständig verbraucht wird. Die theoretische Grenze ist 0,75 k Wasserdampf auf 1 k vergaster Kohlenstoff. In der Praxis hat man dann noch die Wärmeverluste und den Aschegehalt des Kokses zu berücksichtigen, und wird bei richtiger Leitung des Generatorbetriebes $1/_2$ k Wasserdampf für 1 k vergasten Koks zusetzen. Zugleich wird durch den Wärmeverbrauch der Wassergasreaktion der Rost gekühlt und Schmelzen der Schlacke und Verbrennen der Roststäbe verhindert[1]. Infolge dieser Kühlung kann dann auch die Unterluft vorgewärmt werden.

Ein Überschuß an Dampf bedingt etwa die gleichen Verluste wie unnötiger Luftüberschuß. 1 k Kohlenstoff braucht zur vollständigen Verbrennung 2,65 k oder 1,865 cbm Sauerstoff, welche in 8,88 cbm Luft enthalten sind. Das Volumen des Generatorgases und Rauchgases ist bei gleicher Temperatur gleich dem der Verbrennungsluft. Die Zusammensetzung des trocken erzeugten Generatorgases berechnet sich zu 43,7 Proz. Kohlenoxyd und 65,3 Proz. Stickstoff, die des nassen Generatorgases zu 41 Proz. Kohlenoxyd, 20,5 Proz. Wasserstoff und 38,5 Proz. Stickstoff. Tatsächlich bestehen die Generatorgase aus:

	bei trockenem Betrieb	bei nassem Betrieb		
		Geipert[2]	Leipziger städt. Gaswerke	Gaswerk Düsseldorf
Kohlensäure . . . Proz.	6,0 bis 12,0	11,9	8,6	10,5
Kohlenoxyd . . . „	20,0 „ 26,0	20,0	19,0	18,5
Wasserstoff . . . „	—	16,3	?	14,7
Stickstoff . . . . „	65,0 bis 71,0	51,8	—	58,3
Heizwert . . . . Cal.	600 bis 790			—

[1] Journ. f. Gasbel. 1908, 707.
[2] Journ. f. Gasbel. 1906, 437.

Die Rauchgase bestehen im günstigsten Falle aus 21 Proz. Kohlensäure und 79 Proz. Stickstoff, doch ist ein Gehalt von 18 bis 19 Proz. Kohlensäure im praktischen Betrieb kein schlechtes Ergebnis. Sie enthalten etwa:

	Geipert	*Volkmann* Mittelwerte
Kohlensäure	19,4 Proz.	18,0 Proz.
Sauerstoff	1,6	1,5
Stickstoff	79,0	80,5

Der Wasserdampf wird in einem Verdampfungsschiff unter dem Rost oder im besonderen Verdampfungskessel erzeugt und gelangt mit der Primärluft, die nur bei nassem Betrieb des Generators vorgewärmt sein kann, unter den Rost. Die Schütthöhe des Kokses im Generator beträgt mindestens 1 m.

Der Generator befindet sich bei den meisten Öfen unter oder vor dem eigentlichen Ofen, da er sich dann mit heißem Koks aus dem Ofen beschicken läßt. Bei den Dessauer-, den Woodall-Duckham- und den Münchener Kammeröfen steht der Generator neben dem Ofen und muß mit kaltem Koks beschickt werden. Hierzu ist eine besondere Koksförderanlage nötig, und der Wärmegehalt des heißen Kokses geht verloren. Diesen Verlust sucht man durch einen hohen Füllraum, in dem der Koks wieder vorgewärmt wird, zu verringern.

Die Horizontalöfen mit Generator baut man aus

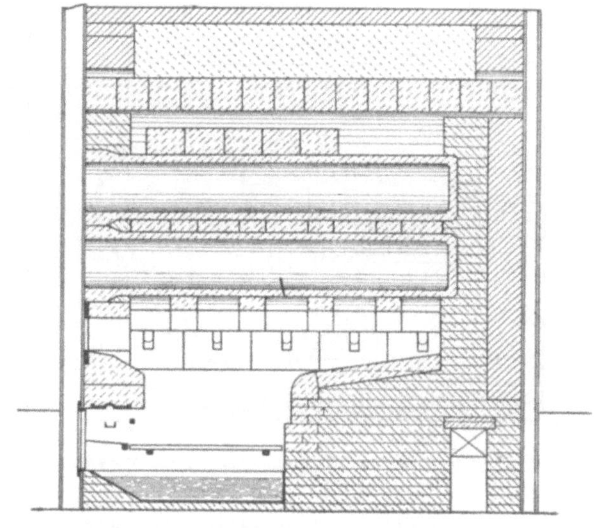

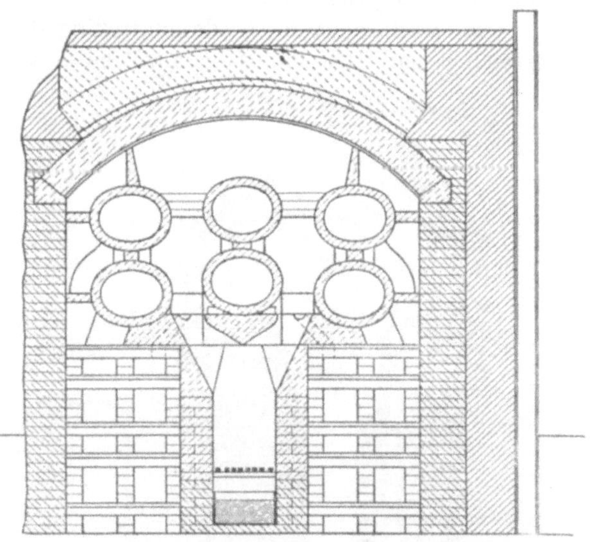

Fig. 9 u. 10. Horizontalofen mit Flachgenerator der Stettiner Chamottefabrik.

Rücksicht auf die geringen Anlagekosten und auf die geringe Tiefe mit Flachgeneratoren von 0,5 bis 1 m Tiefe oder mit Halbgeneratoren von 1,0 bis 1,5 m Tiefe, die natürlich keine vollkommene Ausnutzung des Heizmaterials gestatten.

     Die verschiedenen Leuchtgasarten.

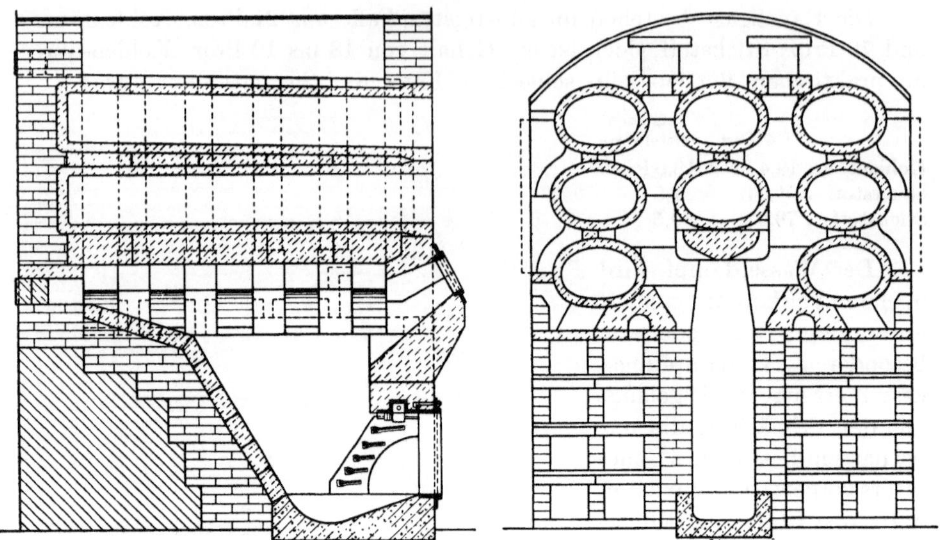

Fig. 11 u. 12. Halbgenerator mit Vorwärmung der Oberluft und Treppenrost.

Der Unterfeuerungsverbrauch beträgt bei diesen Öfen etwa 25 k Koks für 100 k entgaster Kohle.

Die weitgehendste Wiedergewinnung der Wärme der abziehenden Gase erreichen natürlich die Horizontalöfen mit Vollgeneratoren. Die Tiefe des

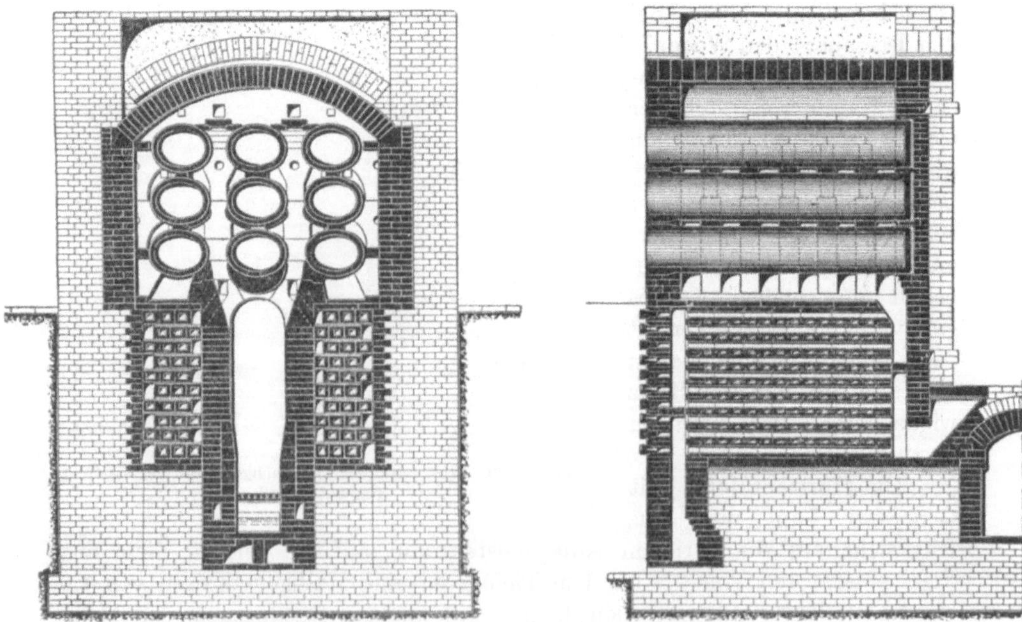

Fig. 13 u. 14. Horizontalofen mit Vollgenerator (System *Pintsch*).

Generators beträgt 2 bis 4 m und gestattet den Einbau einer großen Regenerationsanlage, in der die Luft bis auf 900° vorgewärmt werden kann.

Von den Gaswerken in Leipzig werden die Temperaturen der Oberluft zu 545 bis 719°, die der Unterluft zu 207 bis 318° angegeben. Bei Generatoren mit Schrägrost verzichtet man auf die Vorwärmung der Unterluft und wärmt nur die Oberluft möglichst gut vor.

Die höhere Schütthöhe des Kokses gibt günstigere Verhältnisse für die Heizgasbildung.

Die Regeneration, d. h. die Anlage zur Wiedergewinnung der Wärme der abziehenden Rauchgase durch Vorwärmung der Ober- und Unterluft, befindet sich meist unter dem Ofen oder, wie bei den Dessauer-Öfen, neben demselben und wird in den Einzelheiten sehr verschieden gebaut. Sie besteht immer aus einer Reihe von Kanälen, durch die einerseits die Rauchgase ab- und die Luft zugeführt wird, ohne daß ein Umschalten erforderlich ist. Steingitterregeneratoren mit Umschaltung sind bei Gasöfen nicht in Gebrauch.

Neuerdings beginnt man mit dem Bau von Zentralgeneratoren, die zweifellos einen großen Fortschritt in der Entwicklung bedeuten. Die älteste derartige Anlage befindet sich auf dem Grantonwerk in Edinburgh. Die Generatoren stehen in unmittelbarer Höhe des Ofenhauses, und das Heizgas wird durch isolierte Rohre heiß auf die Öfen verteilt. Bei den großen Zentralgeneratoren der Wiener Anlagen hat man Kerpely-Generatoren mit Drehrost und selbsttätiger Entschlackung verwendet. Die Wände des Generators sind sinnvollerweise als Dampfkessel ausgebildet.

Das Heizgas wird in Desintegratoren gewaschen und gekühlt und dann, bevor es im Ofen zur Verbrennung kommt, wieder vorgewärmt. Das Generatorgas enthält:

Kohlenoxyd	29,84 Proz.
Kohlensäure	2,78
Wasserstoff	9,12
Methan	0,8
Stickstoff	Rest.

Der untere Heizwert beträgt 1218 w. Die sehr umfangreichen maschinellen Anlagen, die sehr teuer und nicht einfach im Betrieb sind, stellen allerdings einen nicht zu unterschätzenden Nachteil dieses neuen Systems dar.

Zwar geht der Wärmegehalt der Heizgase zum Teil verloren, dafür wird aber andererseits bedeutend an Arbeit gespart, und durch das gleichmäßige Gas und das Fortfallen der bedeutenden Temperaturschwankungen, die das Schlacken mit sich bringt, wird die Regulierung der Öfen sehr erleichtert. Der größte Vorteil wird aber späterhin darin liegen, daß man minderwertige Brennstoffe, feinkörnigen Koks oder Braunkohlen vergast und den wertvollen Koks zum Verkauf gewinnt. Zurzeit vergast die einzig bestehende große Anlage dieser Art in Wien allerdings noch einen Koks, der überwiegend 25 mm Korngröße hat. Werden Braunkohlen vergast, so können Teer und Ammoniak gewonnen werden.

Die Erhitzungsgefäße bestanden ursprünglich aus guß- oder schmiedeeisernen Tiegeln, die mit einem Deckel und einem Gasabzugsrohr versehen waren.

Schon 1804 ging man zur Benutzung von schrägliegenden, beiderseits mit Verschluß versehenen Retorten über, die bald durch horizontale, einseitig offene Eisenretorten vollständig verdrängt wurden[1]. Da die Lebensdauer dieser Eisenretorten sehr gering und der Preis sehr hoch war, wurden die in der Mitte des vorigen Jahrhunderts zuerst eingeführten Schamotteretorten sehr schnell aufgenommen.

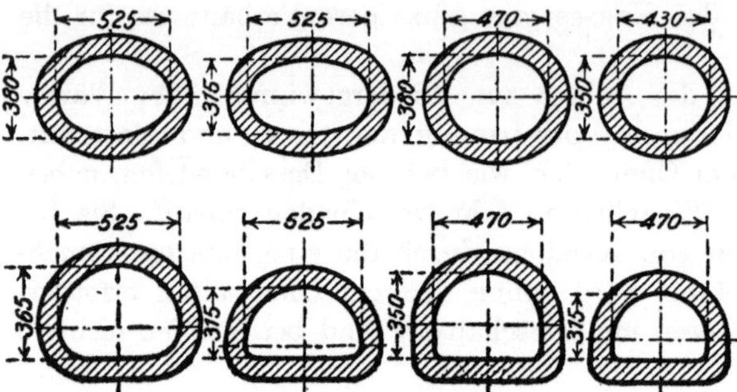

Fig. 15 u. 16.   Retortenprofile.

Die Retorten waren zunächst einseitig geschlossen und etwa 2,5 bis 3 m lang. Im Jahre 1867 wurden für den Querschnitt der Retorten vom Verein deutscher Gas- und Wasserfachmänner acht Vereinsprofile festgelegt (Fig. 15 u. 16).

Der Verschluß der Retorten erfolgt seit dem Jahre 1867 überwiegend mit dem von *Morton* eingeführten Doppelhebelverschluß. Der Retortenkopf wird mit Schrauben an dem verstärkten Ende der Schamotteretorten befestigt (Fig. 17 u. 18).

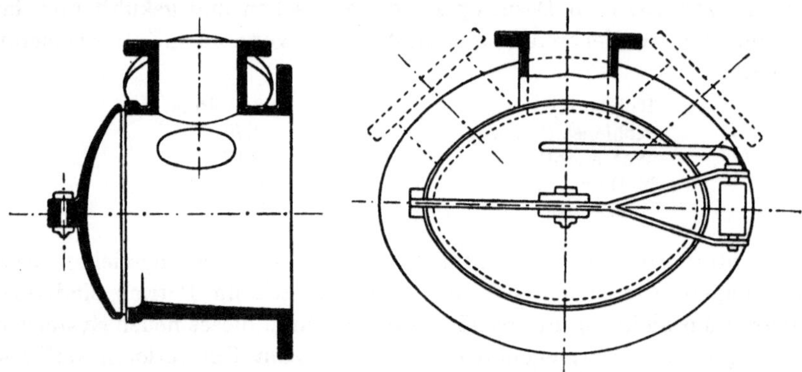

Fig. 17 u. 18.   Retortenmundstück mit Deckel und Mortonverschluß für wagerechte Retorten.

An dem Retortenmundstück befindet sich der Ansatz für das Steigrohr, welches das Gas ableitet. Meist gibt man jeder Retorte ein eigenes Steigerohr, und erst neuerdings verbindet man z. B. bei den Horizontalöfen des Grantonwerkes in Edinburgh und bei den Dessauer und Pintsch-Vertikalöfen mehrere Retorten mit einem Steig- oder Liegerohr. Das Steigrohr ist

---

[1] Journ. f. Gasbel. 1904, 218; *Schilling:* Handbuch 1875.

meist 150 bis 175 mm weit und ist durch Muffen oder Flanschen mit dem Sattelrohr verbunden. Dieses gestattet durch einen Deckelverschluß das Reinigen der Steigrohre. Manche Kohlen neigen besonders zu Verstopfungen der Steigrohre, die sonst nur entstehen, wenn die Öfen zu heiß gehen. Man

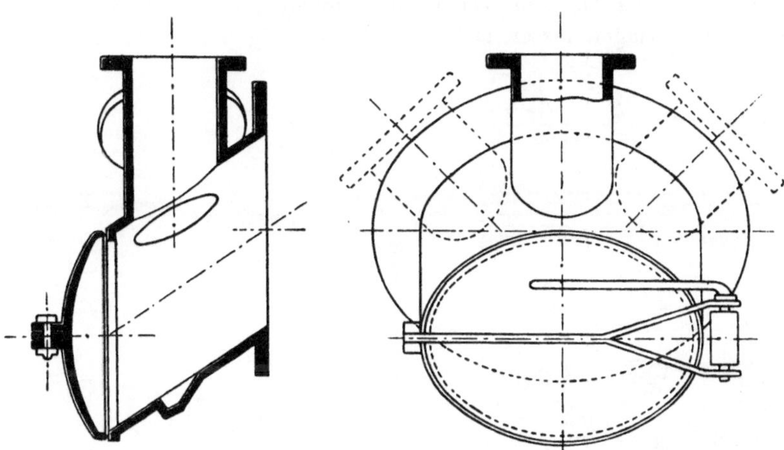

Fig. 19 u. 20. Unteres Retortenmundstück mit Deckel und Mortonverschluß für schräge Retorten.

beseitigt sie mit geeignet geformten Kratzern auf mechanischem Wege oder durch eine mäßige Berieselung der Steigrohre. Jede Vorrichtung zur Kühlung des Gases im Steigrohr verringert die Gefahr der Verstopfung.

Der abwärtsgebogene Schenkel des Sattelrohres führt in die Teervorlage, in welcher das Gas in der Retorte durch eine geringe Tauchung von 10 bis 30 mm Wassersäule von der Saugeleitung abgesperrt wird. Je geringer die Tauchung ist, desto mehr steigt die Gasausbeute. Neuerdings verzichtet man vielfach bei Vertikal- und bei Kammeröfen auf eine Tauchung während der Destillation und stellt sie nur während der Zeit des Füllens der Retorten und Kammern her. Retortenöfen mit ununterbrochener Beschickung besitzen keine Tauchvorlagen. In

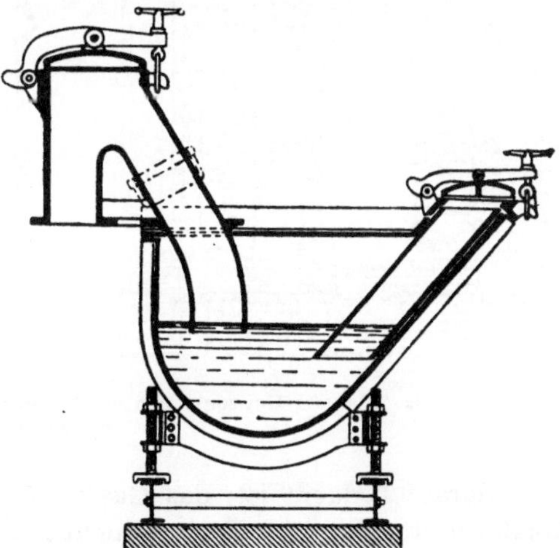

Fig. 21. Sattelrohr mit Vorlage nach *Hasse*.

der Teervorlage scheidet sich schon ein Teil des Teers und des Ammoniaks aus dem Gase aus. Dieser Teer ist naturgemäß sehr dick und nimmt durch Beimengung von Kohle und Kohlstaub eine pechartige Beschaffenheit an, welche die Entfernung außerordentlich erschwert.

Es ist zweckmäßig, die Vorlagen mit wenig frischem Wasser zu berieseln, um die Ausscheidung von kohlensaurem Ammoniak zu vermeiden. Die vielfach geübte Berieselung mit schwachem Ammoniakwasser erreicht denselben Zweck natürlich auch, hat aber keine Vorteile gegenüber der frischen Wasserberieselung.

Die oft überaus lästigen Teerverstopfungen und Teerverdickungen in Steigrohr und Vorlagen lassen sich verhältnismäßig leicht vermeiden, wenn

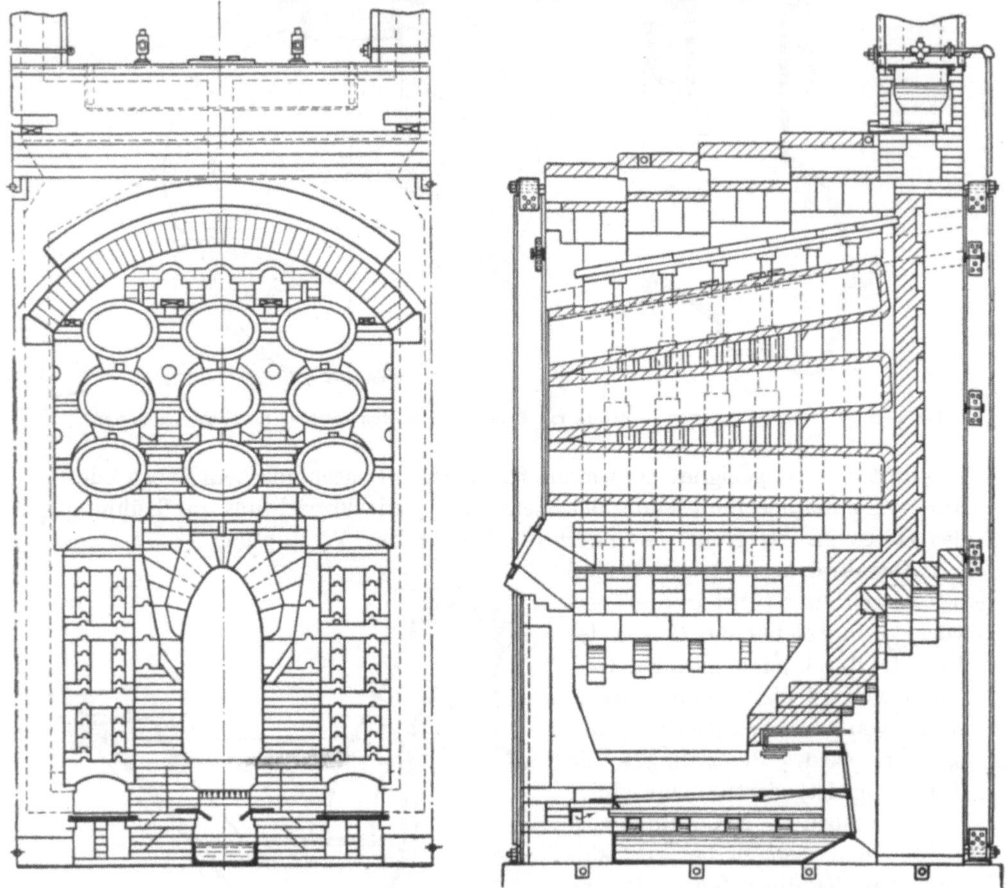

Fig. 22 u. 23. Horizontalofen mit 9 Retorten und eingebautem Vollgenerator
(System *Klönne*).

man darauf bedacht ist, das Gas im Steigrohr möglichst zu kühlen. Dann kondensiert sich in der Vorlage nicht nur der zäheste Teil des Teeres, sondern auch leichter flüssige Bestandteile. Bei Vertikalöfen sind die Steigrohre so kurz, daß das Gas immer mit einer Temperatur von über 150° die Vorlage passiert. Hier helfen kleine Raumkühler über den Öfen, aus denen dünnerer Teer in die Vorlage zurückfließt.

Andererseits kann man Teerverdickungen auch dadurch vermeiden, daß man dünnen und, wenn möglich, vorgewärmten Teer in die Vorlagen laufen läßt. Nur ist dann durch häufiges Rühren dafür zu sorgen, daß der dünne Teer auch mit dem Vorlagenpech in Berührung kommt.

Die Horizontalöfen mit Vollgenerator haben in Deutschland in größeren Betrieben fast durchweg 9 Retorten in 3 Reihen übereinander, während man in England vielfach Öfen mit 10 Retorten oder 12 Retorten in 4 oder 5 Reihen übereinander baut. Auf kleineren Werken hat man Öfen von 1 bis 9 Retorten

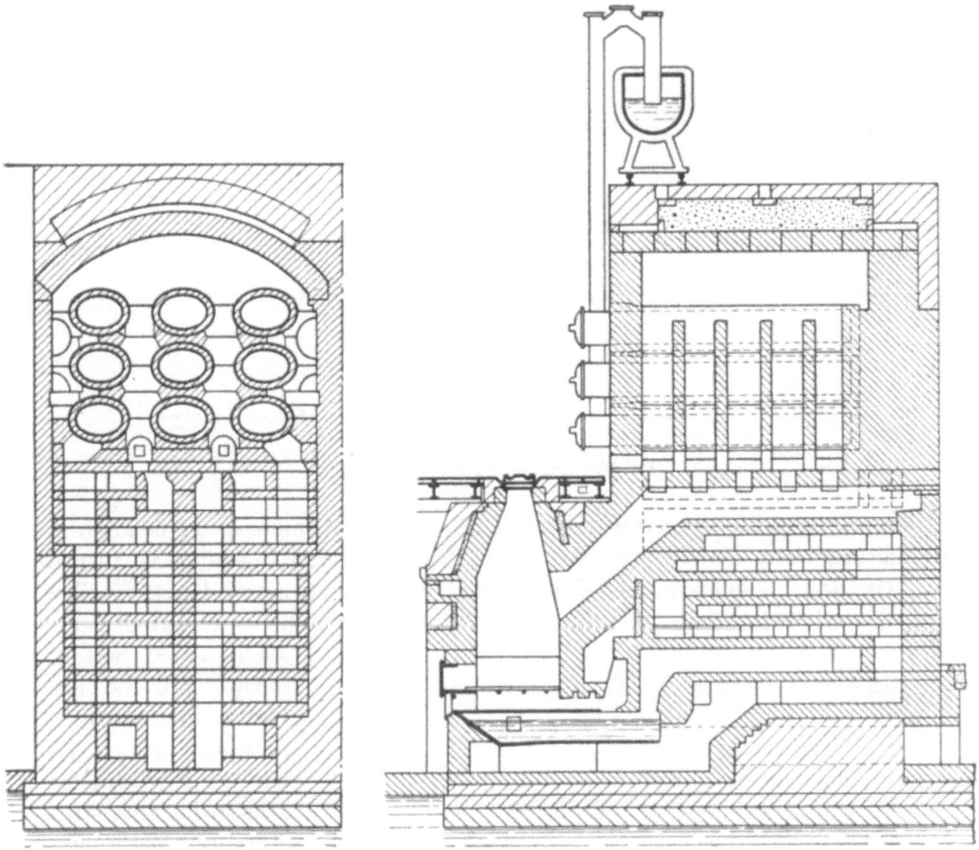

Fig. 24 u. 25. Münchener Horizontalofen mit 9 Retorten und vorgebautem Generator.

je nach der Größe des Betriebes. Von den vielen Bauarten seien außer dem Ofen von *Pintsch* (siehe S. 64) die von *Klönne* und der Münchner Ofen wiedergegeben (Fig. 22 bis 25).

Die Retorten wurden zunächst von Hand geladen, indem zwei Arbeiter die zerkleinerte Kohle hineinwarfen. Das Entladen geschah ebenfalls von Hand mit eisernen Ziehhaken. Noch heute finden sich gelegentlich auf älteren Gaswerken derartige Öfen in Betrieb oder zur Reserve.

Die Arbeit an diesen Retorten ist zeitraubend und mühsam und verlangt zahlreiches, geschultes Personal. Man begann daher schon im Jahre 1860

in England und Amerika mit der Einführung von Lade- und Entlade-
maschinen [1].

Die einfachsten Lademaschinen sind Lademulden, welche natürlich in sehr

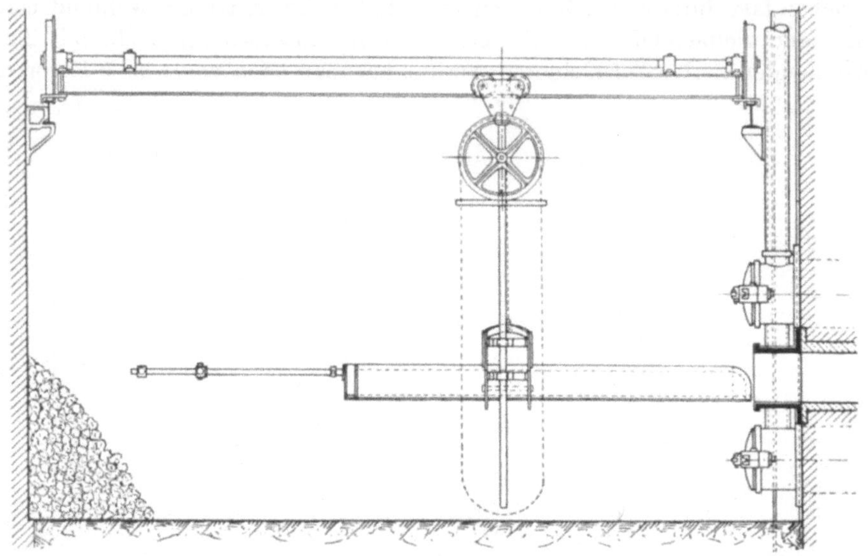

Fig. 26. Ungeteilte Handlademulde.

vielen und verschiedenen Formen ausgeführt werden. Die ursprüngliche Form
ist die ungeteilte Handlademulde, welche fahrbar oder hängend gebaut wird.

Da das Umkehren der Mulde leicht zu Verbiegungen führt, werden
dieselben vielfach zweiteilig ausgeführt. Ein sehr erheblicher Nachteil dieser
Lademulden besteht darin, daß die Retorten niemals vollgeladen werden können; mehr als die Hälfte des nutzbaren Raumes bleibt ungenutzt.

Diesen Nachteil vermeiden die Ladeschleudern, welche ebenfalls hängend oder fahrbar gebaut und elektrisch angetrieben werden.

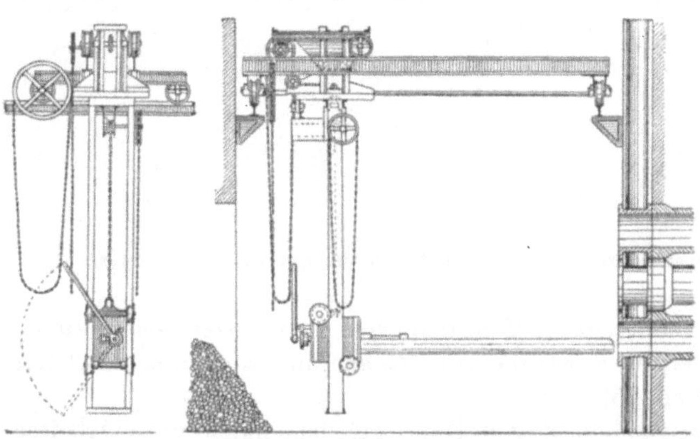

Fig. 27. Lademulde mit geteilter Rinne.

Die gebrochene Kohle fällt auf ein in schneller Bewegung befindliches
Band und wird durch ein rotierendes Rad mit hohen Rändern an der Seit-

[1] Journ. f. Gasbel. 1875, 123.

wärtsbewegung gehindert. Das Trichterrohr, durch welches die Kohle fällt, ist teleskopartig geteilt und gestattet die nötige Höhenverschiebung. Diese Schleudern füllen die Retorten rasch und ziemlich vollständig. Die Ziehmaschinen bestehen entweder aus korkzieherartig wirkenden Spiralen, welche den Koks in hohem Grade zerkleinern, oder aus maschinell angetriebenen Ziehhaken. Die verbreitetsten Ziehmaschinen sind wohl die von *West* mit hydraulischem Antrieb und von *Foulis*. Sie sind beide sehr kompliziert und teuer und räumen die Retorten niemals vollständig aus, während sie dieselben leicht beschädigen.

Natürlich vereinigte man dann auch Lademaschinen mit Zieh- oder Stoßmaschinen. Vielfach angewendet wird besonders in England die *Fiddes-Aldridge*-Lade- und -Stoßmaschine.

Die Ausdrückmaschinen sind entweder einfache Schieber, bei denen eine Zahnstange durch ein Zahn- und Kegelradgetriebe in die Retorte geschoben wird, oder sie besitzen zusammengesetzte Gelenkstangen.

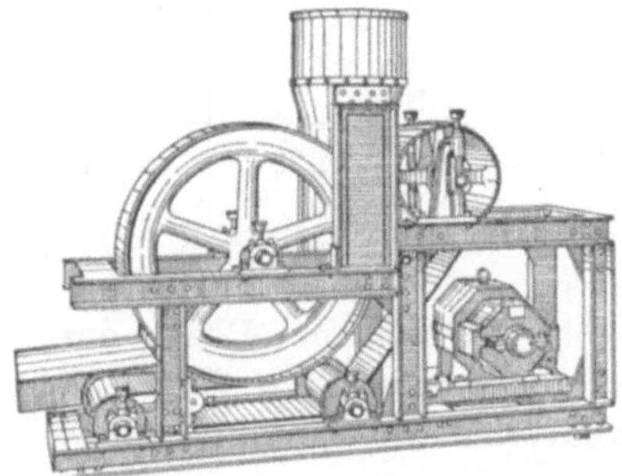

Fig. 28. Ladeschleuder der B. A. M. A. G.

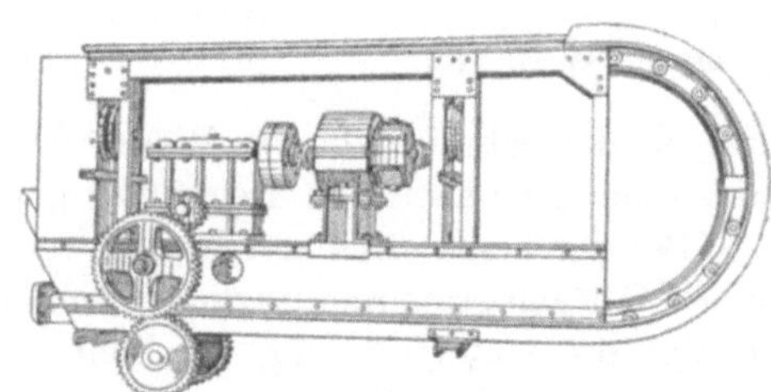

Fig. 29. Schieber mit Gelenkstange.

Die Leistung der kleinen Horizontalöfen ist, wenn die Retorten vollgeladen werden, auch heute noch recht befriedigend. Bei einem mäßigen Unterfeuerungsverbrauch entgast die Retortenladung in 5 bis 6 Stunden. Beim Vergleich der Ofenleistung muß betont werden, daß die Ausbeute an Kohlengas nur von der Kohle und der Entgasungstemperatur und die Heizwertzahl, d. h. Gasausbeute multipliziert mit dem Heizwert, überhaupt nur von der Kohlensorte abhängt. Die Betriebsergebnisse einiger Gaswerke, welche ganz oder teilweise noch mit kleinen Horizontalöfen arbeiten, sind in der Tabelle auf S. 72 zusammengestellt[1].

Die Ausbeuten sind bei diesen und den folgenden Betriebsergebnissen nicht auf 0° und 760 mm umgerechnet. Noch ungenauer sind im allgemeinen die aus Betriebsberichten entnommenen Angaben für die Unterfeuerung. Diese wird ermittelt aus der geschätzten Kokserzeugung, vermindert um die Gesamtmenge des verkauften Kokses. Dabei erscheint es mindestens fraglich, ob die angenommenen Koksausbeuten einigermaßen richtig sind

---

[1] Feuerungstechnik 1912.

	Gas aus 100 k Kohlen cbm	Heizwert 0° 760 w	Unterfeuerung	
			für 100 k Kohlen	100 cbm Gas
1. Gaswerke, welche Ruhrkohlen vergasen:				
Düsseldorf . . . . { 1909/10	29,92	5720	14,00	46,80
{ 1911/12	30,75	5600	14,15	46,02
Elberfeld . . . . { 1910/11	29,3	—	—	—
{ 1911/12	29,4	—	—	—
Wiesbaden	—	30,00	—	—	—
Krefeld . . . . { 1909/10	27,43	—	19,44	70,09
{ 1910/11	30,24	—	14,45	47,80
Münster 1910/11	32,2	—	—	—
Hagen 1909	30,74	—	—	—
Düren 1910/11	30,4	—	—	—
Neuß 1910/11	30,1	—	—	—
Euskirchen 1910/11	30,08	—	—	—
2. Gaswerke, welche Saarkohle verarbeiten:				
Metz 1910/11	32,7	—	—	—
Ulm 1910/11	34,4	—	—	—
Karlsruhe Werk II . . . 1910/11	31,76	—	14,83	46,75

und ob der sehr erhebliche Wassergehalt des verkauften Kokses überhaupt oder doch gebührend in Rechnung gezogen wird.

Bei der heute üblichen Arbeitsweise bemüht man sich mit Recht, durch hohe Ofentemperaturen möglichst hohe Gasausbeuten zu erzielen. Tatsächlich beträgt die Unterfeuerung für kleine Horizontalöfen heute durchschnittlich mindestens 18 bis 20 Proz.

Die kleinen Öfen sind billig herzustellen und befriedigen im Betrieb; sie brauchen jedoch so viel Arbeitskräfte und arbeiten daher teuer, so daß sie für große Werke nicht mehr wettbewerbsfähig sind. Die Leistung pro Arbeiterschicht beläuft sich bei diesen Öfen bei Einrechnung der Nebenarbeiten auf etwa 650 cbm und ohne dieselben auf etwa 880 bis 900 cbm. Die Kosten für die Ofenarbeit betragen daher 0,75 bis 0,80 bzw. 0,55 bis 0,60 Pfg. pro cbm.

Der Stuttgarter Horizontalofen, welcher beiderseitig offene Horizontalretorten von 6 m Länge hat, stellt in Deutschland den vollendetsten Typ des Horizontalofens dar (Fig. 30 bis 32). Der Ofen ist 6,5 m hoch, 3,2 m breit und 6 m tief und besitzt einen 0,6 m vorgebauten Generator. Die Retorten sind 400/600 mm elliptisch und 6 m lang, und ihre Ladung ist im Mittel 650 k. Die Ausstehzeit dauert 8 bis 9 Stunden, und die Leistung eines Ofens beträgt im Jahresdurchschnitt 4580 cbm täglich (siehe Tabelle auf S. 74).

In England ist der Horizontalofen sehr verbreitet und besonders gut ausgebildet. Er hat hier heute meist 10 Retorten in fünf Reihen übereinander. Jede Retorte hat zwei Steigrohre. Die Retorten haben ein sehr großes Profil, z. B. in Scheffield 62,5 $\times$ 43,5 und in den Becton-Gaswerken 55,88 $\times$ 40,64, in Edinburgh 57,15 $\times$ 38,72. Die Retorten werden mit Ladeschleudern mög-

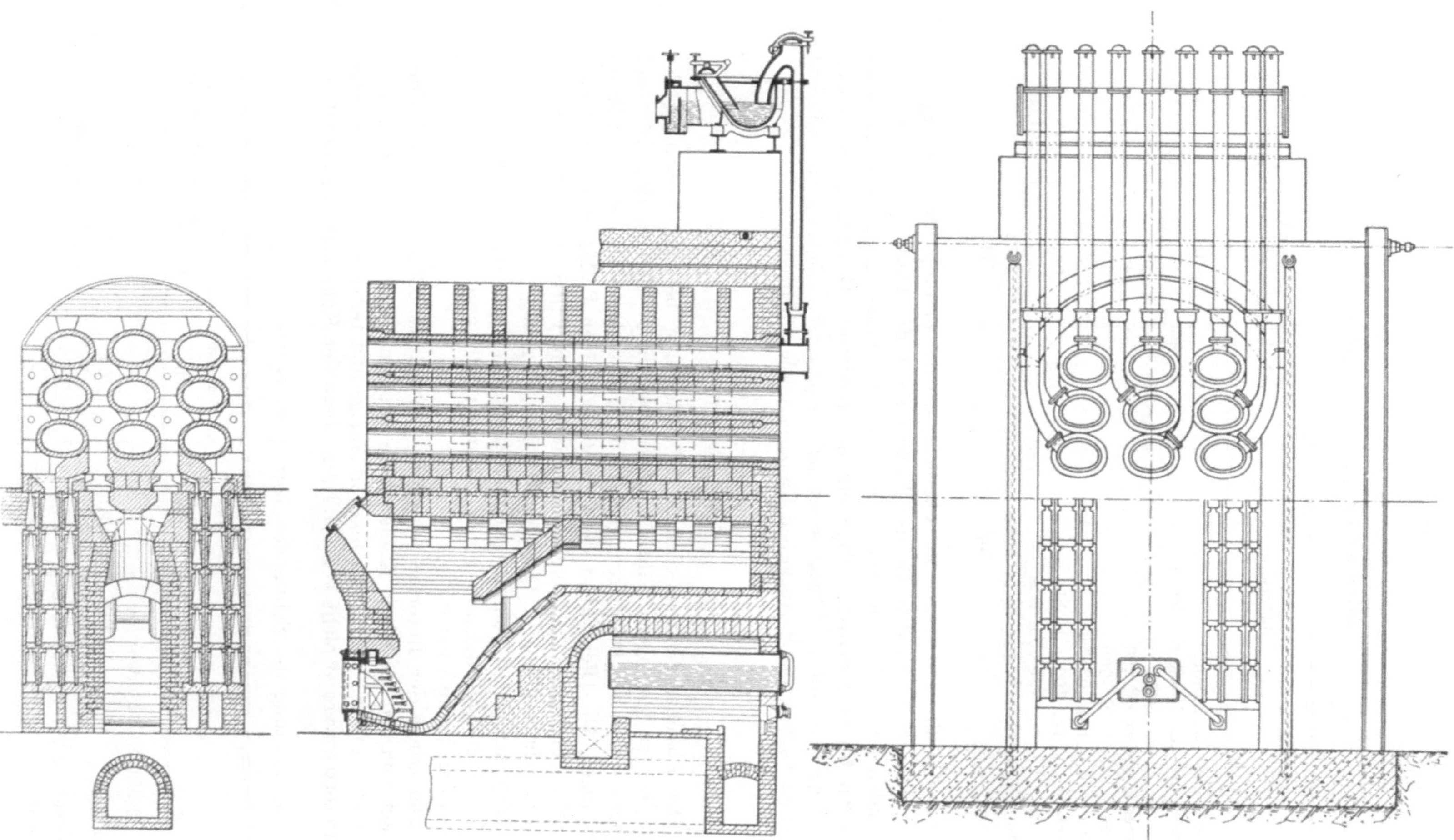

Fig. 30 bis 32. Stuttgarter Horizontalofen mit durchgehenden Retorten von 6 m Länge. Vereinigte Chamottefabriken vorm. *Kulmiz.*

Kohlensorte	Stuttgart hauptsächlich Saarkohlen	s' Gravenhage engl. Kohlen
Mittlere Retortenladung	650 k	475 k
Gasausbeute aus 100 k Kohlen 16° 760	32,49 cbm	29,375 cbm
„ „ 100 „ „ 0° 760	29,40 „	—
Unterer Heizwert 0° 760	5420 w	5412 w
Oberer „ 0° 760	6060	—
Heizwertzahl obere 0° 760	178 164	—
Unterfeuerung für 100 k Kohle	12,55	15,1
„ „ 100 cbm Gas	42,70	51,50
Leistung pro Ofenarbeiterschicht ohne Nebenarbeiten .	3050	—
„ „ „ mit „ .	2440	—

lichst vollgefüllt und stehen in Scheffield, wo die Ladung 850 k beträgt, in
12 Stunden aus. In den Becton-Werken steht die Ladung von 600 k in
8 Stunden aus. Diese neuzeitlichen Öfen mit wagerechten Retorten kon-
kurrieren bis zum heutigen Tage mit den modernen Ofentypen und haben
vor ihnen den großen Vorzug wesentlich niedrigerer Anlagekosten, während
sie andererseits größere Ausgaben für Arbeitslöhne bedingen.

Schrägöfen.

Die Absicht, die menschliche Arbeitsleistung bei der Bedienung der
alten Öfen zu verringern, führte *Coze* in Reims i. J. 1890 zu dem Ofen mit
schrägen Retorten. Bei diesem Ofen sind die Retorten 30 bis 38, meist 32 bis
33° geneigt. Die Öfen haben stets 9 Retorten, einen Vollgenerator unterhalb
des Ofens und eine ausgiebige Lufterhitzung für Unter- und Oberluft.

Die gebräuchlichsten Querschnitte siehe Fig. 35.

Über dem Ofen befinden sich Kohlenbunker, aus dem die gebrochene
Kohle durch Abfülltrichter in die Retorten fällt und nach der Entgasung
nach unten herausrutscht.

Die Länge der Retorten schwankt von 3,5 bis 6,5 m und die Ladung
beträgt von 300 bis 600 k Kohlen. Die Öfen mit langen Retorten sind im
Verhältnis zu ihrer Leistung billiger in Anlage und Betrieb. Auch die Schräg-
öfenretorten werden nicht vollgefüllt, da dann der Koks nicht herausrutscht.

Die Leistung der Schrägöfen betrug im Betrieb:

	Gas aus 100 k Kohlen cbm	Heizwert WE	Unterfeuerung	
			für 100 k Kohlen	für 100 cbm Gas
a) Mit Ruhrkohlen:				
Düsseldorf . . . . { 1910	29,50	5500	13,9	47,12
{ 1911	30,25	5500	14,03	46,38
Elberfeld 1910	29,4	—	—	—
Koblenz 1910	28,1	—	—	—

	Gas aus 100 k Kohlen cbm	Heizwert WE	Unterfeuerung für 100 k Kohlen	für 100 cbm Gas
b) Mit Saarkohlen:				
Zürich 1910	31,7	—	—	—
Nürnberg 1910	30,0	—	11,5	38,2
Darmstadt 1910	30,9	—	—	—
Fürth 1910	31,0	—	—	—
c) Mit englischen Kohlen:				
Bremen 1910	29,94	5450	13,57	45,30
Altona 1910	29,2	—	—	—
Stettin 1910	28,0	5025	—	—

Fig. 33 u. 34. Schrägofen mit eingebautem Wasserschiff und Treppenrost. Stettiner Chamottefabrik.

In besonders sorgfältig angestellten Versuchen wurde gefunden:

	Gas aus 100 k 0° 760 mm cbm	Gas aus 100 k 15° 760 cbm	Heizwert 0° 760 w	Heizwert-zahl	Koks-ausbeute trocken	Unterfeuerung	
						100 k Kohlen	100 cbm Gas
Leisse (Ruhrkohlen) Köln	—	30,32	5451	164 448	—	—	—
Weißkopf (sächsische Kohle) Zürich	25,74	27,60	—	—	63,66	14,38	49,74

Die höheren Öfen, die Bunker und die Kohlenförderanlage bedingen ein kostspieliges Ofenhaus, und die Herstellungskosten der Öfen selbst sind auch viel größer als bei Horizontalöfen. Die Wiedergewinnung der Abhitze ist ausgiebiger, die gleichmäßige Beheizung der Retorten aber schwieriger als bei Öfen mit wagerechten Retorten.

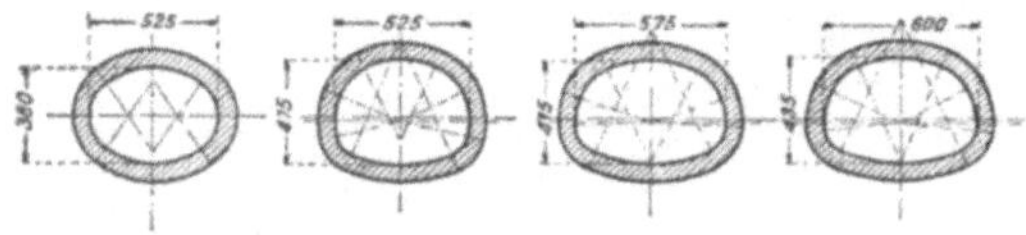

Fig. 35. Profile des Schrägofens.

Diese Schrägöfen wurden in den letzten 10 Jahren des vergangenen Jahrhunderts sehr viel gebaut, doch kam man schon um 1900 in England vielfach auf den Horizontalofen mit langen Retorten und maschineller Beschickung zurück. Heute werden diese Öfen in größerem Umfange kaum mehr neu erbaut.

Retortenmundstück und -vorlage entsprechen im wesentlichen den gleichen Einrichtungen bei den Horizontalöfen:

Öfen mit senkrechten Retorten.

M. Bueb ging i. J. 1903 noch weiter wie *Coze* und stellte die Retorten senkrecht. Dieser Gedanke ist durchaus nicht neu, sondern es ist nur das Verdienst *Buebs*, den ersten betriebssicheren Vertikalofen erbaut zu haben. Schon 1828 nahm *J. Brunton* ein englisches Patent auf stehende Retorten, welche den heutigen Dessauer Vertikalretorten schon sehr ähnlich waren.

Young baute seit Anfang der 70er Jahre Vertikalöfen zum Destillieren der schottischen Schiefer, wobei es allerdings hauptsächlich auf die Gewinnung von Paraffinölen abgesehen war. In Amerika waren auch schon 1884 Vertikalöfen zur Herstellung von Leuchtgas patentiert[1].

Nachdem *Bueb* i. J. 1902 sein erstes Patent für einen Ofen genommen hatte, der sich nicht bewährte, baute er i. J. 1904 bis 1905 die ersten brauchbaren Vertikalöfen mit 4 m langen Retorten in Dessau und 1905 bis 1906 mit 5 m langen Retorten in Mariendorf. Die Retorten sind stark konisch erweitert und haben nahezu ein rechteckiges Profil. In den ersten Jahren hatten die Öfen 10, später 12 Retorten in zwei Reihen.

Der Generator steht neben dem Ofen und ist 6 bis 7 m hoch. Durch die große Schütthöhe soll der kalt eingefüllte Koks langsam getrocknet und

---

[1] Journ. of Gaslight. 1903, **83**, 104.

vorgewärmt und so der Verlust an Energie einigermaßen ausgeglichen werden. Die Einrichtungen zur Vorwärmung der Verbrennungsluft liegen neben dem Generator. Die Beschickung erfolgt mit gebrochener Kohle aus Fülltrichtern, die Entleerung geschieht nach unten durch Öffnen der Retortendeckel. Die 4 m lange Retorte faßt etwa 500, die 5 m lange etwa 600 k Kohlen und steht bei trockenem Betrieb in etwa 10 Stunden aus.

Das Modell 1910 des Dessauer Ofens hat 18 Retorten in drei Reihen. Die Abmessungen des Ofens sind dieselben wie beim 12er Ofen. Die Retorten sind enger und daher die nutzbare Heizfläche größer. Die Ladung der 5 m langen Retorten ist beim Ofen mit 18 Retorten etwa 520, die der 4 m langen 420 k Kohlen. Je drei hintereinanderliegende Retorten sind miteinander verbunden und stellen also eigentlich nur einen Vergasungsraum dar. Das Modell 1911 hat wieder einen etwas größeren Querschnitt.

Die Ofenarmaturen der Vertikalöfen gleichen in etwas den Horizontal- und Schrägöfen.

Das Vertikalofengas zeigt einen geringen Gehalt an Schwefelwasserstoff und Schwefelkohlenstoff. Den Gehalt an Schwefelverbindungen bestimmte *Leisse*[1]:

	Schwefel in gr. in 100 cbm	
	im Rohgas	im Reingas
Im Vertikalofengas	740	32
„ Schrägofengas	1050	48

Die Verminderung an Schwefel entspricht fast der Vermehrung der Gasausbeute durch die Herstellung von 25 Proz. Retortenwassergas.

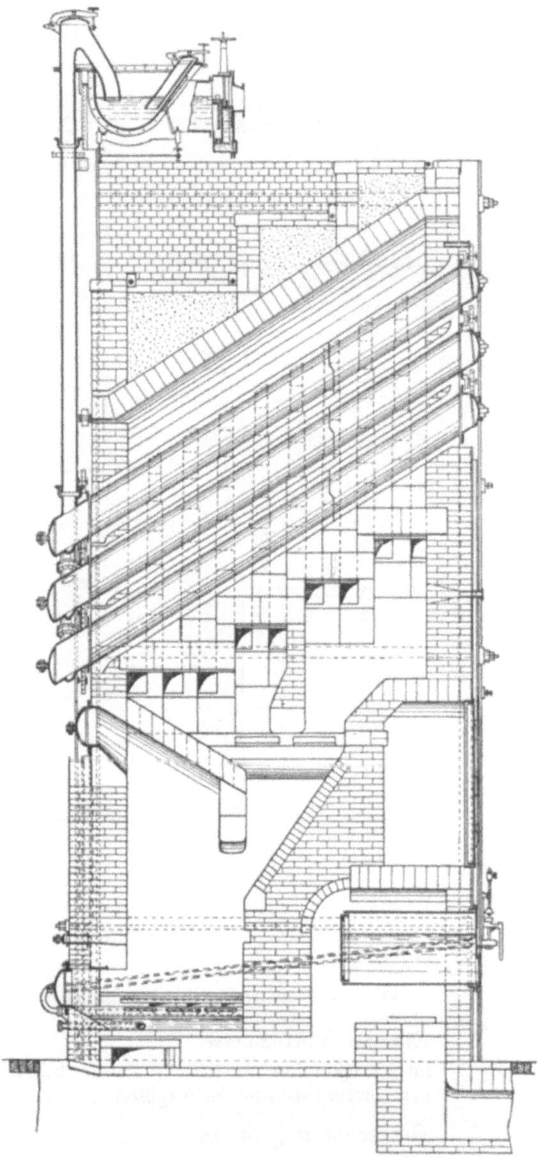

Die *Imp. Continental Gas Association* gibt folgende Schwefelgehalte im Reingas an:

Fig. 86. Schnitt durch einen Schrägretortenofen. Retortenlänge etwa 4,5 m.

----

[1] Journ. f. Gasbel. 1911, 781.

Im Horizontalofengas   Mittel von 15 Best.   95,58 g in 100 cbm[1]
„ Schrägofengas . .   „   „   7 „   65,00 „ „ 100 „
„ Vertikalofengas   „   „ 25 „   47,42 „ „ 100 „

Der Gehalt an Ammoniak ist höher als bei Horizontal- und Schrägöfen. In Mariendorf stieg er bei Vertikalöfen um 50 Proz. Man erhielt bei Versuchen

bei Vertikalöfen . . . . 0,334 k Ammoniak aus 100 k Kohlen[2]
„ Schrägöfen . . . . . 0,224 „   „   „ 100 „   „

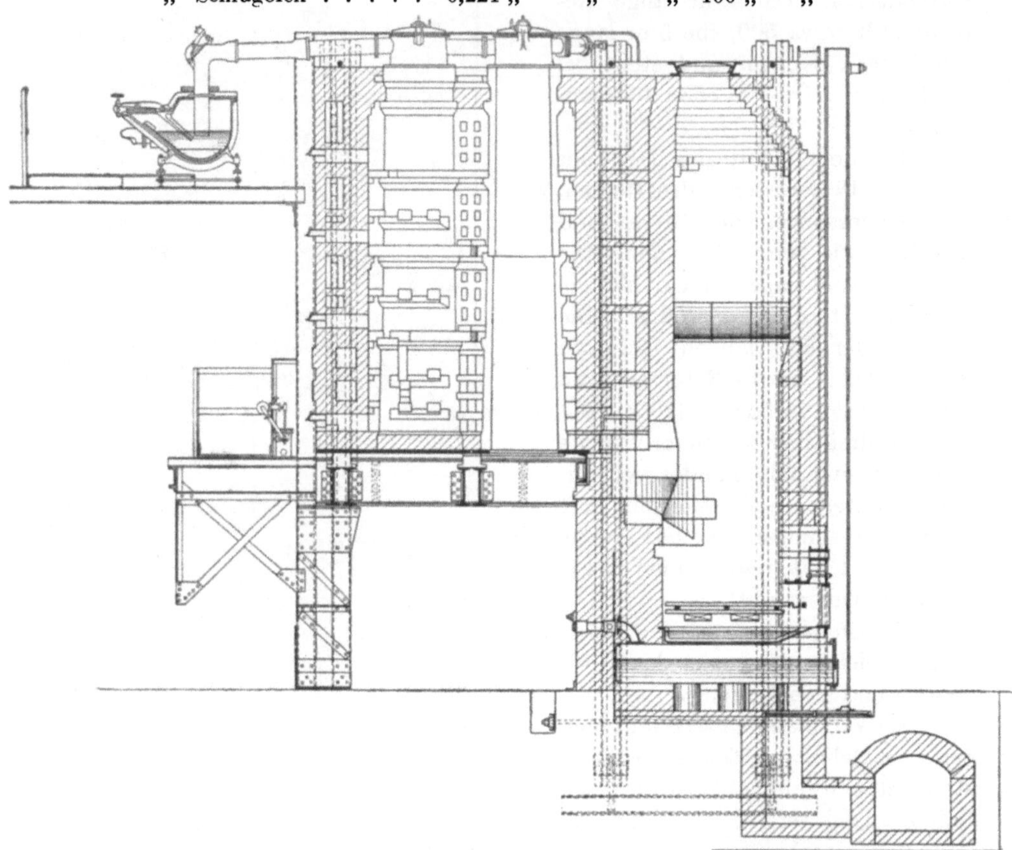

Fig. 87. Dessauer Vertikalofen mit 10 bis 12 Retorten von 4 m Länge in 2 Reihen.

Ebenso fand *Leisse*:
im Vertikalofen . . . . 0,322 k Ammoniak im Mittel von 2 Jahren[3]
in Horizontal- und Schrägöfen . 0,232 „   „   „   „   „ 8 „

Drehschmidt gibt an:

Vertikalofen trocken	0,293 k Ammoniak	Kammerofen . . .	0,280 k Ammoniak
„	„ 0,322 „	„	„ . . . 0,265 „	„
„	„ 0,281 „	„	„ . . . 0,286 „	„
	im Mittel 0,299 k Ammoniak		im Mittel 0,277 k Ammoniak

[1] Journ. f. Gasbel. 1908, 83.
[2] Journ. f. Gasbel. 1906, 259.
[3] Journ. f. Gasbel. 1909, 622.

Dem entgegen steht allein die Untersuchung von *Ott*[1], er fand

im Horizontalofen 0,259 k Ammoniak aus 100 k Kohlen,
im Vertikalofen, trocken 0,245 k Ammoniak aus 100 k Kohlen,
im Vertikalofen mit 2 Std. Dampf 0,241 k Ammoniak aus 100 k Kohlen.

Trotz dieser einen gegenteiligen Beobachtung kann man eine Vermehrung der Ammoniakausbeute als feststehend ansehen. Der Zusatz an Wasserdampf kann hier nicht ausschlaggebend sein, da die Hauptentwicklung an Ammoniak in den ersten Stunden erfolgt.

Die Vorgänge bei der Destillation verhindern den Zerfall des Ammoniaks besser, wie es bei den Horizontal-, Schräg- und Kammeröfen der Fall ist.

Damit geht dann auch eine Verminderung des Cyangehalts Hand in Hand. *Leisse* fand[2]:

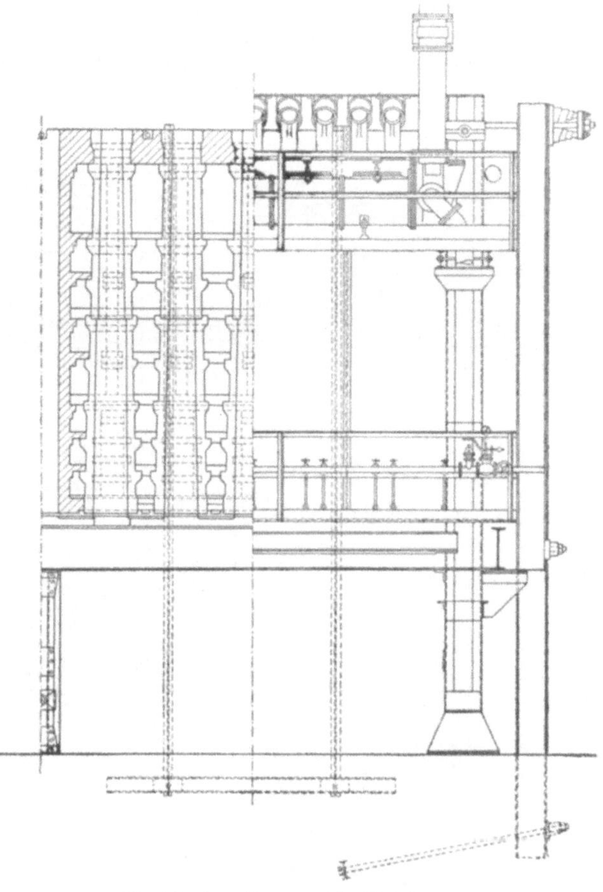

Fig. 38. 10 er Dessauer Vertikalofen.

| | Cyanwasserstoff | |
	Rohgas	Reingas
im Vertikalofen	106	20
„ Schrägofen	232	45

Ebenso ist der Teer der Vertikalöfen anerkanntermaßen viel dünnflüssiger und von hellerer Farbe.

	Vertikalofenteer	Horizontalofenteer
Spez. Gewicht . .	1,112	1,120
Pechgehalt	25 bis 30 Proz.	55 bis 60 Proz.
Freier Kohlenstoff .	1,5 „ 2,5 „	20 „ 25 „
Naphthalin	keine Ausscheidung bei der fraktionierten Destillation	scheidet sich in großen Mengen in fester Form ab

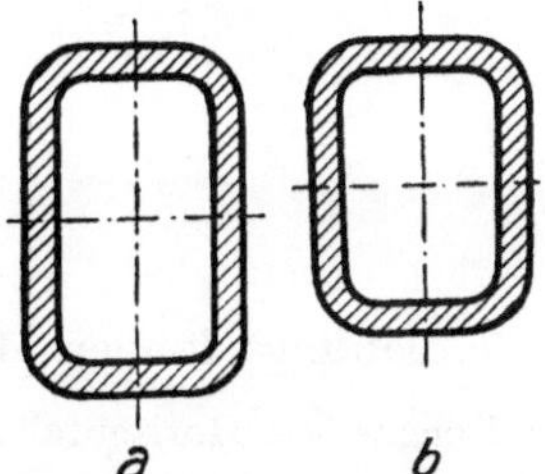

Fig. 39. *a* Retortenprofil des Dessauer Vertikalofens mit 10 bis 12 Retorten in 2 Reihen. Maße oben 230 × 570 mm, unten 350 × 690 mm. *b* Retortenprofil des Dessauer Vertikalofens mit 18 Retorten in 8 Reihen. Maße oben 220 × 400 mm, unten 350 × 690 mm.

---

[1] Journ. f. Gasbel. 1908, 812.
[2] Journ. f. Gasbel. 1911, 781.

Die Beschaffenheit des Teers deutet darauf hin, daß die Kohlenwasserstoffe weniger zersetzt werden.

Daher findet sich auch weniger Naphthalin im Vertikalofengas[1].

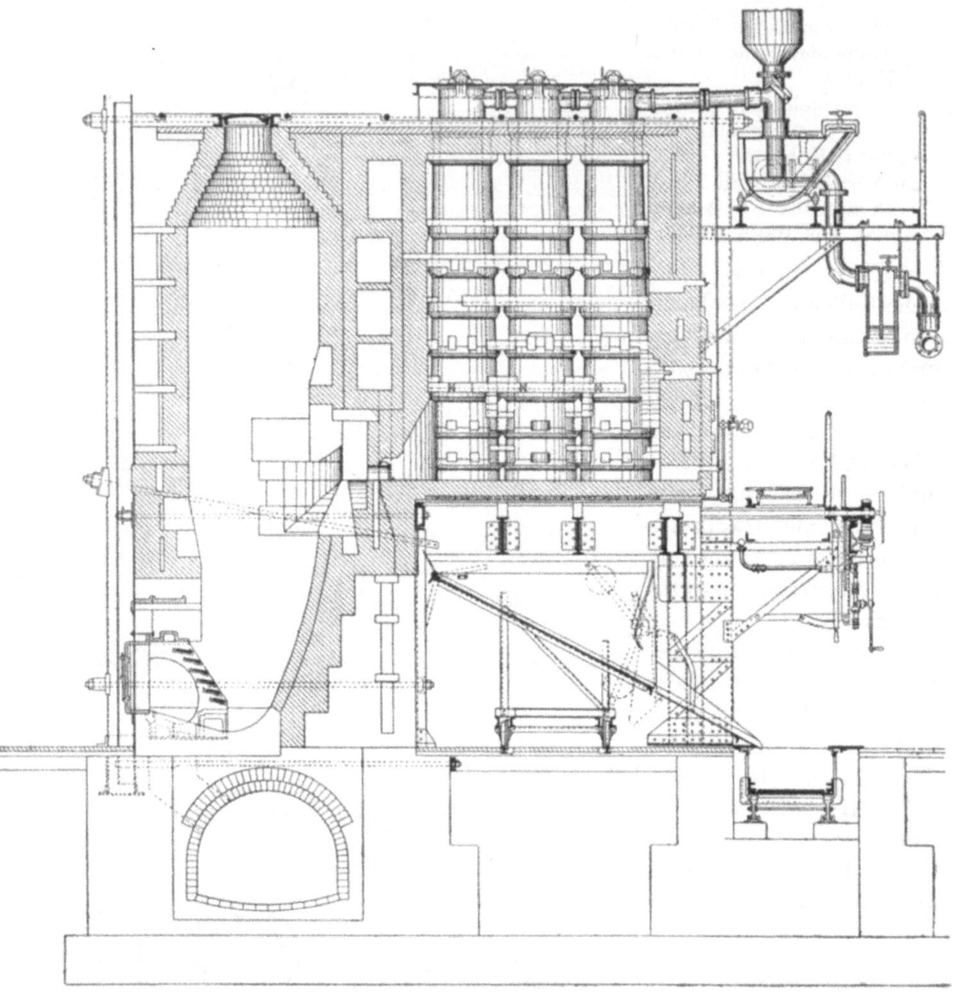

Fig. 40. 18er Dessauer Vertikalofen.

Allerdings fanden *Albrecht* und *Müller*[2]:

im Rohgas aus Horizontalöfen bei 54° im Mittel 860 g Naphthalin in 100 cbm Gas
„   „   „   „   „ 60° „   „   860 „   „   „ 100 „   „
„   „   „ Vertikalöfen   „ 71° „   „ 1070 „   „   „ 100 „   „

Sie erklären den höheren Gehalt im Vertikalofengas durch die höhere Temperatur.

---

[1] Journ. f. Gasbel. 1912, 274 u. 1911, 925.
[2] Journ. f. Gasbel. 1911, 592.

Die verschiedenen Erscheinungen erklärt *Bueb* mit der Annahme, daß in dem Vertikalofen die Destillation der Kohle von der Retortenwand aus nach innen verläuft, und daß die Destillationsprodukte im inneren kalten Kohlenkern hochsteigen. Diese Vorstellung läßt sich mit der Vorstellung *Hilgenstocks* über die Vorgänge bei der Destillation im Kammerofen nur zum Teil vereinigen. Beim Erhitzen der Kohle destilliert zuerst das Wasser nach innen. Hat der Kohlenkern die Temperatur von 100° erreicht, so verdampft es und entweicht vollständig durch den Kohlenkern. Bei etwa 300 bis 400° beginnt dann die Teerentwicklung, und der Teer destilliert ebenfalls nach innen, bildet aber eine vollständig undurchlässige Teernaht, welche allmählich nach dem Innern vorrückt. Die Hauptentwicklung von Gas erfolgt in dem Teil der Kohlensäule, welcher durch die Teernaht vom kalten Kohlenkern vollständig abgesperrt ist. Die Auffassung *Bueb*s gilt also nur für den ersten Teil der Destillationsdauer. Die Geschwindigkeit, mit der die Temperatur von 500° im Ofen fortschreitet, gibt *Bury*[1] pro Stunde an:

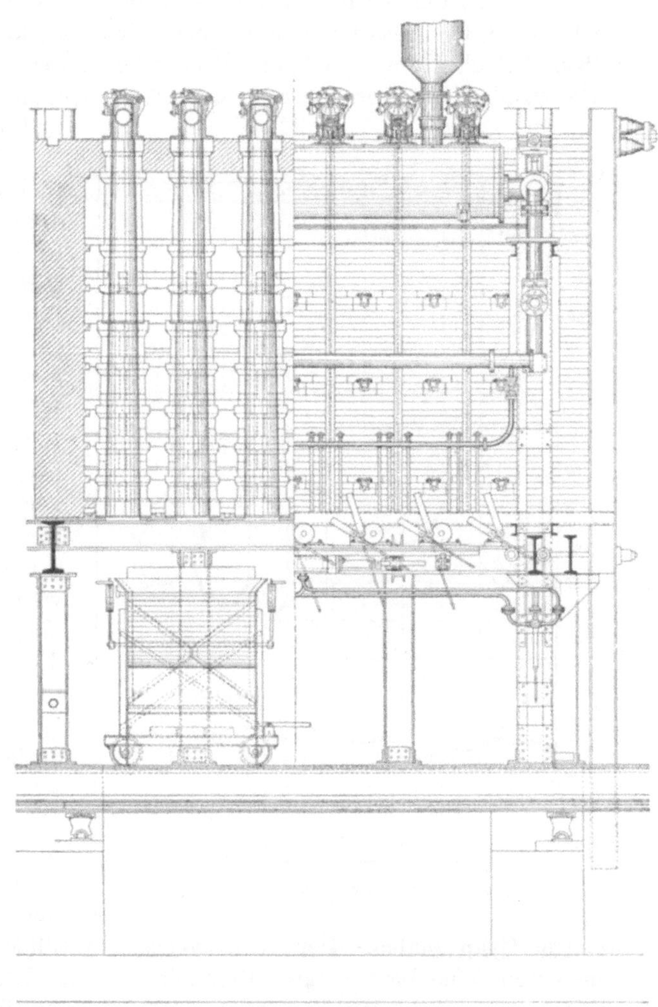

Fig. 41. 18er Dessauer Vertikalofen.

bei Horizontalöfen, niedrige Kohlenschicht . . . . . . 30 cm
„ Vertikalöfen, hohe „ . . . . . . 2,6 „
„ Koksöfen . . . . 1,6 „

Hiernach dürfte sich schon in der zweiten Stunde der Destillation eine undurchlässige Teernaht bilden, und die Destillationsprodukte müssen an

---

[1] Journ. of Gaslight. 1907, 982.

den Retortenwänden hochsteigen. Zu dem gleichen Schluß führen Druck-
messungen von *Volkmann* und *Entner* oben und unten an der Retorte, aus
denen hervorgeht, daß zu Anfang der Destillation, wo die Gase und Dämpfe
durch die Kohlenschicht steigen, der Druck sehr hoch ist, während die Druckdifferenz nach der dritten Stunde, von der ab das Gas zwischen dem Kokskuchen und den Retortenwänden hochsteigt, sehr klein wird. Etwa von derselben Zeit ab kann man beim Öffnen der Retorte zwischen Koks und Retortenwand einen Zwischenraum bemerken, der zum Schluß der Destillation
mehrere cm breit ist.

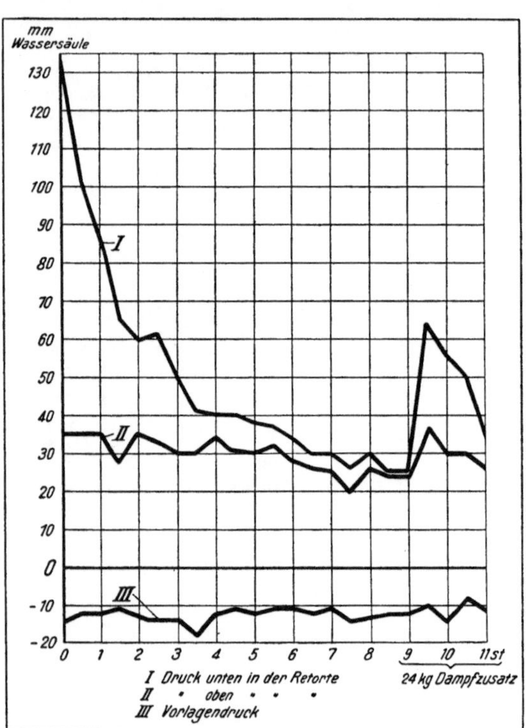

Fig. 42. Drucke in einer Vertikalretorte.

Der Unterschied des Ver-
tikalofengases erklärt sich dadurch, daß die Vertikalretorte
beim Füllen überall mit der
kalten Kohle gleichmäßig in
Berührung kommt und überall
stark abkühlt. Im Gegensatz
hierzu behält bei Schräg- und
Horizontalretorten die obere
Retortenwand ihre hohe Temperatur bei, da sie mit der
kalten Kohle nicht in Berührung kommt. In den ersten
Stunden der Destillation,
während die Vertikalretorte
noch kälter ist, entwickelt sich
die Hauptmenge Ammoniak
und schwerer Kohlenwasserstoffe, die sich an den heißen
Stellen der wagerechten und
schrägen Retorten zersetzen.
Da die Kohlenwasserstoffe im
Vertikalofen erhalten bleiben,
entsteht weniger Naphthalin,
und das Ammoniak kann
weniger Cyan bilden. Der Teer dagegen destilliert in der Teernaht nach
innen und seine bessere Beschaffenheit wird durch *Bueb*s Auffassung richtig
erklärt. Der Koks aus Vertikalöfen ist härter, weil die Kohle dichter liegt
und weniger Platz zum Blähen hat.

Ein weiterer außerordentlich wertvoller Vorteil der Vertikalöfen besteht in der Möglichkeit, in der Retorte durch Einblasen von Wasserdampf
gegen Ende der Destillationsperiode Wassergas zu erzeugen. Die Gasausbeute
läßt sich dadurch beliebig steigern, während der Heizwert des Gases beträchtlich sinkt. Die Erzeugung von Wassergas kann nicht so weit getrieben werden,
daß die Verminderung des Heizwertes im Koks wesentlich wird. Obwohl vielfach die Herstellung des Wassergases in eigenen Wassergasfabriken vor-

gezogen wird[1], ist die Erzeugung desselben in der Retorte zweifellos billiger, wenn die Abschreibungen für eine Wassergasanlage fortfallen. Die Ersparnis wird auf 2,62[2] bis 5,66[3] Mk. für 1000 cbm berechnet. Das in den Retorten erzeugte Wassergas ist ferner wertvoller als das aus kaltem Koks hergestellte aus Wassergasapparaten, da die ausgestandenen Kohlen in der Retorte immer noch mehr Kohlenwasserstoffe an das Retortenwassergas abgeben als der abgekühlte und wieder heißgeblasene Koks im Wassergasgenerator.

Retortenwassergas enthält 0,8 Proz. Kohlenwasserstoffe und hat 3150 WE.[4]
Wassergas aus Wassergenerator enthält Spuren Kohlenwasserstoffe und hat 2750 WE.

Der Dampfzusatz darf natürlich nicht übertrieben werden, da sonst die Öfen kalt werden und die Retorten leiden; eine natürliche Grenze ist hier auch durch den sinkenden Heizwert des Gases gesetzt.

Die Menge des zugesetzten Wasserdampfes muß genau beobachtet werden, da bei zu starkem Dampfen Wärmeverluste auftreten; es entsteht bei Wasserdampfüberschuß statt Kohlenoxyd Kohlensäure, da die Reaktion dann nicht, wie beabsichtigt, nach der Gleichung $C + H_2O = CO + H_2$, sondern nach der Gleichung $C + 2 H_2O = CO_2 + 2 H_2$ verläuft. Bei einem Zusatz von etwa 20 k Dampf in 2 Stunden pro Retorte fand *Volkmann* folgende Zusammensetzung des Gases:

	7 Min.	Nach Stunden:												
		1	2	3	4	5	6	7	8	9	9½ Dampf	10	11	12 ohne Dampf
Kohlensäure . .	3,8	3,7	3,5	3,5	2,6	1,5	1,7	1,8	1,4	0,8	9,0	14,4	15,0	0,7
Schwere Kohlenwasserstoffe .	6,8	5,9	4,0	3,9	3,6	3,2	2,9	1,9	1,3	0,2	—	—	—	—
Sauerstoff . . .	0,8	0,6	0,6	0,5	0,4	0,4	0,7	0,4	0,5	0,7	—	—	0,3	0,2
Kohlenoxyd . .	7,8	7,8	7,8	7,8	8,0	6,9	7,1	8,2	8,5	10,7	18,4	18,4	18,6	28,3
Wasserstoff . .	35,0	47,2	50,7	51,5	54,5	55,8	56,9	61,3	65,7	66,8	61,7	57,9	56,6	56,8
Methan	44,2	32,8	30,4	29,5	26,4	28,4	26,9	21,6	16,9	13,6	6,6	3,5	3,0	6,5
Stickstoff . . .	1,6	2,0	3,0	3,3	4,0	3,8	3,8	4,8	5,3	7,2	4,3	5,5	6,5	7,5

Eine Kohlensäurebestimmung im Rohgas an der Retorte in den letzten Phasen der Entgasung gibt Aufschluß darüber, ob die Menge des zugesetzten Wasserdampfes richtig ist. Die Dampfmenge und die daraus erzielte Menge Wassergas beträgt:

Dampf k	cbm Wassergas pro 100 k Kohle	cbm Wassergas pro Retorte	Heizwert des Mischgases
0	0	0	5500 w
3,5	2	10 (12)	5320
7,0	4	20 (24)	5160
10,5	6	30 (36)	5020
14,0	8	40 (48)	4900

[1] Journ. f. Gasbel. 1908, 725; 1909, 12, 164, 205, 493.
[2] Journ. f. Gasbel. 1910, 409.
[3] Journ. f. Gasbel. 1910, 341.
[4] Journ. f. Gasbel. 1911, 781.

Der Wasserdampfzusatz wird durch Blenden im Dampfrohr geregelt. Die Temperatur im Vertikalofen beträgt im unteren Teil 1300 bis 1350°, im oberen Teil 1100 bis 1250°[1].

Eine natürliche Grenze setzt der sinkende Heizwert der Wassergaserzeugung in der Retorte. Das Vertikalofengas hatte in Köln bei steigendem Dampfzusatz im Mittel:

	Ausbeute 0° 760	ob. Heizwert 0° 760	Heizwertzahl
1908/09	35,40	5194	183 867
1909/10	37,40	5137	191 815
1910/11	39,58	5018	198 612

Bei 38,58 cbm aus 100 k Kohle enthielt das Gas im Mittel:

Kohlensäure	1,9 Proz.	Methan	22,1 Proz.
Schwere Kohlenwasserstoffe .	2,4	Wasserstoff	56,9
Kohlenoxyd	13,4	Stickstoff	3,3

Das Gas enthält in der letzten Stunde der trocknen Entgasung (erste Reihe) und nach dem Einleiten von Dampf:

	8 Std.	10 Std.	11 Std.	12 Std.
Kohlensäure	0,8	1,4	1,4	1,6
Schwere Kohlenwasserstoffe .	1,3	1,0	0,5	0,8
Kohlenoxyd	9,6	10,2	37,6	40,0
Methan	13,2	7,94	0,8	1,2
Wasserstoff	70,6	76,73	56,8	53,3
Stickstoff	4,5	3,53	2,0	3,1

Von den zahlreichen vorliegenden Betriebsergebnissen sind in folgender Zusammenstellung einige herausgegriffen.

Betriebsergebnisse mit Dessauer Vertikalöfen mit 10 und 12 Retorten von 4 m Länge.

		Gas aus 100 k Kohlen ohne Dampfzusatz	Gas aus 100 k Kohlen mit Dampfzusatz cbm	Heizwert WE.	Spez. Gewicht	Unterfeuerung	
						für 100 k Kohlen	für 100 cbm Gas
Köln	1909	—	33,80	—	—	—	—
	1910	—	35,13	—	—	—	—
Düsseldorf	1910	—	36,40	5150	—	16,10	44,23
	1911	—	37,45	5100	0,420	16,60	43,52
Zürich	1910	—	37,75	—	—	15,0	—
	1911	—	39,71	—	—	—	—
Elberfeld	1910	—	32,2	—	—	—	—
	1911	—	31,2	—	—	—	—

[1] *Weiss:* Journ. f. Gasbel. 1908, 584; *Geipert:* das. 1910, 345 u. 1043; *Weißkopf:* das. 1911, 926.

	Gas aus 100 k Kohlen ohne Dampf- zusatz	Gas aus 100 k Kohlen mit Dampf- zusatz cbm	Heizwert WE.	Spez. Gewicht	Unterfeuerung	
					für 100 k Kohlen	für 100 cbm Gas
Bremen 1910	—	35,6	—	—	—	—
Offenbach 1911	—	35,49	—	—	—	—
Freiburg i. B. . . . 1910	—	33,76	—	—	—	—
Aschaffenburg . . . 1910	—	33,4	—	—	—	—
Osnabrück . . . . { 1909	—	34,32	—	—	14,93	41,72
{ 1910	—	35,93	—	—	—	—

Noch bessere Werte sind in zahlreichen Versuchen, die zum großen Teil von unparteiischer Seite gemacht sind, ermittelt worden (siehe S. 86 u. 87).

Der 18er Ofen besitzt eine erheblich größere Heizfläche und bringt daher eine Ersparnis an Heizmaterial. *Geipert* fand bei nassem Betrieb[1]:

	Im Ofen mit 12 Retort.		Im Ofen mit 18 Retort.	
	mit schles. Kohle	mit Saar- kohle	mit schles. Kohle	mit Saar- kohle
Gas aus 100 k Kohlen	38,5 cbm	38,5 cbm	37,3 cbm	38,5 cbm
Oberer Heizwert 0° 760 mm	5138 WE.	5138 WE.	5159 WE.	5400 WE.
Unterfeuerung für 100 k Kohle	14,1 k	15,00 k	11,8 k	11,8 k
„ „ 100 cbm Gas	36,6 k	38,9 k	31,6 k	30,7 k

Den Unterschied zwischen Wassergas aus der Vertikalretorte während der letzten Phase und dem Wassergas aus einem Generator stellte *Leisse* fest. Die Gase enthielten:

	Wassergas aus Retorte	aus Generator
CO_2	1,6 Proz.	2,2 Proz.
CmH	0,8	0
O_2	—	0,4
CO	40,0	42,4
CH_4	1,2	0,3
H_2	53,3	50,6
N	3,1	4,1

Das Vertikalofengas kostet ohne Zinsen und Abschreibungen im Behälter etwa 2 Pfg. der cbm, und mit Zinsen und Abschreibungen für die Öfen $2^1/_2$ Pfg. pro cbm[2]. Die Haltbarkeit der Vertikalöfen ist selbst bei beträchtlichem Dampfzusatz größer als bei den Horizontal- und Schrägöfen[3].

Die Dessauer Öfen haben eine allgemeine überraschend schnelle Verbreitung gefunden.

Der Bolz - Pintsch - Vertikalofen. Im Jahre 1907 baute *Bolz* ein neues Vertikalofensystem, das neuerdings von der Firma *Pintsch* übernommen und weiter entwickelt wurde. Dieser Ofen wird mit 8 bis 24 Retorten

---

[1] Journ. f. Gasbel. 1910, 341.
[2] Journ. f. Gasbel. 1911, 885.
[3] Journ. f. Gasbel. 1911, 784.

Paradeversuche an Dessauer Vertikalöfen.

1. Dessauer Vertikalöfen mit 10 oder 12 und 18 Retorten von 4 m Länge.

Untersucher	Ott, Zürich			desgl.	desgl.	desgl.	desgl.	desgl.	desgl.	desgl.	desgl.	desgl.	Weißkopf, Chemnitz	
Literaturnachweis	Weiß: Journal 1908, 579			desgl.	desgl.	desgl.	desgl.	desgl.	desgl.	desgl.	desgl.	desgl.	desgl.	desgl.
Kohlen	10 Chargen	9 Chargen	11 Chargen	6 Chargen	4 Chargen	2 Chargen	2 Chargen	2 Chargen	11 Chargen	6 Chargen	2 Chargen	2 Chargen	18 Chargen	18 Chargen
Garungsdauer	—	9 Std. 20 Min. trocken	1 Std. Dampf	1 Std. Dampf	1 Std. Dampf	trocken	trocken	½ Std. Dampf	1 Std. Dampf	1 Std. Dampf	—	—	12 Std., 2 mit Dampf	12 Std. ohne Dampf
Versuchsdauer	Saar-Würfel und Nuß I/II	Saar-Würfel und Nuß I/II	desgl.	desgl.	desgl.	Saarkohle Grieß	Saarkohle Würfel und Nuß I/II	desgl.	Ruhrkohle Nuß I/III	desgl.	Ruhrkohle Nuß III/IV	Ruhrförderkohle	Sächsische Kohle	desgl.
Gasausbeute 0° 760	28,4 tr.	29,2	28,4	30,4	31,7	24,7	29,8	30,3	31,0	32,8	31,9	30,5	34,10	28,57
„ 15° 760	30,5 f.	31,3	30,5	32,6	34,1	26,5	31.9	32,5	33,3	35,2	34,2	32,8	36,68	30,65
Spez. Gewicht des Gases	—	—	—	—	—	—	—	—	—	—	—	—	0,447	0,458
Leuchtkraft im Argandbrenner bei 150 l Stundenkonsum	10,0	11,4	10,8	9,6	8,6	8,0	10,4	11,1	5 532	5 446	5,516	5 540	5 234	5 238
Oberer Heizwert 0° 760 mm	5887 tr.	5 829	5 722	5 596	5 533	5 492	5 675	5 705	153 113	159 491	156 567	151 405	—	—
Heizwertzahl 0° 760 mm	150 944	152 994	146 613	152 959	158 258	121 440	151 354	153 177	68,2		69,5	70,9	61,04 tr.	63,82 tr.
Koksausbeute, trocken	67,6	67,6	67,6	68,4	68,4	67,0	69,0	66,5	—	—	—	—	—	—
Ammoniak	(12,3 Proz. Asche)		—	(13,9 Proz. Asche)		(15,8 Proz. Asche)		—	—	—	—	—	—	—
Unterfeuerung pro 1. 100 k Kohlen	13,2	13,2	13,2	13,0	13,0	—	—	—	13,7		—	—	14,16 tr.	13,45
2. 100 cbm Gas	44,9	44,9	44,9	41,9	39,9	—	—	—	45,6	43,2	—	—	41,56	47,06

2. Dessauer Vertikalöfen mit 12er Retorten von 5 m Länge.

	Mariendorf	
Ort	Mariendorf	
Beobachter	Lehr- und Versuchsgasanstalt Karlsruhe	desgl.
Literaturangabe	Journ. 1908, 589	desgl.
Versuchsdauer	Mittel aus 4 Tagen naß	Mittel aus 5 Tagen trocken
Kohlensorte	gemischte schles. Kohle	—
Gasausbeute 0° 760	35,9 cbm	29,6
„ 15° 760	38,5 „	31,6
Leuchtkraft	1439	18,81
Oberer Heizwert 0° 760	5138 WE	5588 WE
Koksausbeute	6378	64,0
Unterfeuerung für 100 k Kohlen	14,1	14,5
Unterfeuerung f. 100 cbm Gas 0° 760	39,4	49,2

3. Dessauer Vertikalöfen mit 12er und 18er Retorten von 5 m Länge.

	Mariendorf	Mariendorf					
Ort	Mariendorf	Mariendorf					
Beobachter	Lehr- und Versuchsgasanstalt	Dr. *Wein* usw.	desgl.	desgl.	desgl.	desgl.	desgl.
Literaturangabe	Journ. 1910, 2						
Versuchsdauer	5 Tage	6 Tage	2 Tage	2 Tage	3 Tage	2 Tage	2 Tage
Ausstehzeit	10½ Std., 2 Std. mit Dampf	11 Std., mit Dampf 80 Min.	desgl.	desgl.	desgl.	desgl.	desgl.
Kohlensorte	Schlesische Concordia	Stückkohle	Gasstückkohle Dombrau	Gasstückkohle Dombrau	Gaswürfelkohle desgl.	Gasförderkohle desgl.	Gasförderkohle desgl.
Gas 0° 760 . . cbm	84,8	—	—	—	—	—	—
„ 15° 760 . . „	37,40	38,7	38,2	40,5	38,1	34.7	39,4
Spez. Gewicht	0,445	—	—	—	—	—	—
Heizwert 0° 750 WE	5195	5324	5377	5298	51,24	5258	5089
Ammoniak . . . k	—	—	0,288	—	0,305	2,82	
Teer . . . k	—	—	—	—	—	—	—
Unterfeuerung . . k für 100 k Kohlen	11,8	11,39	—	—	—	—	—
„ 100 cbm Gas 15° 760	31,7	29,4	—	—	—	—	—
für 100 cbm Gas 0° 760	34,0	—	—	—	—	—	—

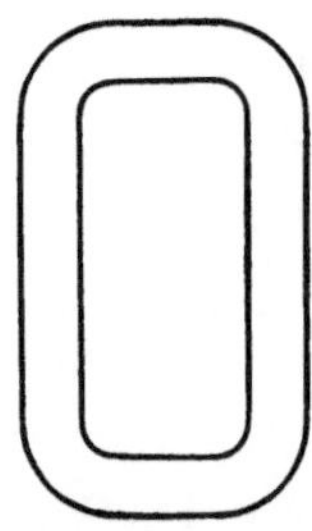

Fig. 43. Profil des Pintsch-Bolz-Ofens. Oben 22 × 60, unten 34,5 × 73,5.

gebaut und ist durch Längswände vollständig in zwei oder vier Teile geteilt. Das Retortenprofil ist fast das gleiche wie beim Dessauer Ofen mit 12 Retorten, es mißt oben 22 × 60 und unten 34,5 × 73,5. Die Länge beträgt 4,6 und 5,07 m. Die Retorten fassen eine Ladung von 530 oder 570 k Kohlen, und je zwei sind miteinander zu einem Entgasungsraum verbunden. Der oberste Teil der Retorten ist mit Luft gekühlt. Die Lufterhitzer befinden sich neben dem Retortenraum, und der Generator steht unter dem Ofen. Dadurch fällt die Kokshebeeinrichtung fort, und der Generator kann mit heißem Koks beschickt werden. Hierdurch wird eine Ersparnis in der Anlage an Arbeit und Koks erreicht. Die Beheizung der Retorten erfolgt an den kurzen Seiten, wodurch die Lebensdauer der Retorten verlängert werden soll. Die Leistung beträgt für den Ofen:

Retortenlänge	Ofen mit 10	20	24	28 Retorten
4,6 bis 5,1	4000	8000	9 600	11 200 cbm
5,1	4400	8800	10 560	12 320 „

Eingehende Untersuchungen in Triest haben gezeigt, daß diese Öfen den Dessauer Öfen ebenbürtig sind:

	20er Pintsch-Bolz-Ofen mit 4 m langen Retorten [1]						10er Dessauer Vertikalofen mit 4 m lang. Retorten [2]	
Versuchsdauer	24 Std. ohne Dampf	24 Std. mit Dampf	24 Std. ohne Dampf	24 Std. mit Dampf	22 Std. ohne Dampf	22 Std. mit Dampf	22 Std. ohne Dampf	22 Std. mit Dampf
Kohle	Engl. Kohle Pelaw Main		Engl. Kohle New Pelton		Mähr.-Ostrauer Stück-u.Förderkohle. Mittel v. 3 Versuchen		Mähr.-Ostrauer Stück-u.Förderkohle. Mittel v. 2 Versuchen	
Gasausbeute aus 100 k Kohle 15° 760 .	31,76	33,20	—	—	34,1	38,00	32,6	36,2
„ „ 100 „ „ 0° 760 .	30,10	35,03	31,10	37,20	31,7	35,4	30,9	34,3
Oberer Heizwert 0° 760	5540	5262	5278	5036	5252	4705	5250	5050
Unterfeuerung für 100 k Kohlen . . .	13,4	13,0	—	13,00	—	—	—	—
„ „ 100 cbm Gas 15° 760	42,13	35,03	—	33,14	—	—	—	—

In Agram wurden folgende Versuchsergebnisse erhalten [3]:

	Ofen I	Ofen II	
Koksausbeute	69,5	71,6	
Unterfeuerung	14,18	13,97	
Gaserzeugung in 24 Std.	7482	8014	
Gasausbeute 14° 760 mm aus 100 k Kohlen	34,2	33,4	cbm
Oberer Heizwert	5460	5455	
Spez. Gewicht	0,420	0,398	

[1] Journ. f. Gasbel. 1909, 591.

[2] Die Versuche mit dem Dessauer Ofen hat *Ott*, die Versuche mit dem Pintsch-Bolz-Ofen mit der gleichen Kohle *H. Bunte* in Triest ausgeführt.

[3] Zft. d. Ver. d. Gasfachm. in Öst. 1912, 330.

Fig. 44. Pintsch-Bolz-Vertikalofen mit 24 Retorten.

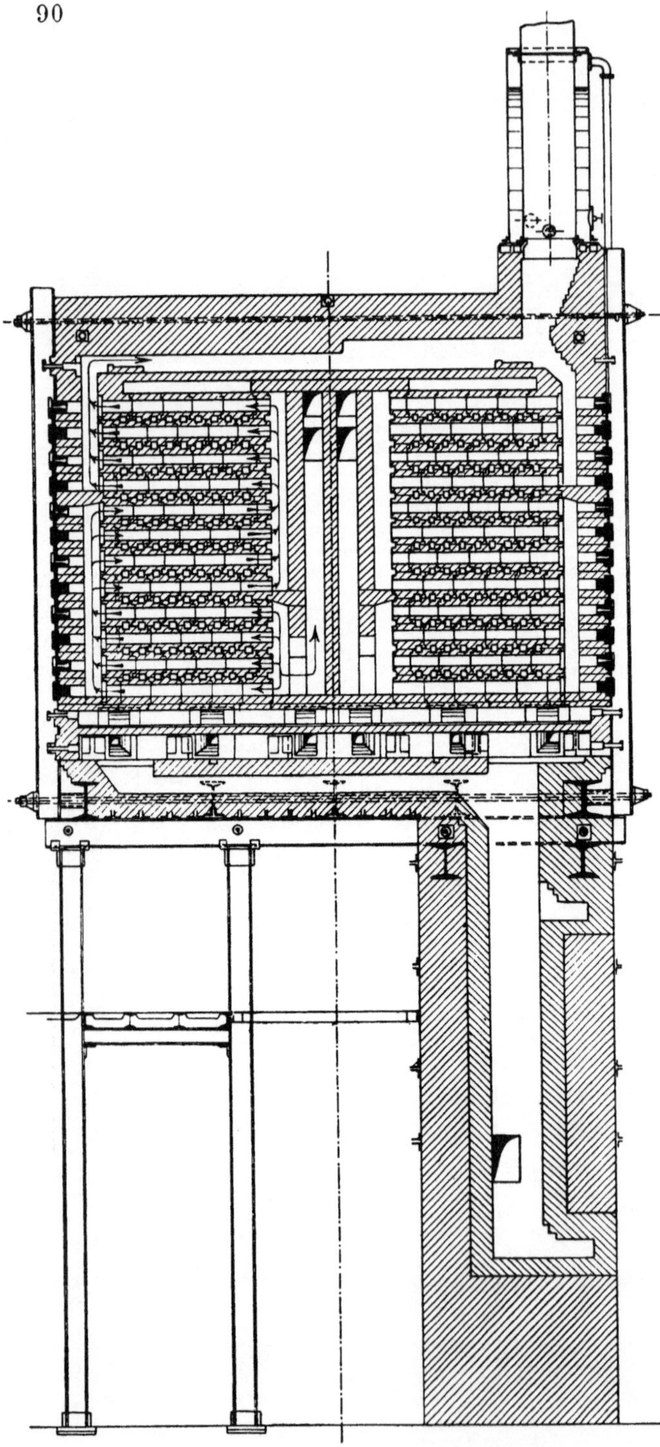

Während einer Betriebszeit von etwas über einen Monat wurden 33,7 cbm Gas aus 100 k Kohlen und 5,35 Proz. Teer erzeugt.

Der Verbrauch an Koks für die Unterfeuerung betrug 14,3 Proz. vom Gewicht der verarbeiteten Kohle.

Der Bunzlauer Vertikalofen wird zurzeit hauptsächlich für mittlere und kleine Gaswerke gebaut. Bei der ersten Anlage in Roßwein ist eine vollständige Einteilung in Gruppen je 2 Retorten durchgeführt, und der Ofen besitzt zwei neben demselben stehende Generatoren. Bei den späteren Anlagen steht der Generator jedoch, ähnlich wie bei den Pintschöfen, unter dem Ofen. Die Regeneration ist einfach, aber umfangreich und ebenfalls in Gruppen geteilt. Der Ofen ist 12 m hoch und die Retorten 5 m lang, und das Profil ist das gleiche wie bei den Pintsch - Vertikalöfen. Die Heizgase umspülen jede Retorte auf der breiten Seite und steigen senkrecht nach oben.

Beim Probeversuch betrug die Gas-

Fig. 45. Pintsch-Bolz-Vertikalofen mit 24 Retorten.

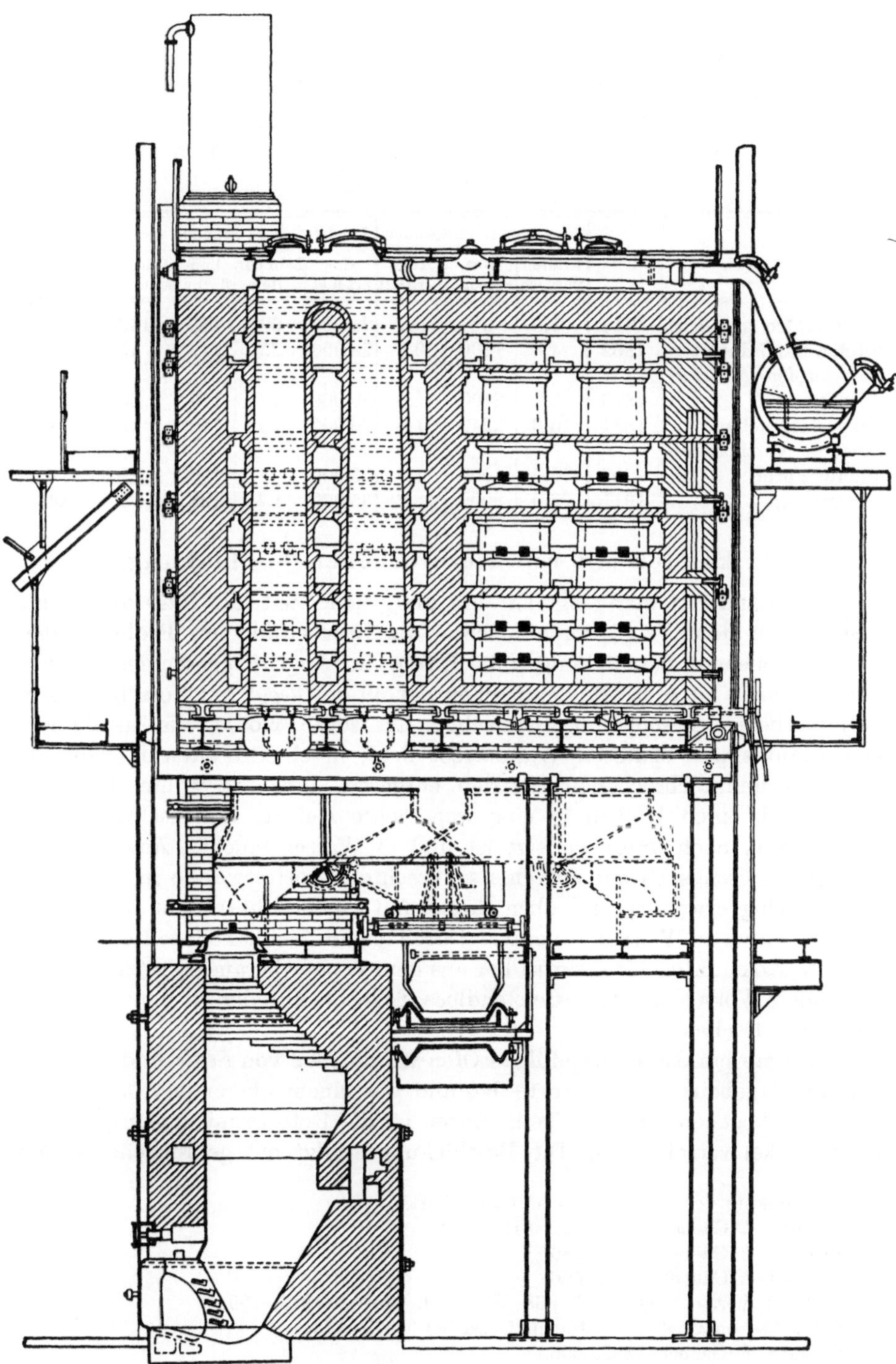

Fig. 46. Pintsch-Bolz-Vertikalofen mit 24 Retorten.

ausbeute bei 15° 760 mm 32,8[1] bis 34,5 cbm aus 100 k Kohlen, Heizwert 5300 bis 5840 WE., Unterfeuerung 16 Proz.

Von anderen Vertikalofensystemen seien die von *Elland*[2], *Horn*[3] und *Rummens*[4] nur erwähnt, da sie bisher noch nicht ausgeführt worden sind.

Die Fortschritte der Leistungen im Ofenbetrieb mit den bisher erwähnten Öfen zeigt eine Zusammenstellung von *Schilling*[5]:

		In 1 Ofen in 24 Stunden			Für 100 t in 24 Stunden vergaste Kohle n				
		Kohlen vergast	Gas erzeugt	Koks verheizt	Gas erzeugt	Zahl der Öfen	Ofen- fläche	Arbeiter- schichten	Koks verheizt
Alter Rostofen von *Clegg*	1818	1,5	368	0,7	24 000	66	488	130	43
Rostofen mit 7 Retorten	1862	4,3	1200	0,9	28 000	23	242	45	22
Generatorofen von *Schilling-Bunte*	1879	8,0	2400	1,0	30 000	13	179	40	13
Schrägretortenofen . .	1884	10,8	3240	1,6	30 000	10	158	15	14
Breslauer Vertikalofen ältere Form . . .	1903	12,0	4000	1,7	33 000	8	195	9	14
neuere „ . . .	1911	23,0	8000	3,2	35 000	4,4	123	4	14

Vertikalöfen mit ununterbrochener Beschickung.

In England hat man ungefähr um die gleiche Zeit, als *Bueb* die ersten Versuche mit dem Vertikalofen machte, die Bearbeitung des Problems der ununterbrochenen Beschickung mit Erfolg in Angriff genommen. Auch dieser Gedanke ist sehr alt, denn schon der ältere *Clegg*[6] hat Vorschläge zur kontinuierlichen Beschickung gemacht. Er wollte Kohle, die in dünner Schicht auf einem endlosen Wanderrost liegt, in einer breiten Horizontalretorte in ununterbrochenem Betrieb entgasen. *Brunton* wollte 1840 die Kohle durch einen Kolben in eine wagerechte Retorte hineinschieben, die hinten schräg nach unten geneigt ist und in Wasser taucht. *Rowan* nahm 1885 ein englisches Patent auf eine senkrechte Retorte, welche in der Mitte stark bauchig erweitert und oben direkt mit einem Fülltrichter verbunden war und unten in Wasser tauchte. Durch einen Ziehhaken sollte . der abgelöschte Koks unter der Retorte her aus dem Wasser herausgekratzt werden.

Andere Vorschläge betreffen endlose Schnecken[7] oder in den Retorten bewegliche Rechen.

Der erste praktisch ausgeführte Ofen wurde 1902 von *Settle* und *Padfield* in Exeter[8] gebaut. Die Retorte bestand aus einem oberen vertikalen und einem abgebogenen schrägen Teil. Unten ist die Retorte mit einem gewöhnlichen Deckel verschlossen. Die Beschickung erfolgt mit gebrochener Kohle

---

[1] Mitteilung der Bunzlauer Chamotte-Werke.
[2] Journ. f. Gasbel. 1912, 637, 819.
[3] Journ. f. Gasbel. 1911, 236.
[4] Journ. f. Gasbel. 1907, 526.
[5] Zft. d. Ver. d. Ing. 1913, 668; Journ. f. Gasbel. 1913, 799.
[6] Treatise on Coal Gas. Journ. f. Gasbel. 1875, 123.
[7] Journ. f. Gasbel. 1892, 506.
[8] Journ. f. Gasbel. 1904, 38, 164, 306; 1906, 1053; 1907, 2.

aus einem Bunker, der mit der Retorte durch einen Zylinder fest verbunden ist. In diesem Zylinder bewegt sich eine Stange mit dichtender Platte auf und ab, so daß sich in der höchsten Stellung der Raum zwischen den Platten um die Stange herum mit Kohle füllt, die bei der Abwärtsbewegung in die Retorte fällt. Die Entleerung erfolgte von Zeit zu Zeit von Hand. Obwohl mehrere Versuchsöfen in England und auf dem Festland gebaut wurden, hat sich der Ofen nicht bewährt.

Der ununterbrochen arbeitende Ofen von *Glover* und *West*[1], der i. J. 1909 patentiert wurde, hat sich aus dem weniger erfolgreichen Ofen von *Young* und *Glover*[2] (1905/06) entwickelt.

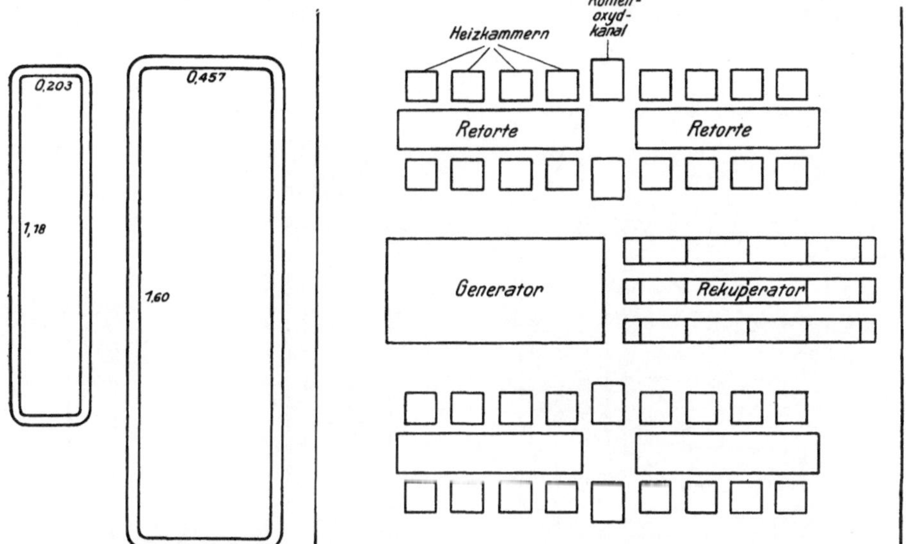

Fig. 47. Querschnitt der Woodall-Duckham-Retorte.

Fig. 48. Querschnitt des Woodall-Duckham-Ofens.

Schon bevor der Ofen von *Glover* und *West* mit Erfolg in die Gastechnik eingeführt wurde, begannen *Woodall* und *Duckham* mit den ersten Versuchen mit ihrem Ofen, und es besteht kein Zweifel darüber, daß sie die bahnbrechenden und ersten wirklich erfolgreichen Versuche gemacht haben. Sie bauten ihr erstes Modell i. J. 1903 und haben es seitdem vielfach verändert und verbessert. Der Woodall-Duckham-Ofen besitzt 4 Retorten von 7,6 m Länge und einem schmalen rechteckigen Querschnitt, der oben 0,203 × 1,48 und unten 0,457 × 1,60 m mißt. Die Retorten sind aus Steinen mit Feder und Nute gemauert. Die Retortenwand ist wenigstens bei den neueren Öfen nicht mehr gleichmäßig geneigt, sondern hat an der Stelle, an der die stärkste Entgasung erfolgt, einen schwachen Knick.

---

[1] D. R. P. 235 533.
[2] Journ. f. Gasbel. 1907, 5; Journ. of Gaslight. 1910, 454; Journ. f. Gasbel. 1911, 1110.

Die Ofenbeheizung geschieht durch einen Generator, der früher in halber Höhe und bei neueren Öfen so hoch steht, daß er mit der Oberkante des Ofens abschneidet. Er wird 2 bis 3 mal in 8 Stunden mit kaltem Koks beschickt, da heißer Koks nicht mehr zur Verfügung steht. Der ursprünglich vorhandene Planrost ist durch einen vereinigten Schrägplanrost ersetzt,

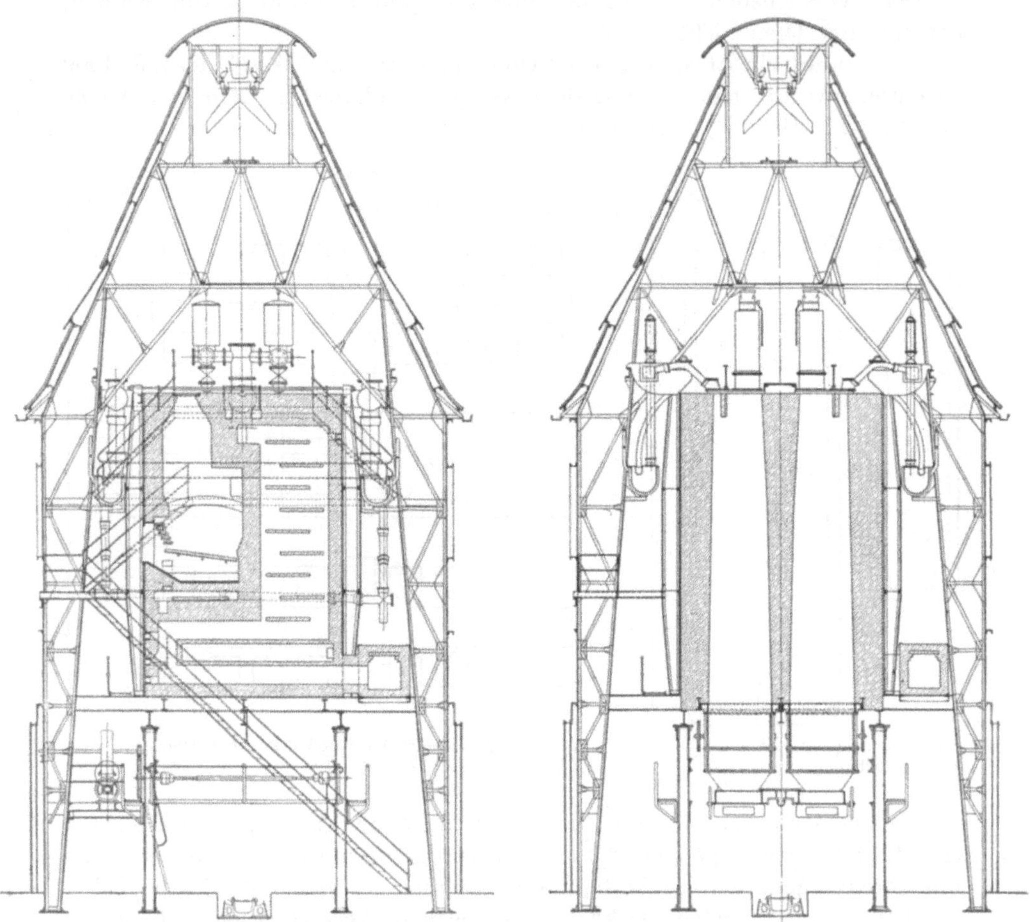

Fig. 49. Woodall-Duckham-Ofen mit ununterbrochener Beschickung.

welcher sich vorzüglich bewährt hat. Die Beheizung bei den älteren Modellen erfolgte von oben nach unten in Schlangenlinien, ähnlich, wie im umgekehrten Sinne, bei den deutschen Vertikalöfen. Die Feuergase steigen bei den neueren Öfen vom Generator kommend neben den Retorten hoch und verteilen sich in einem Kanal etwa in $^2/_3$ der Retortenhöhe. Von hier aus fallen die Feuergase durch vier Heizkanäle an jeder Breitseite an der Retorte herunter und beheizen etwa $^1/_3$ der Retorte auf 1350 bis 1400°. Dann werden die Verbrennungsgase wieder nach oben geführt, umspülen den obersten Teil der

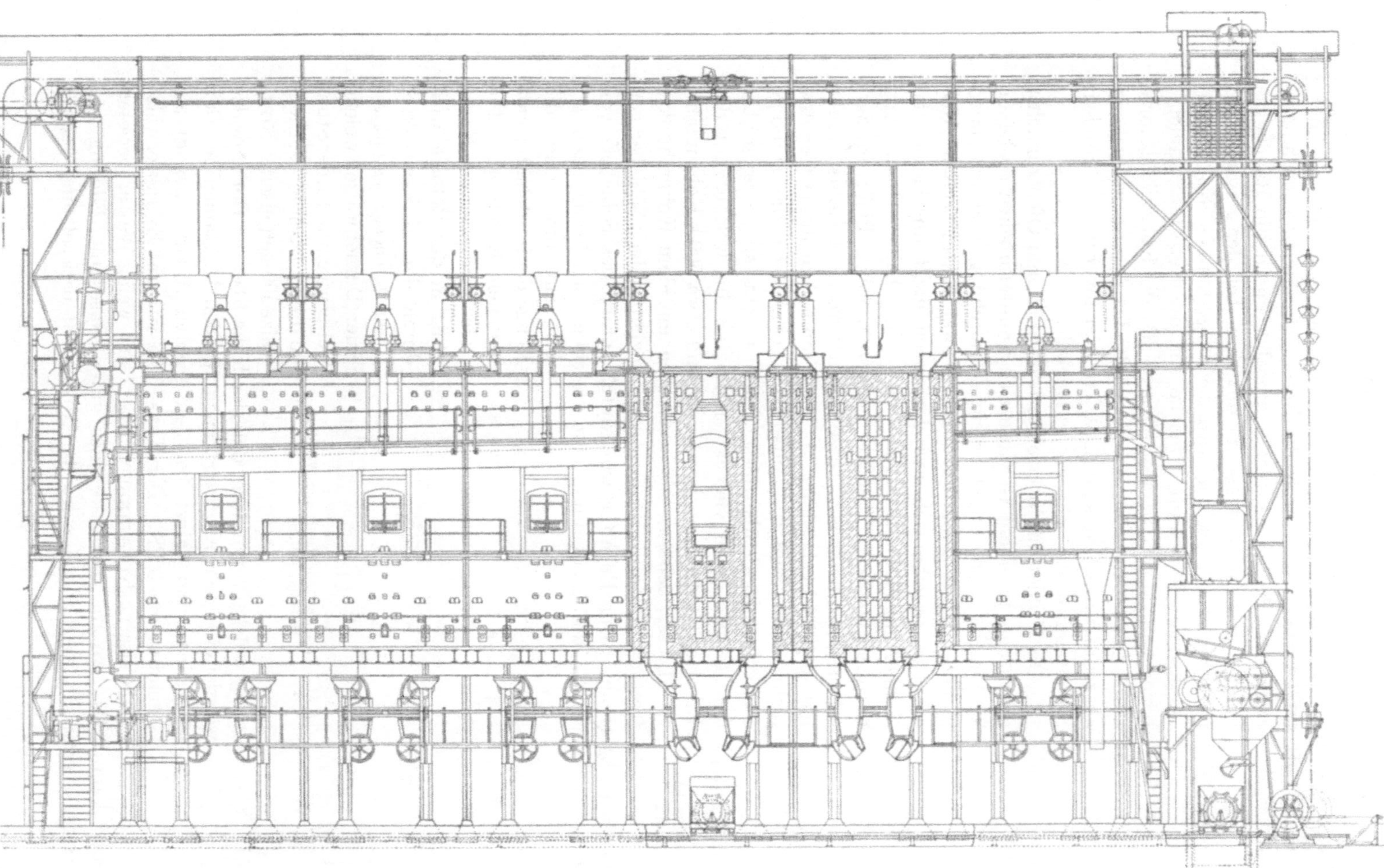

Fig. 49a. Woodall-Duckham-Ofen mit ununterbrochener Beschickung.

Retorte, um dann in einen ausgedehnten Rekuperator zu fallen, in dem die zweite Luft vorgewärmt wird. Die in die Retorte ununterbrochen hinein-rutschende Kohle wird also zunächst durch die Rauchgase vorgewärmt und entgast im mittleren Teil der Retorte. Im untersten Teil derselben wird der ausgestandene Koks durch die Primärluft gekühlt, welche um die Retorten streicht, bevor sie in den Generator eintritt. Da der Koks die Retorte kalt verläßt und der Wärmegehalt der Abgase weitgehend ausgenutzt wird, so sind die Öfen vom feuerungstechnischen Standpunkte aus sehr gut entwickelt.

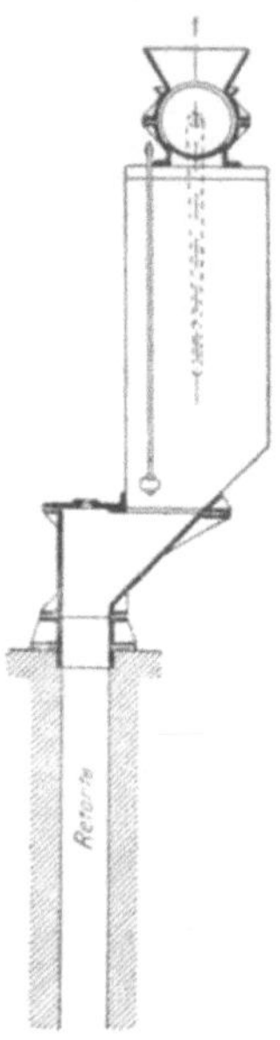

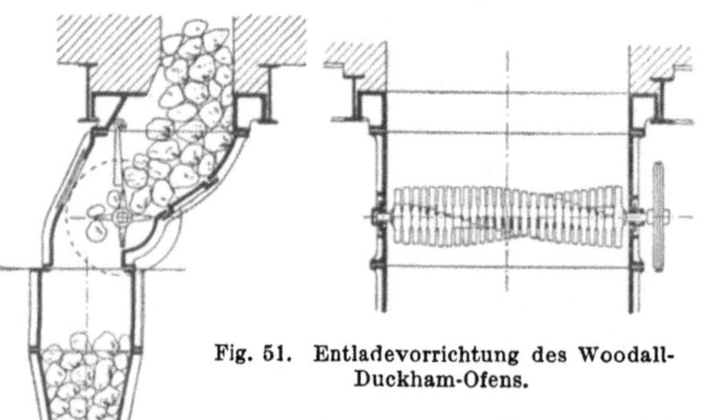

Fig. 50. Ladevor-richtung des Woodall-Duckham-Ofens.

Die Kohlenzufuhr erfolgte bei den älteren Öfen zunächst durch eine in einem Gehäuse sich ununterbrochen drehende Trommel, welche ungefähr eine Umdrehung in 80 Sekunden macht. Diese Trommel besitzt zwei sektorförmige Aus-schnitte, welche sich aus dem oben dicht anschließenden Bunker mit Kohle füllen und nach einer halben Umdrehung nach unten in die Retorte entleeren, wenn Platz in der-selben vorhanden ist. Diese ununterbrochene Kohlenzufuhr hat sich nicht bewährt, da die Trommel in ihrem Gehäuse nicht dicht schloß. Außerdem erwies sich die ständige Kohlenzufuhr als überflüssig. Man brachte statt dessen über der Retorte einen viereckigen Kasten an, welcher mit der Retorte selbst fest verbunden ist und etwa 600 k Kohlen faßt.

Dieser Behälter ist nach oben mit dem Kohlenbunker fest verbunden und durch einen walzenförmigen Schieber von demselben abgetrennt. Der Behälter wird durch Öffnen des Schiebers von Hand etwa alle 2 Stunden nachgefüllt; eine einfache Vorrichtung nach Art der Schwimmer zeigt die Menge der im Behälter ent-haltenen Kohle an. Die Geschwindigkeit der Koks-säule in der Retorte wird durch den Koksextraktor geregelt. Dieser besteht aus einer Dornenwalze, welche sich etwa einmal in der Stun-de dreht. Über der Dornen-walze hängen eiserne Rost-stäbe, welche verhindern, daß der Koks über die Dornenwalze weggleitet. Der Kraftverbrauch für den langsamen Antrieb ist gering, und selbst bei den größten Anlagen genügt ein Gasmotor von 3 PS. Der Koks fällt von der Extraktorwalze in die eiserne Kokskammer, wo er mit wenig Wasser berieselt werden kann. Da, wo im Interesse eines guten Gases die Bildung von Wassergas vermieden werden soll, wird der Koks nicht berieselt und verläßt

Fig. 51. Entladevorrichtung des Woodall-Duckham-Ofens.

mit einer Temperatur von etwa 40° vollständig trocken die Kokskammer. Diese wird alle 2 Stunden durch Öffnen einer mit Wassertauchung versehenen Verschlußtüre entleert.

Da beim Betrieb dieser Öfen die Retorte beim Füllen der Kohle und beim Entleeren der Kokskammer für einige Sekunden geöffnet wird, so muß der Druck in der Retorte peinlichst auf 0 gehalten werden. Dies ermöglicht ein im Ofenhaus befindlicher Druckregulator, welcher auch bei starkem Arbeiten des Gassaugers nur so viel Gas durchläßt, als in der Retorte entsteht. Das Gas tritt oben neben dem Kohleneinlaß aus und geht durch eine Vorlage ohne Tauchung.

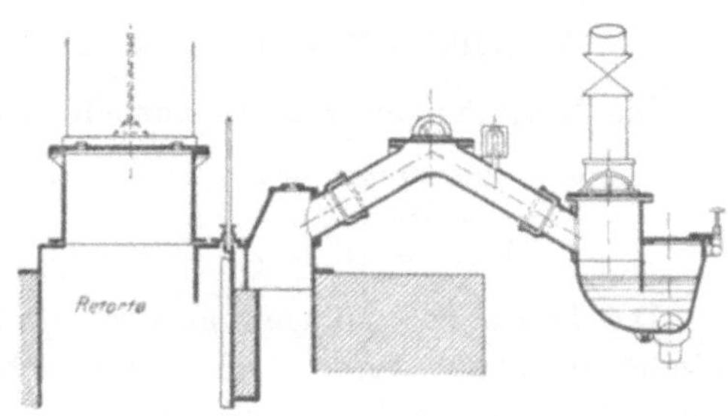

Fig. 52. Gasabzugsrohr mit Vorlage ohne Tauchung. Woodall-Duckham-Ofen.

In Burnley wurde die Verarbeitung von 2,6 t Kohle pro Retorte und die Erzeugung von 336 cbm pro t entgaster Kohle garantiert, und beim Abnahmeversuch 352 cbm erzeugt.

Die erste größere Anlage ist in Lausanne errichtet und besteht aus 12 Öfen mit je 4 Retorten, welche jede 2,5 t pro Tag verarbeiten. Die Ofenleistung betrug in Lausanne[1]:

	Gas aus 100 k Kohlen cbm	Ob. Heizwert 15° 760 mm w.	Unterfeuerung für 100 k Kohlen k
Englische Kohlen. Mittel von 5 Tagen . .	35,98	5475	15,1
Saarkohlen (Nuß). Mittel von 9 Tagen . .	36,70	5506	13,2

Ein anderer Versuch ergab[2]:

	Garantie	Leistung
Gasausbeute aus 100 k Kohlen	33,6	34,74
Heizwert, oberer	5073	5295 w
Unterfeuerung für 100 k Kohlen	16 bis 18	10,55 k
Ofenleistung in 24 Std.	3500	4248 cbm
Retortenleistung in 24 Std.	875	1062

Im Jahresdurchschnitt betrug:

Gasausbeute aus 100 k Kohlen . . . . 34,13 cbm
Heizwert . . . . 5298 w
Unterfeuerung für 100 k Kohlen . . . . 14,48 k

In 2jährigem Betrieb fand man in Mine Elms[3]:

Gas aus 100 kg Kohlen	Ob. Heizwert	Koksausb.	Unterfeuerung
35,00	5300	71,0	14,5

[1] Journ. f. Gasbel. 1912, 37.
[2] Journ. of Gaslight. 1912, 120, 373.
[3] Journ. f. Gasbel. 1910, 1055.

Auf den Kensal-Green-Werken der *Gaslight and Coke Company* leisteten die Woodall-Duckham-Öfen mit gewaschener Aldwarke-Main-Nußkohle:

Gasausbeute aus 100 k Kohlen	37,333 cbm
Oberer Heizwert	4803 w
Leuchtkraft	16,81 HK
Verkäuflicher Koks aus 100 k Kohle	56,9 Proz.

Die Körnung des Kokses verteilte sich wie folgt:

bis 40 mm	77,4 bis 79,3 Proz.
40 „ 20 „	12,4 „ 15,1 „
20 „ 0 „	7,5 „ 8,3 „

Die Lausanner Anlage hat noch große Fehler gezeigt und mußte vollständig umgebaut werden, schon die nächsten Anlagen in England bewiesen aber auf das deutlichste, daß diese Öfen trotz aller Schwierigkeiten ein betriebssicheres System darstellen.

Die neueren Öfen sind 14 m hoch und bedecken eine Grundfläche von 16 qm. Die Retorten sind ebenfalls 7,6 m lang und haben oben einen Querschnitt von 200 × 600 und unten von 500 × 1600 cm. Jede Retorte verarbeitet 5 t täglich und erzeugt 1800 cbm Gas. Mit dem Versuchsofen in Budapest wurde erhalten[1]:

Mittel von vier Versuchstagen

Kohle: Wasser	2,72 Proz.
Asche	7,17 „
Vergast je Retorte	4,271 t
Gas aus 100 k Kohle 0° 760 mm	31,80 cbm
„ „ 100 „ „ 15° 760 „	34,06
Oberer Heizwert 0° 760 mm	5320 WE.
„ „ 15° 760 „	4957
Unterfeuerung für 100 k	11,48 Proz.
„ „ 100 cbm	33,65

Der Koks enthielt:

Wasser	3,47 Proz.
Asche	10,52

Das Gas enthielt:

Kohlensäure	2,9
Schwere Kohlenwasserstoffe	2,8
Sauerstoff	0,5
Kohlenoxyd	8,6
Methan	30,17
Wasserstoff	49,76
Stickstoff, Rest	5,27
„ nach *Jäger*	4,9
Spez. Gewicht	0,484

Das Gas dieser Öfen enthielt bei Verarbeitung von Lambton-Gaskohle und einer Ausbeute von 36,05 cbm aus 100 k Kohle[2]:

---

[1] Zft. d. Ver. d. Gasfachm. in Öst. 1913, 299 ff.
[2] Journ. of Gaslight. 1912, **120**, 957.

Kohlensäure . . . . 1,6 Proz.
Sauerstoff 0,2
Kohlenwasserstoffe 3,0
Kohlenoxyd 9,6
Methan 26,0
Wasserstoff 55,8
Spez. Gewicht 0,397
Oberer Heizwert . . . . 4990 WE.

Das Gas enthält mehr Cyanwasserstoff als das Gas aus Dessauer Vertikalöfen, fast so viel als das Gas aus Horizontalöfen [1]. In dem heißen oberen Teil der Retorte findet also eine erhöhte Zersetzung von Ammoniak und schweren Kohlenwasserstoffen statt.

Obwohl die Öfen von *Glover* und *West* auf dem Festland weniger bekannt sind, haben sie in England und dem übrigen Ausland eine überraschend schnelle Verbreitung gefun

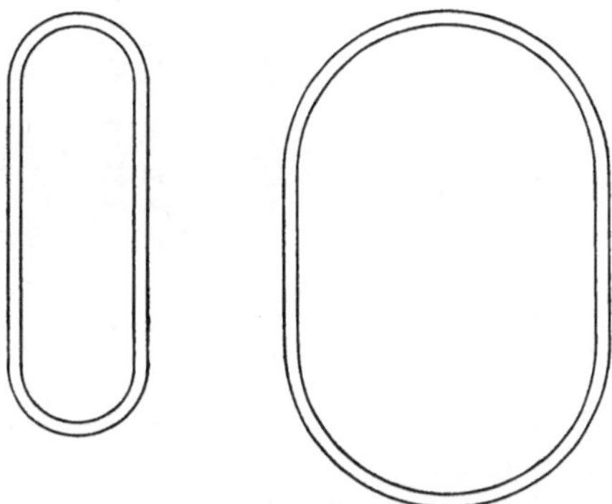

Fig. 53. Profil des Glover-West-Ofens.

den. Sie erstreben, wie erwähnt wurde, das gleiche Ziel der ununterbrochenen Entgasung, aber der Ofen unterscheidet sich in seinen Einzelheiten durchaus von dem Ofen von *Woodall-Duckham*. Jeder Ofen hat zwei Generatoren und acht Retorten in zwei Reihen und ist durch eine Querwand derartig geteilt, daß auch die Hälfte eines Ofens in Betrieb genommen werden kann. Die

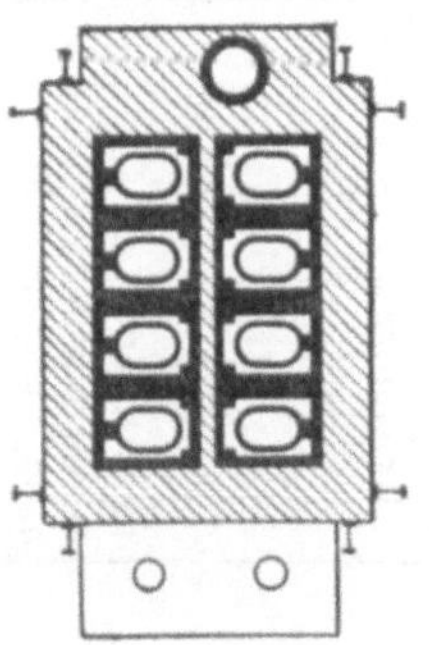
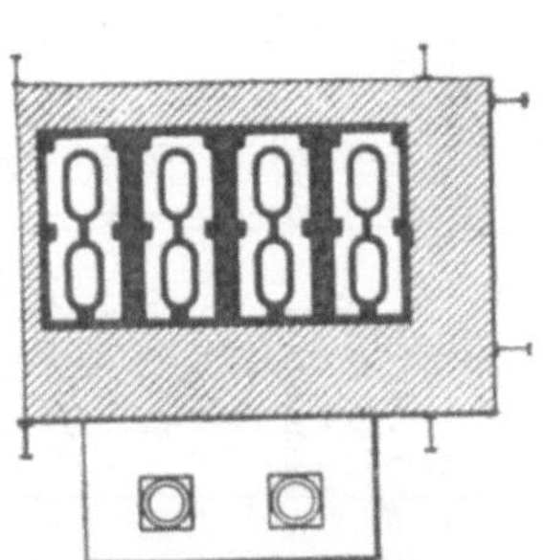

Fig. 54 u. 55. Querschnitte des Glover-West-Ofens.

Retorten sind 6,09 m lang und haben einen in den Ecken stark abgerundeten Querschnitt von oben 25,4 × 76 und unten von 55,9 × 91,5 cm.

Die Retorten sind ebenfalls aus Steinen mit Feder und Nute gemauert, aber das untere Ende derselben besteht zur besseren Abkühlung des Kokses aus einem 0,91 m langen gußeisernen Teil, an dem die Sekundärluft vorgewärmt wird. Die Anordnung der Retorten zu den Generatoren ist verschieden.

---

[1] Journ. of Gaslight. 1910, **111**, 191.

Probevergasungen mit Glover-West-Öfen.

			Kohlensorte	H_2O		Asche	cbm Gas per t	Caudles Power	Oberer Heizwert	$(NH_4)_2SO_4$	Unters. %	CO_2	C_mH_n	Oc	CO	CH_4	H_2	N	
Blundell	10.-13. III. 1909	8 Ret	Orrell Nüsse ¹	5,35	5,35		359,02	15,74	5342	15,5	12,02								
							352,07	16,73	5274										
			Garswood „	3,95		6,94	348,9				12,56 (12,06 trocken)	1,97	2,70	—	9,90	31,97	50,67	2,73	Mittel von 3 Versuchstagen
Colman	20.-24. II. 1909	„ „	Durham	1,08		3,24	399,35	15,56	5105			1,00	2,85	0,05	8,70	29,05	54,70	3,20	
			Wigan	1,24		3,64	347,8	17,82	5560			—	2,85	Spur	7,35	36,20	50,90	2,45	
			Yorkshire-Silkestone	1,64		5,95	379,0	16,19	5209			1,10	2,70	0,20	7,30	32,30	53,75	2,40	
			Wigan	1,39		3,58	370,2		5128			1,15	2,45	0,15	7,30	33,90	51,65	3,25	
							361,7	17,23	5220		9,49	2,10	—	3,2	9,10	31,49	51,18	2,93	
			Lancashire	1,62	33,56	3,68	397,4	15,43	4911		9,37	2,53	0,27	3,43	10,70	26,94	52,27	3,86	
							367,6	17,01	5151		10,72	0,90	—	3,60	6,20	30,40	57,11	1,79	
			Yorkshire	1,34	30,0	7,90	433,9	15,35	4879		12,71	1,00	0,30	3,10	6,70	28,44	56,06	4,40	
							353,0	17,12	5183		9,84	1,80	—	3,45	9,30	31,54	52,06	1,85	
			Derbyshire	1,5	31,0	8,70	435,4	15,38	4841		10,39	2,00	0,30	3,10	10,20	27,54	51,30	5,56	
Blundell	13. IV. 1909		gewaschene Orrell Nüsse gleiche Kohle wie 1				320,34				18,5								

¹ Billige Kohle, welche gewöhnlich nicht zur Gaserzeugung dient.

Die Generatoren stehen tief und haben ebenfalls einen kombinierten Schrägplanrost. Die Füllung derselben erfolgt alle 4 Stunden mit gegabeltem Koks, während das Schlacken alle 24 Stunden nötig wird. Die Beheizung der Retorten erfolgt wie beim Woodall-Duckham-Ofen in drei Zonen, deren mittlere die eigentliche Heizzone ist. Diese besteht aus sechs wagerecht übereinanderliegenden Heizkammern, welche jede für sich aus einem gemeinsamen Kohlenoxydkanal gespeist werden. Die Erstluft wird nicht vorgewärmt, während die Zweitluft den Wärmegehalt des ausgestandenen Kokses dadurch ausnutzt, daß sie sich an dem unteren eisernen Teil der Retorte vorwärmt. Die Rauchgase ziehen von den Verbrennungskammern um den oberen Teil der Retorte und gehen direkt zum Kamin. Obwohl dieser Ofen in feuerungstechnischer Beziehung zunächst noch recht einfach und verbesserungsfähig erscheint, ist die Unterfeuerung tatsächlich sehr gering und beträgt bei vielen Versuchen nur 9 bis 11 Proz. Das Fehlen des Rekuperators macht den Ofen billig und äußerst übersichtlich.

Die Kohlenzufuhr erfolgt ähnlich wie bei dem Woodall-Duckham-Ofen späteren Modells aus dem Bunker durch einen einfachen Schieber in einen eisernen Kohlenbehälter, aus dem die Kohlen nach Bedarf in die Retorte rutscht. Die Bewegung der Kokssäule und die Koksentfernung besorgt eine senkrecht stehende zweiteilige Schraube, welche sich sehr langsam dreht.

Es wurden zahlreiche Untersuchungen mit diesen Öfen ausgeführt, von denen hier einige angegeben seien (vgl. auch die Tabelle S. 100):

Teer aus Glover-West-Öfen (Garswood-Kohle):

	Vol.-Proz.	Gewichts-Proz.
bis 170°	3,8	3,0
170 „ 270°	29,6	27,0
270 „ 350°	24,7	23,8
über 350°		45,9
Naphthalin		4,5
freier Kohlenstoff		2,5

Kohle	Ammoniak Cbs. (NH)$_2$ SO$_4$ Cbs.	Cyan Cbs. Na$_4$Fe Cbs.	Cbs. per 10 000 cbf	Schwefel grains per 100 cbf	Naphthalin grains per 100 cbf
Garswood	33,4	5,5	4,8		
Durham	26,7	5,3	4,1	20,8	2,7
Wigan	26,0	4,6	3,9	—	4,3
Yorkshire-Silkestone	20,1	5,67	4,56	27	3,3
Wigan, Arley Mine	24,2	5,64	4,65	30,2	3,3
Lancashire A	30,7	—		31,05	2,77
„ B	30,2	2,27		32,46	—
Yorkshire A	19,1	—		33,78	1,98
„ B	25,3	2,95		38,1	—
Derbyshire A	31,8	—		23,41	2,35
„ B	33,72	2,84		27,58	—

Bei dem Versuch A wurde ein hochwertiges Gas mit mindestens 17 candle erstrebt, bei B eine große Gasausbeute mit 15 candle Power.

Die Vorteile der Öfen mit kontinuierlicher Vergasung liegen klar auf der Hand. Die Leistung der Retorte und die Qualität des Gases ist konstant. Das Abkühlen der Retorte bei der Beschickung fällt fort, wodurch die Lebensdauer der Öfen günstig beeinflußt wird. Rauch und Qualm in den Ofenhäusern verschwindet. Andere Vorteile, wie geringe Arbeitskosten und große Leistung für den Quadratmeter Ofengrundfläche und naphthalin- und schwefelarmes Reingas, teilen sie mit den anderen Vertikalöfen. Dagegen ist es klar, daß trotz gegenteiliger Behauptung die Qualität des Kokses erheblich leiden muß. Der Teer enthält viel Wasser, da sein spez. Gewicht 1,09 bis 1,10 beträgt, und etwa 65 Proz. Pech[1].

Die Kammeröfen.

In denselben Jahren, in denen die verschiedenen Vertikalöfen zuerst auftauchten, baute *Ries* in München auch seine ersten Kammeröfen. Auch hier sind frühere Versuche i. J. 1850 von *Pauwels* und *Dubochet*[2] gemacht worden, und wie die senkrechten Retorten von der Teerschwelerei, so wurde der Kammerofen von der Kokerei ausgebildet. 1892 versuchte *Klönne* den ersten Kammerofen zur Erzeugung von Leuchtgas in Schalke zu erbauen. In Amerika haben seit dem Jahre 1895 die von *Schniewindt* eingeführten Gaskokereien weite Verbreitung gefunden, in denen Kohle in *Hoffmann-Otto*-Öfen verkokt wird. Das Reichgas der ersten 14 Stunden wird als Leuchtgas verkauft, während das Armgas nach Gewinnung seines Benzols zur Beheizung der Regenerativkoksöfen dient. Bei steigendem Gaskonsum kann das Armgas mit Benzol carburiert werden, während man die Öfen mit Koksgas beheizt. Im Jahre 1902 nahm *Riepe*[3] ein deutsches Patent auf einen zweikammerigen Gaserzeugungsofen. *Ries* hatte schon 1896 Bau von Kammeröfen geplant, konnte aber den ersten Versuchsofen erst 1901 errichten. 1903 waren die Versuche beendet und der Ofen zur Einführung fertig.

Der Münchener Kammerofen ist ein Schrägkammerofen, dessen Generator unten hinter dem Ofen liegt und mit kaltem Koks beschickt werden muß. Unter dem Ofen befindet sich eine umfangreiche Anlage zur Vorwärmung der Unter- und Oberluft. Die Beheizung der Kammern erfolgt heute nur noch von der Seite, da die Deckenbeheizung zur Graphitbildung und Teerverdickung führte. Die Kammer selbst ist etwa 30° geneigt und ihre Wände sind aus Schamottesteinen gemauert. Ein Ofen hat meist drei Kammern, welche in folgenden Abmessungen ausgeführt werden:

cbm in 24 Stunden	Kammerladung	Kammertiefe	Kammerhöhe
3000	3200 k	4,6	8,9
4000	4200 „	5,2	9,9
5000	5300 „	5,9	11,0
6000	6350 „	6,4	11,9
7000	7400 „	—	—

---

[1] Journ. of Gaslight. **122**, 261.
[2] Journ. f. Gasbel. 1910, 722.
[3] Journ. f. Gasbel. 1902, 805.

Die Leistung dieser Öfen beträgt pro Quadratmeter Ofenhaus und Ofengrundfläche:

Ofen für 1 cbm in 24 Stunden	Ofengrundfläche cbm Gas	Ofenhausgrundfläche cbm
3000	130	50
4000	150	65
5000	170	80
6000	190	90
7000	210	100

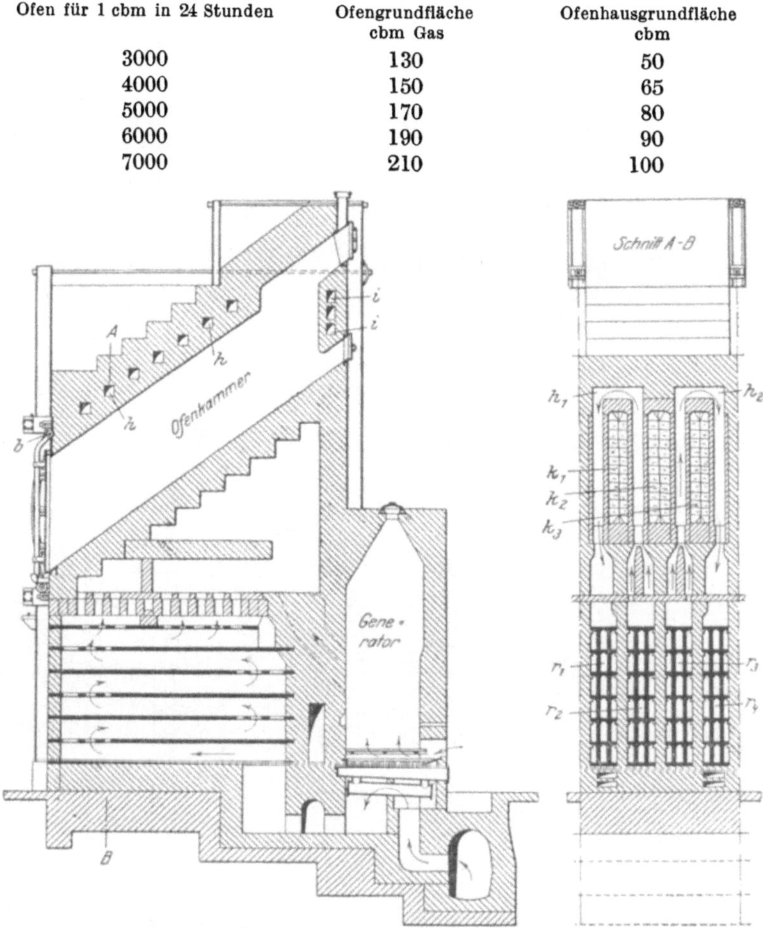

h, i = Heizkanäle. $k_1 - k_3$ = Ofenkammern. $r_1 - r_4$ = Rekuperatoren. b = Horizontale Türangel.

Fig. 56. Münchener Schrägkammerofen der Stettiner Chamottefabrik, Bauart *Ries* (ältere Bauart mit Deckenbeheizung).

Jede Kammer hat drei Öffnungen und zwei Steigrohre, die sich vor der Vorlage vereinigen[1]. Man arbeitet ohne Tauchung, da selbst geringer Druck in der Kammer bedeutende Verluste herbeiführt, und stellt die Tauchung nur beim Laden der Kammern her. Damit ist der größte Nachteil des Kammerofens berührt, den zu beseitigen bisher nicht vollständig gelungen ist. Die hohen Kammermauern von 40 bis 70 qm Wandfläche können wegen der Wärmeübertragung nur leicht aufgeführt werden und halten bei den hohen

---

[1] Journ. f. Gasbel. 1903, 640; 1904, 1018; 1907, 717; 1908, 585; 1909, 33; 1910, 861, 1043, 1064; 1911, 471, 901; 1912, 761; Zft. f. angew. Chem. 1910, 2453.

Temperaturen nicht dicht. Daher bringt Überdruck Gasverlust und Unterdruck das Einsaugen von Rauchgas mit sich. Ein anderer Nachteil ist der,

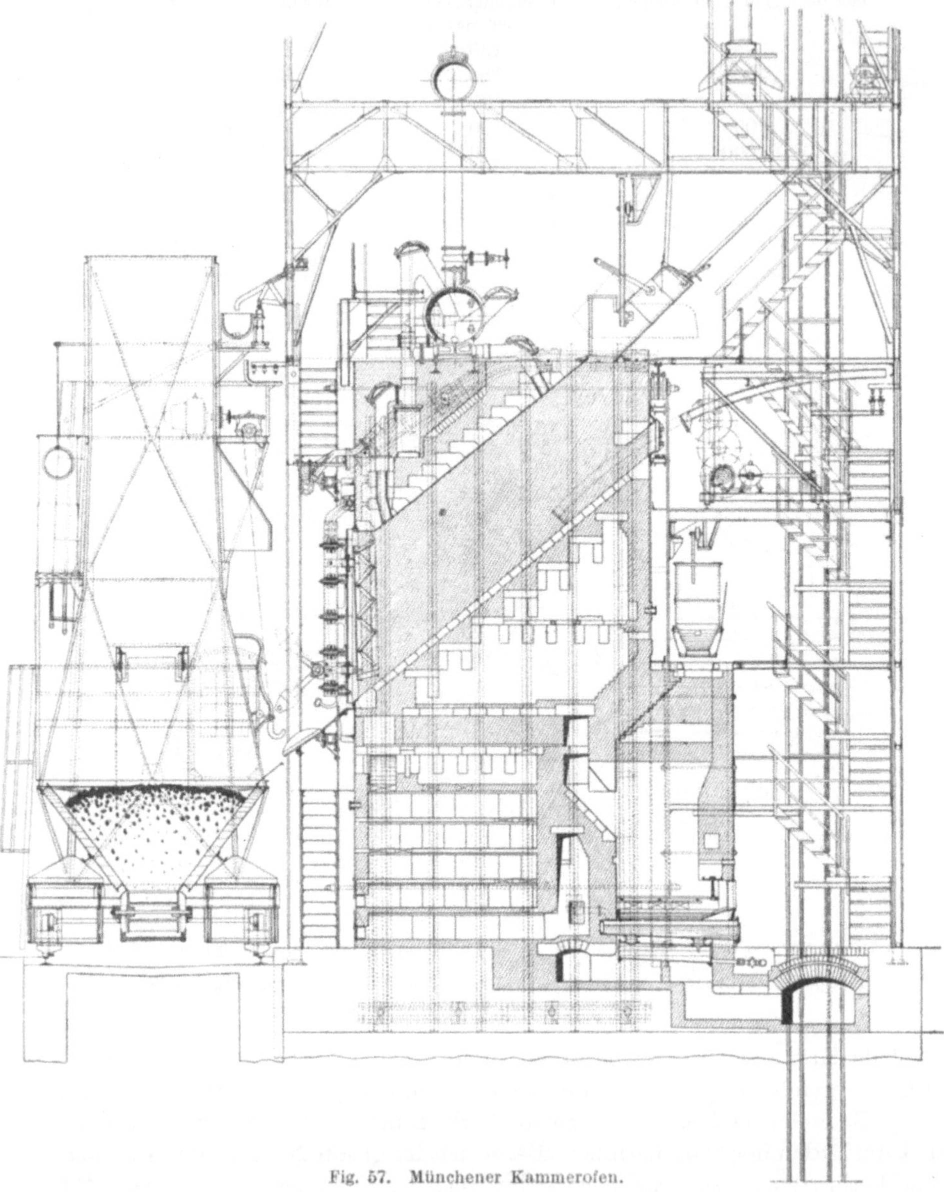

Fig. 57. Münchener Kammerofen.

daß die mittlere Kammer stärker beheizt wird als die äußeren, da die Heizgase ähnlich wie bei den Horizontalöfen zwischen den Kammern aufsteigen und außen abfallen. Durch Vergrößerung der Mittelkammer oder andere Führung der Heizgase konnte diesem Übelstand abgeholfen werden.

Paradeversuche mit Münchener Schrägkammern.

	München am Kirchstein 1907	München am Kirchstein 1908	desgl.	desgl.	desgl.	München, Dachauerstr. 1909	Hanau 1911	Hanau 1910
Ort								
Beobachter	Lehr- und Versuchsgasanstalt	Drehschmidt	desgl.	desgl.	desgl.	desgl.	Lehr- und Versuchsgasanstalt	desgl.
Literaturangabe	Journal 1907, 723	Journ. f. Gasbeleucht. 1908, 813	desgl.	desgl.	desgl.	Journ. 1910, 863	desgl.	Journal 1910,1065
Versuchsdauer	7 Tage, Mittel	4 Tage, Mittel aus 4 Vers.	3 Tage, Mittel aus 3 Vers.	2 Tage, Mittel aus 2 Vers.	1 Tag, 1 Vers.	4 Tage, Mittel	7 Tage, im Mittel	desgl.
Kohlensorte	Saarkohle Heinitz I.	schles. u. engl. Kohle ½ Königin Luise und ½ Ravensworth	schles. u. engl. Kohle ½ Königin Luise und ½ Silkestone	schles. u. engl. Kohle ½ Königin Luise und ½ Lambton	Saarkohle	Saar, Heinitz	Saarkohle Dudweiler Nuß 40/60	desgl.
Gasausbeute 0° 760 mm . .	29,91	31,42	31,85	31,32	32,84	31,96	33,09	37,31[2]
Aus 100 k Kohle 15° 760 mm	—	33,71	34,17	33,60	35,23	35,25	tr. 35,50	40,04
Heizwert, oberer 0° 760 mm	5887	5307	5256	5342	5511	5760	5650 186,700	5295 —
Leuchtkraft im Argand-brenner 1501 0° 760 . . .	11,88	—	—	—	—	11,15[1]	10,3	—
Spez. Gewicht	0,40	—	—	—	—	0,459	0,452	—
Koksausbeute trocken . . .	66,77	69,28	70,75	71,49	72,38	—	71,9	—
Ammoniak	—	0,280	0,265	0,286	0,228	—	—	—
Unterfeuerung trocken . . .	15,32	—	—	—	—	13,5	13,7 41,0	13,31

[1] Schnittbrenner.
[2] Auf trockene Kohle berechnet.

Die Kammern werden alle 24 Stunden neu beschickt. Die Füllung der Kammern erfolgt von oben aus Bunkern durch die am höchsten Punkt der Kammer angebrachte Fülltüre, die Entleerung durch Öffnen der großen Deckel am unteren Ende der Kammern. Dieser Kammerdeckel ist sehr schwer und muß durch eine Deckelhebemaschine gehoben werden, die meist am Kokslöschturm angebracht ist. Der Kokskuchen rutscht von selbst heraus und muß, falls er hängen bleibt, durch eine auf der mittleren Bühne angebrachte Koksausdrückmaschine, welche sich in die hintere Kammer-

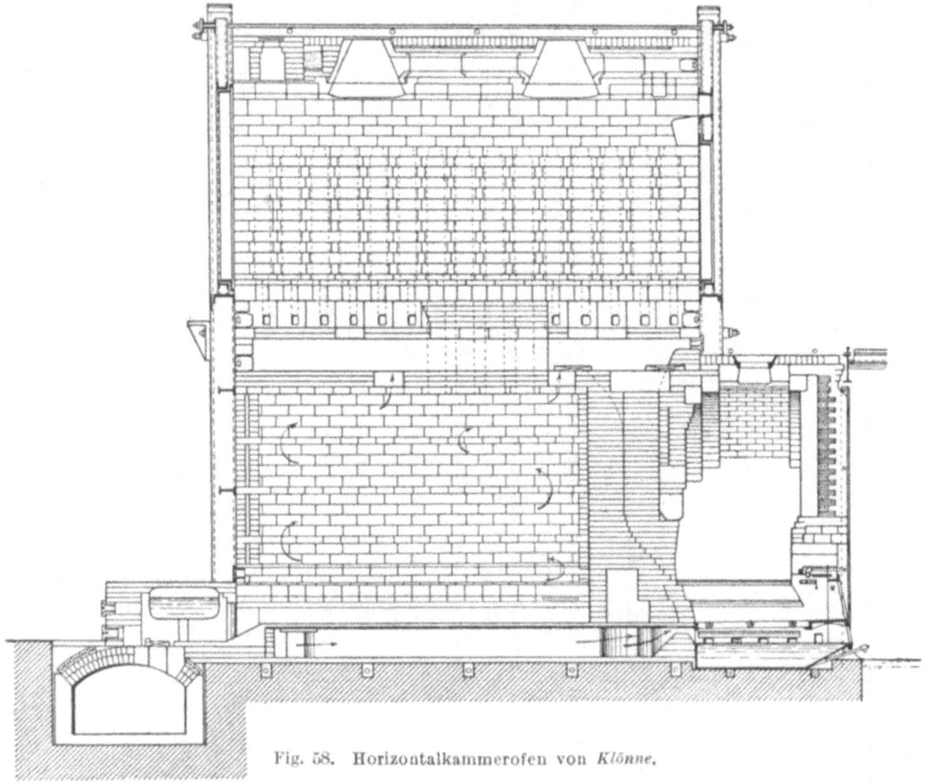

Fig. 58. Horizontalkammerofen von *Klönne.*

türe hineinschiebt, herausgedrückt werden. Die zur Bedienung eines Kammerofens nötige Apparatur ist also schon recht umfangreich und teuer. Die gebräuchlichen Löschvorrichtungen sind sehr umfangreiche Türme (siehe Fig. 61). Die Ergebnisse besonders sorgfältig durchgeführter Leistungsversuche sind in der Tabelle auf S. 105 zusammengestellt.

Die Münchener Kammeröfen stellen heute zweifellos ein betriebssicheres Ofensystem dar. Sie hatten jedoch zunächst noch viele Betriebsschwierigkeiten zu überwinden, so daß erst wenig einwandfreie Betriebsergebnisse vorliegen:

Leipzig 1910   32,10 cbm von 4900 WE. ob. Heizwert aus 100 k Kohlen 15,4 Proz. Unterf.
München   33,04   13,6
Leipzig 1911   32,70   13,8

Die Erzeugung in cbm in der Ofenarbeiterschicht betrug einschließlich aller Nebenarbeiten:

München . 6550 cbm
Hanau . . 6400
Rixdorf . . 4750
Leipzig . . 4400

Die Aufwendungen an Lohn werden von *Ries* zu 0,71 Mk. für 1000 cbm erzeugtes Gas angegeben.

Kammeröfen von *Klönne*.

Außer der Münchener Ofenbaugesellschaft baut die Firma *Klönne* in Dortmund Kammeröfen, und zwar drei verschiedene Arten, Horizontal-, Schräg- und Vertikalkammern[1]. Am häufigsten hat die Firma die Horizontalkammern ausgeführt.

Bei den Öfen mit wagerechten Kammern liegt der Generator vor dem Ofen und wird mit heißem Koks beschickt. Die Regeneration liegt unter der Kammer und kann daher sehr umfangreich ausgeführt werden. Die Kammern sind 4,5 bis 6 m lang, 2 bis 2,2 m

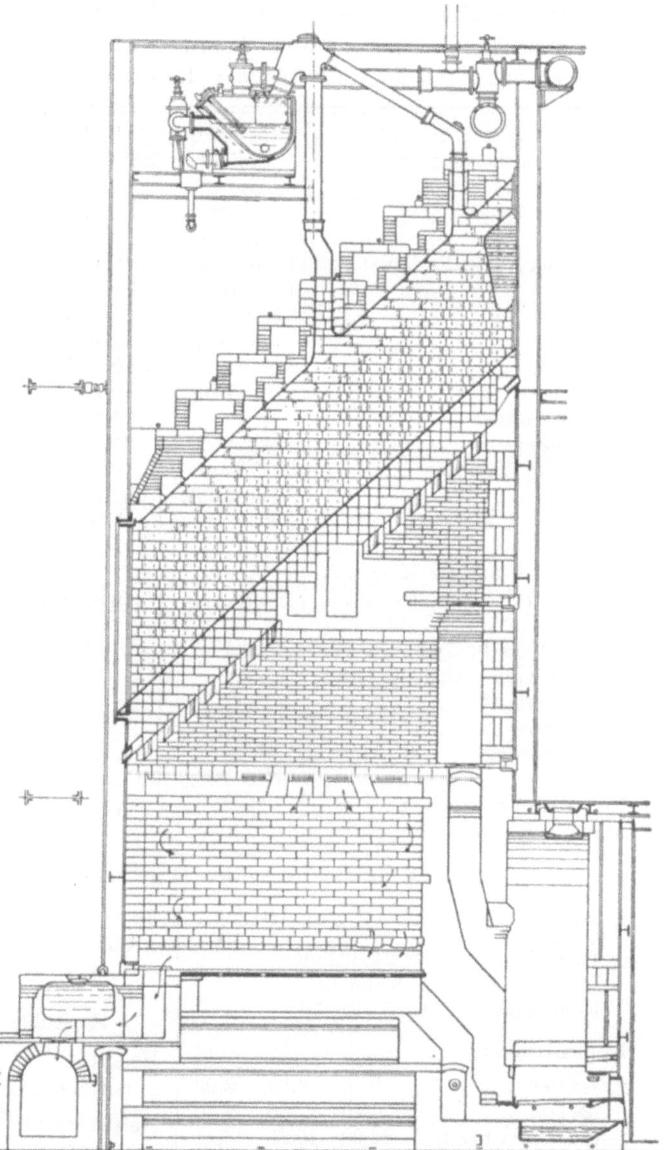

Fig. 59. Schrägkammerofen von *Klönne*.

hoch und im Mittel 0,40 bis 0,43 m breit und erzeugen bis zu 5500 cbm Gas in 24 Stunden. Sie haben oben zwei Füllöffnungen und ein Steigrohr in der Decke, die doppelt angelegt ist, damit die entwickelten Gase durch die kühlen

---

[1] Journ. f. Gasbel. 1909, 214; 1910, 722, 818, 1061; 1911, 105; 1912, 521; 1913, 115.

Kanäle zwischen den beiden Deckenwänden unzersetzt entweichen können. Die Ausdrückmaschine ist wie bei allen Horizontalkammerofenanlagen ein gewaltiger und komplizierter Apparat. Der Koks wird beim Entleeren durch diese Maschine aus der Kammer herausgedrückt. Verschiedene Versuche mit *Klönne*schen Öfen ergaben folgende Leistungen[1]:

Ort	Rotterdam	Padua	Königsberg[2]	Tillburg
Literaturnachweis und Untersucher	Siningh	Böhm.Unters. Dr.Ott,Zürich	—	Mierlo
	J. Gasbel. 1909, 214.	J. Gasbel. 1911, 104.	J. Gasbel. 1911, 714.	J. Gasbel. 1912, 524.
Größe der Versuchseinheit	1 Ofen mit 4 wagerechten Kammern	Öfen mit zus. 16 wagerechten Kammern	— — —	4 Öfen mit 4 Kammern
Ofenmaße	4,50 lang, 2,60 m hoch, 0,40 m breit	6,00 m lang, 2,20 m hoch 0,40 m breit	— — —	5,25 m lang, 2,25 m hoch, 0,42 m breit
Kammerladung	—	4000 k	—	—
Ausstehzeit	24 Std.	24 Std.	24 Std.	24 Std.
Dauer des Versuchs	3 Tage Ruhrkohle Zeche Hugo	8 Tage engl. Kohle Holmside	2 Tage engl. Kohle Lowlaithes	3 Tage Ruhrkohlen Consolidation und Ewald
Gas 0° 760 aus tr. K.	—	—	32,30	—
Gas 15° 760 aus f. K.	34,32 cbm	33,56 cbm	34,77 cbm	34,59 feucht 34,0 trocken
Heizwert ob. 0° 760	5541 w	5400 w	58,06 w	5242 18° 760 f.
Heizwertzahl. Gas bei 15°, Heizwert 0°	190 183	—	—	181 305
Spez. Gew.	—	—	—	0,436
Unterfeuerung	—	15,81 Proz.	—	13,35
„ trocken	17,0 Proz.	14,48 Proz.	—	—
Koksausbeute trocken	72,6 Proz.	70,75 Proz.	—	—
Ammoniak	0,334	—	—	—

Neue Versuche haben folgendes Ergebnis erzielt:

Leistungsversuch 3.—6. Juli 1913:

Versuchsdauer: 3 × 24 Stunden
Im Betrieb: 20 Kammern
Kohlensorte: Hugo, Ewald

Kohlenanalyse:

	1. Tag	2. Tag	3. Tag
Wasser	2,75	2,26	2,09
Asche	8,46	12,05	7,40
Flüchtiger Bestand	26,90	25,56	25,41

Rohkohle vergast . . . . . . 245 900 kg
Reinkohle „ . . . . . . 217 174 „

Produktion:

Gas 15° C 760 Hg. . . . . 81 939 cbm

Ausbeute:

Gas 15° C 760 mm Hg. aus tr. Kohle p. t. . . . . . . 341 cbm
Gas 15°. C 760 mm Hg. aus R. Kohle p. t. . . . . . . 377 „

Heizwert:

mittel ob. 15° C 760 mm Hg. 5460 Cal.

Heizwertzahl:

ob. Heizwert mal Gas aus 1 kg tr. Kohle 1862
ob. Heizwert mal Gas aus 1 kg R. Kohle 2060

Unterfeuerung: Reinkoks . . 13 Prozent

---

[1] Journ. f. Gasbel. 1909, 214; 1910, 722, 828, 949, 1061; 1911, 105; 1912, 521.
[2] Schrägkammern.

Betriebsergebnisse liegen nur aus Frankenthal vor, dort wurden mit Saarkohle 34,79 cbm Gas aus 100 k Kohlen mit 14,8 k Unterfeuerung erzeugt[1].

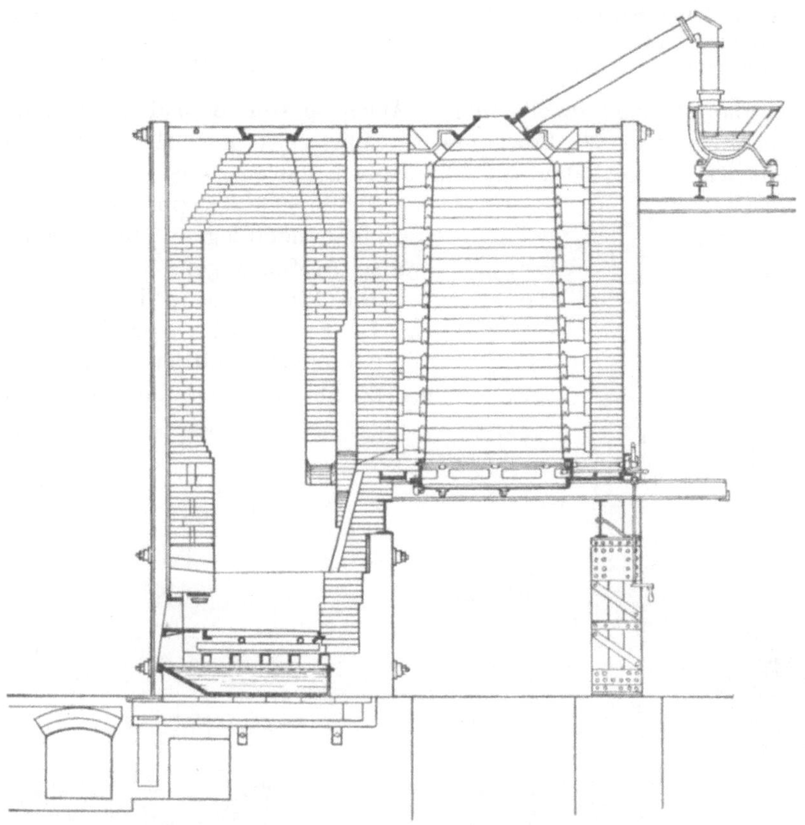

Fig. 60. Vertikalkammerofen von *Klönne*.

In Königsberg hat *Klönne* eine Anlage von 24 Kammern für 50 000 cbm täglicher Gaserzeugung erbaut, und man beabsichtigt diese Anlage noch erheblich zu erweitern. Außerdem hat die Firma in Dortmund Versuchsöfen mit vertikalen Kammern gebaut. Über die Ergebnisse ist nichts bekannt.

Die Koppers-Öfen.

Die dritte der großen Firmen, die Kammeröfen ausgeführt haben, ist die Firma *Koppers*, welcher die reichen Erfahrungen auf dem Gebiet des Koksofenbaues zur Seite stehen. *Koppers* baute zunächst Schrägkammeröfen in Bochum und Wien mit vorgebautem Einzelgenerator. Bei allen Koppers-Öfen werden die Kammern durch senkrechte Heizzüge nur zu etwa $^2/_3$ der Kammerhöhe beheizt, während der oberste Teil der Kammer

---

[1] Journ. f. Gasbel. 1910, 1061.

und die Sohle kalt bleiben. Die Koppers-Schrägkammeröfen erzeugten in Wien bei 6 tägigen Paradeuntersuchungen:

     Gas aus 100 k Kohlen 15° 760 mm . . . . 33,65 bis 33,76 Heizwert cbm
     Heizwert . . . . 5100 w
     Unterfeuerungsverbrauch für 100 k Kohlen . . . . 14,2 Proz.

Im Dauerbetrieb erzielte man in Wien 30,0 bis 30,5 cbm Gas bei einer Unterfeuerung von 20 Proz. und in Innsbruck mit Horizontalkammern 30,80 cbm Gas von 5450 w mit 16,5 Proz. Unterfeuerung.

Später baute *Koppers* nur noch Horizontalkammeranlagen in mehrfachen großen Ausführungen.

Die Kammern in Innsbruck haben eine Länge von 4,11, eine Kohlenfüllhöhe von 2,5 und eine mittlere lichte Weite von 0,45 m. Die Kammerladung beträgt 3800 k.

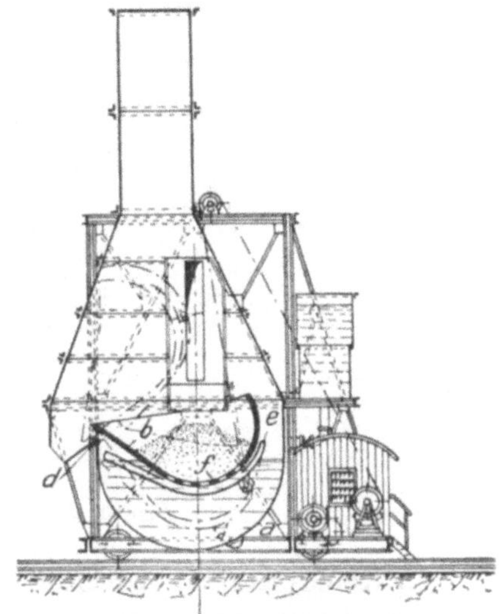

Fig. 60 a. *Koppers*-Horizontalkammerofen.
Schnitt.

Fig. 62. Fahrbarer Löschturm für Kokereien.

Die Horizontalkammern in Wien und neuerdings in Budapest wurden zum ersten Male auf dem Festland ohne eigenen Generator gebaut. Das Heizgas wird, wie vorher erwähnt, in großen Zentralgeneratoren erzeugt, gekühlt und gereinigt und in der ausgedehnten Regeneration wieder vorgewärmt. Die Ladung beträgt 8000 bis 11000 k, diese Öfen erreichen also schon die Größe der Koksöfen.

Die Bedienungsmaschinerie wird allerdings riesig. Über die Zentralgeneratoranlage wurde schon gesprochen. Die Ausdrückmaschinen (s. auch Fig. 61, Taf. I) übertreffen die Länge der Kammern, und die Kokstürme, die auf einmal eine ganze Ladung bewältigen müssen, werden unförmig groß. Dementsprechend wachsen natürlich auch die Anlagen und der Verschleiß.

Additional material from *Chemische Technologie des Leuchtgases,* ISBN 978-3-662-34387-6, is available at http://extras.springer.com

Betriebsresultate mit Horizontalkammeröfen, System *Koppers*.

Nr.	Bezeichnung der Versuche	I Wien-Simmering 18 Kammern Sept. 1911	II Wien-Leopoldsau 36 Kammern Mai 1912	III Birmingham 12 Kammern Nov. 1912	IV Innsbruck 18 Kammern Jahresber. 1912.
1	Dauer der Versuche Std.	144	144	168	
2	Gasungsdauer einer Charge Std.	24	24	24	24
3	Kohlensorten[1]	Ostrau-Karwin	Ostrau-Karwin	Clay Cross & Rothervale	Heinitz
4	Gasausbeute pro t tr. Rohkohle bei 15° 760 mm B.	336	331	369,5	345
5	Ausbeute pro t Reinkohle bei 15° 760 mm	373,7	368	385,9	367,5
6	Heizwert des Gases bei 0° 760 mm B.	5845	5500	5250	5905
7	Unterfeuerung Proz. tr. Koks m. ca. 11,5 Proz. Asche	11,02	10,99	—[2]	12,88
8	Stickstoffgehalt des Gases (Leuchtgas)	3,48	4,08	6,5	4,0

Das mit den Koksöfen erzeugte Steinkohlengas enthält:

Kohlensäure	2,1 Proz.	Wasserstoff	50,0 Proz.
Kohlenwasserstoffe	2,9	Methan	30,0
Sauerstoff	0,7	Stickstoff	6,5
Kohlenoxyd	7,8	Heizwert, unterer	4450 w

Der Teer ist dünner und der Koks ist besser als bei Öfen mit schrägen Retorten.

	Schrägretorten	Koppers-Kammern
Koks	74,6 Proz.	87,7 Proz.
Abfall	16,1	9,4
Staub	9,3	2,9

Der Kammerofen von *Knoch* ist in Halberstadt und Böhlitz-Ehrenberg[3], der Vertikalkammerofen von *Horn* in Hecklingen bei Staßfurt[4] und der von *Kämpfe* in Weimar[5] ausgeführt. Bei dem letzteren betrugen im Mittel eines halben Jahres:

Gasausbeute	32,2 cbm aus 100 kg Kohlen
Ammoniak	0,28
Teer	3,68
Unterfeuerung	22 Proz. der trocknen und 17,5 Proz. der nassen Kohle

---

[1] Aschengehalt der Ostrau-Karwiner Kohle 10 Proz., englische Kohle 3,9 Proz., Heinitz-Kohle 6,0 Proz.

[2] In Birmingham wurde als Unterfeuerungsmaterial ein Gemisch von billiger Kohle und Koksstaub verwendet; verbraucht wurden davon 15,73 Proz.

[3] Journ. f. Gasbel. 1913, 984.

[4] Journ. f. Gasbel. 1908, 429.

[5] Journ. f. Gasbel. 1911, 973.

Erwähnt sei da noch der Schrägkammerofen von *Goebel*, welcher über das Versuchsstadium nicht hinausgekommen ist.

Der Vorteil der Kammeröfen besteht darin, daß die Nachtarbeit fortfällt und nur noch in zwei Schichten gearbeitet wird, und daß die Qualität des Kokses bedeutend verbessert wird. Das Bestreben, zunächst möglichst gute Ergebnisse mit neuen Öfen zu erzielen, hat bisher dazu geführt, daß der für die Zukunft vielleicht bedeutungsvollste Vorteil bisher kaum hervorgehoben ist. Der Kammerofen gestattet die Verkokung von Kohlensorten, die sonst in Gasanstalten zurzeit nicht verwendet werden. Die jungen Kohlen mit sehr hohen Gasausbeuten oder Mischungen von Flamm- und Fettkohlen und gewaschene Feinkohlen ergeben größere Gasausbeuten und einen Koks, der zum mindesten nicht schlechter ist als der Gaskoks aus Retorten. Die Ersparnis an Ausgaben für Kohle würde dabei bis zu 25 Proz. der Preise betragen, die heute für die fast ausschließlich verwendeten Gaskohlen bezahlt werden. Der Nachteil der Kammeröfen liegt in der schon erwähnten Undichtigkeit der Kammerwände, die sich bis heute noch nicht vermeiden ließ, in der Ungleichheit der Gasqualität, die durch die lange Ausstehzeit der großen Vergasungseinheiten bedingt wird, in der geringen Leistung im Verhältnis zur Ofengrundfläche und ganz besonders in der ganz umfangreichen Apparatur und in den dadurch bedingten hohen Anlagekosten.

Kohlen- und Kokstransport.

Der Bedarf an Kohlen ist bei den großen Gaswerken infolge des Anwachsens der Gaserzeugung in den letzten Jahrzehnten derartig gestiegen, daß es unmöglich ist, die Kohlen ohne umfangreiche maschinelle Anlagen den Öfen zuzuführen. Über die Maschinen und Einrichtungen zur Beschickung der Entgasungsräume ist in dem Abschnitt über die Öfen schon gesprochen worden. Hier handelt es sich um die Anlagen, die nötig sind, um die Kohle, welche mit Schiff oder Bahn ankommt, zu entladen und nach dem Lager oder der Verbrauchsstelle zu bringen. Diese Anlagen kommen bloß für große Gaswerke in Frage. Ein Gaswerk von 1 Million cbm jährlicher Gaserzeugung z. B. braucht etwa 31000 bis 32000 t Kohlen, d. h. es sind im Durchschnitt 7 bis 9 Waggons Kohle täglich abzuladen. Da ein Arbeiter am Tag etwa 30 t Kohlen abladen kann, betragen die Kosten hierfür nur etwa 4500 Mk. im Jahr. Daraus ergibt sich sofort, daß die maschinelle Entladung erst bei sehr viel größeren Werken wirtschaftlich wird[1].

Unentbehrlich werden daher die Kohlenfördereinrichtungen bei allen modernen Öfen, deren Vorzug zum größten Teil in der mechanischen Beschickung liegt. Hier müssen die Kohlen gebrochen und in die Bunker gehoben werden, während die Koksmassen so bedeutend sind, daß sie sich von Hand nicht mehr bewältigen lassen.

---

[1] Vgl. *Michenfelder*, Materialbewegung in chemisch-technischen Betrieben. Verlag von Otto Spamer, Leipzig.

Die Kohle wird entweder auf dem Wasserwege oder mit der Bahn an geliefert. Schiffsfracht ist billiger und bringt den Gaswerken, welche am Wasser liegen, stets erhebliche Vorteile. Die Kohlentransportanlagen werden zur Entladung aus Schiffen naturgemäß meist umfangreicher als bei der Zufahrt durch die Eisenbahn. Die Kohle wird aus dem Schiffsrumpf zunächst gehoben, was ausschließlich mit Greifern verschiedener Form geschieht. Die Greifer bestehen aus einem kräftigen Gerüst aus zwei Blechschalen, welche an einem Bügel befestigt sind. Dieser Bügel kann durch Anziehen des Zugseiles gehoben oder durch Nachlassen gesenkt werden und bewirkt dadurch das Öffnen und Schließen der Schalen. Diese Schalen erhalten verschiedene Formen je nach dem Gut, welches gehoben werden soll. Für Koks, welcher wegen seiner scharfen und harten Kanten den Greifer sehr stark verschleißt, werden statt der Schalen Eisenstäbe verwendet.

Die Greifer hängen an Drehkranen oder Verladebrücken und werfen die Kohle in Füllrümpfe. Die Größe und Bauart der Transporteinrichtung wird natürlich stets den örtlichen Verhältnissen angepaßt.

Die Eisenbahnwagen werden auf größeren Werken ausgekippt. Die hierzu benutzten Waggonkipper werden je nach den örtlichen Verhältnissen sehr verschieden ausgeführt. Der Füllrumpf und der Brecher befinden sich dabei unter Flur. (Vgl. hierzu besonders auch das schon obengenannte Werk: *Michenfelder*, Materialbewegung.)

Neuerdings werden fahrbare Kipper gebaut, deren Vorteil darin liegt, daß der Kipper an den verschiedenen Verbrauchsstellen oder Lager in Tätigkeit treten kann. Dadurch fällt unter Umständen ein erheblicher Teil der wagerechten Transportmittel fort.

Aus den Füllrümpfen kann die Kohle dann, ohne durch einen Brecher zu gehen, mit Schmalspur- oder Hängewagen der Verbrauchsstelle zugeführt werden; besonders die einschienigen elektrisch angetriebenen mit selbsttätiger Ausschaltung und Entladung sind sehr verbreitet. Gebrochene Kohle kann durch Conveyor-Becherwerke gehoben und in der Horizontalen weitergeführt werden.

Für geringe Steigerung und Horizontaltransport auf kürzere Entfernung kommen Bänder, Rinnen und eventuell Schnecken in Frage. Die Wahl des Transportmittels wird auch durch das Material stark beeinflußt. So sind für die Koksförderung ausschließlich Kratzerrinnen verschiedener Bauart im Betrieb. Die verbreitetsten sind die Brouwer- und die Merz-Rinne.

In diesen und ähnlichen Koksrinnen wird der glühende, von den Öfen kommende Koks zugleich abgelöscht und fortgeschafft. Bei allen Kokstransporten muß auf das sorgfältigste bedacht werden, daß das spröde Material durch jede unnötige Bewegung an Qualität leidet. Vor allem ist jedes Stürzen von Koks möglichst ganz zu vermeiden. Koks soll nur gleiten und auf Koks fallen.

Kohlenlager.

Seit Jahren herrschen Meinungsverschiedenheiten in Fachkreisen darüber, ob die Kohlenlager, die die Gaswerke im Interesse der öffentlichen Sicherheit unterhalten müssen, im Freien angelegt werden können, oder ob es wirtschaftlich ist, mit sehr erheblichen Kosten Kohlenspeicher zu bauen. Über Lagerverluste von Kohlen und ihre Ursachen ist schon in dem Abschnitt über Kohlen berichtet worden. Es kann gar keinem Zweifel unterliegen, daß Kohlenschuppen große Vorteile für den Betrieb mit sich bringen. Die den Öfen vom Lager zugeführte Kohle hat einen gleichmäßig niedrigen Feuchtigkeitsgehalt von 1,0 bis 1,5 Proz, und daher werden die empfindlichen Schwankungen im Gang der Öfen, welche sich beim Verarbeiten nasser Freilagerkohle zeigen, vermieden. Trockene Kohle rutscht ferner besser aus den Bunkern und fliegt leichter aus der Ladeschleuder in die Retorte. Dagegen steht wohl jetzt fest, daß zwar die Freilagerkohle erheblich mehr Wasser enthält, daß aber die Gasausbeute und die Beschaffenheit des Kokses bei Freilagerkohle nicht schlechter ist als bei alter Schuppenkohle. Die großen Aufwendungen, welche für Kohlenschuppen gemacht werden müssen, machen sich wohl unter keinen Umständen bezahlt. Für ein großes Gaswerk von etwa 50 Millionen cbm jährlicher Gaserzeugung dürfte ein Schuppenlager unter 1 Million Anlagekapital kaum gebaut werden können. Rechnet man bloß mit 7 Proz. für Verzinsung, Tilgung und Erhaltung, so müßten sich die Vorteile eines Kohlenschuppens auf 70 000 Mk. jährlich belaufen. Da das nicht der Fall ist, so müssen Kohlenschuppen als unwirtschaftlich bezeichnet werden. Der größte bestehende Kohlenschuppen befindet sich auf dem Gaswerk Tegel bei Berlin, derselbe faßt bei 600 m Länge und 50 m Breite und bei 8 m Schütthöhe 170 000 t. Ein zweiter Schuppen von 80 m Breite soll für 3,5 Millionen Mk. gebaut werden. Gaswerke, welche in erhöhtem Maße auf die Erzielung eines hohen Gewinnes bedacht sein müssen, weil ihre Kapitalien aus den Händen Privater stammen, besitzen niemals Kohlenschuppen.

Die Kohlenschuppen werden so gebaut, daß die Kohlen entweder mit hochliegenden Gleisanlagen direkt per Bahn oder mit Hängebahnen hineingefahren und abgestürzt werden können. Die Kohle wird dann entweder mit Greifer vom Lager genommen oder unten in Wagen abgezogen. Im Freien wird die Kohle immer mit Verladebrücke und Greifer abgestürzt und aufgenommen.

Zur Vermeidung von Selbstentzündung darf die Kohle je nach ihrer Neigung hierzu nicht zu hoch gelagert werden. Im allgemeinen wird man es vermeiden, über 10 bis 12 m zu gehen. Das einzige wirksame Mittel zur Bekämpfung von Kohlenbränden ist eine unausgesetzt sorgfältige Beobachtung der Temperatur. Hierzu werden eiserne, unten geschlossene spitze Rohre in die Kohle hineingetrieben und mindestens alle 8 Tage die Temperatur mit einem Thermometer, welches nach Art der Maximalthermometer die höchste erreichte Temperatur anzeigt, gemessen. Dies einfache Verfahren reicht vollständig aus. Eleganter, aber sehr viel teurer, ist die Kontrolle mit eingelassenen Thermoelementen, welche alle durch eine Schalttafel mit einem Elektrometer verbunden werden können. Bei einer derartigen Anordnung kann man jederzeit ohne Mühe die Temperaturen im Kohlenlager aufnehmen. Zeigt sich eine Erwärmung auf etwa 50 bis 60°, so muß die Kohle an der betreffenden Stelle mit dem Greifer auseinandergeworfen werden. Bei hinreichender Aufmerksamkeit lassen sich auf diese Weise Brände bekämpfen, ehe sie empfindlichen Umfang erreichen. Die Lagerung unter Wasser kommt für Gaswerke nicht in Frage. Die Größe des Kohlenvorrats hält man im allgemeinen so, daß man im Falle eines Bergarbeiterstreiks selbst in den Wintermonaten 6 bis 8 Wochen ohne Kohlenzufuhr auskommen kann. Selbst die große Bedeutung der Gaswerke für die öffentliche Sicherheit läßt derartig große Vorräte nicht als berechtigt erscheinen. Nur ein allgemeiner Bergarbeiterausstand könnte die Kohlenzufuhr ganz verhindern, und ein allgemeiner Streik wird niemals 6 bis 8 Wochen dauern.

Das Wassergas.

Wassergas entsteht, wenn Wasserdampf durch glühende Kohlen streicht; es besteht zur Hälfte aus Wasserstoff und zur anderen Hälfte aus Kohlenoxyd. Sein Heizwert ist etwa halb so groß als der eines guten Steinkohlengases, und es brennt mit blauer lichtloser Flamme. Durch Mineralöle, Braunkohlenteeröle oder Benzol kann es an Heizwert und Leuchtkraft angereichert werden.

Das Wassergas ist schon länger bekannt als das Steinkohlengas; schon i. J. 1780 entdeckte *Felice Fontana*, daß bei der Einwirkung von Wasserdampf auf glühende Kohlen ein brennbares Gas entsteht. In den Jahren 1809 bis 1816 stellte der Pfarrer *Bernardus König*[1] in Amsterdam in der Absicht, die Verunreinigungen der Apparate und Reinigungsanlagen einer Steinkohlengasfabrik zu verringern, ein Mischgas aus Kohlen und Wassergas her, indem er Wasserdampf in die Retorte leitete. Nach vielen Mißerfolgen glückte es dann *Lowe* und *Strong* i. J. 1871, in Phönixville die erste betriebsfähige Wassergasfabrik zu errichten. Da in Amerika nur wenig brauchbare Gaskohlen, aber viel Anthrazit vorkommt, so gewann das Wassergas hier rasche Verbreitung, nachdem es möglich wurde, das Wassergas mit den massenhaft zur Verfügung stehenden Rückständen der Öldestillation aufzubessern. In Deutschland wurde das Wassergas von dem Blechwalzwerk *Schulz-Knaudt*, früher Essen, eingeführt[2]. Es hat die großen Erwartungen, die man in Fachkreisen darauf setzte, zunächst nicht erfüllt. Als Kraftgas kommt Wassergas so gut wie gar nicht in Frage. Erst in der letzten Zeit bringt die autogene Metallbearbeitung eine steigende Verbreitung des Wassergases mit sich. Dagegen hat die Herstellung von Wassergas in Gaswerken raschen Eingang gefunden. Heute gibt es in Deutschland

---

[1] Wasser u. Gas 1912, 1.

[2] *Fischer:* Kraftgas. Geheftet M. 12.—, gebunden Mk. 13.50. (Leipzig 1911, Otto Spamer.)

wohl kein größeres Gaswerk mehr ohne Einrichtung zur Herstellung von Wassergas. Der große Wert der Wassergasanlagen besteht darin, daß das Gaswerk seinen Koks zum Teil selbst weiter verarbeitet und daraus verkäufliche Energie in Gasform gewinnt. Dadurch können die Gaswerke innerhalb bescheidener Grenzen ihre Koksproduktion ändern und so den Markt etwas beeinflussen. Ferner können die Gaswerke den Heizwert des Heizgases durch verschieden großen Wassergaszusatz auf einer konstanten Höhe halten. Hierbei handelte es sich natürlich immer nur um eine mehr oder weniger große Verringerung des Heizwertes, der aber dafür konstant bleibt. Ein weiterer Vorteil liegt in der raschen Betriebsbereitschaft der Wassergasfabrik. Da ein geheizter Dampfkessel meist vorhanden ist, ist eine Wassergasfabrik in wenig Stunden betriebsbereit. Der Wert dieser raschen Betriebsbereitschaft ist vielfach überschätzt worden. Soll eine Wassergasanlage als voller Ersatz einer etwa ausfallenden Betriebseinheit betrachtet werden, so sind die Anlage und ihre Kosten sehr erheblich. Ferner müssen große Mengen an Gasöl gelagert werden, was bei den ständig steigenden Preisen desselben mit großen Unkosten verknüpft ist. Die gewaltigen Fortschritte im Ofenbau lassen heute den Wert einer Wassergasfabrik sogar recht gering erscheinen, und auf Gaswerken mit Vertikalöfen ist der Betrieb von Wassergasanlagen zurzeit nicht mehr wirtschaftlich. Eine Änderung könnte hier nur noch bei erheblich höheren Kohlen- und niedrigen Ölpreisen erwartet werden. Auf Gaswerken mit hohen Kohlen- und niedrigen Ölfrachten ist der Unterschied in der Wirtschaftlichkeit natürlich weniger groß. Mit den großen Ofeneinheiten läßt sich Steinkohlengas mit 5000 WE. billiger herstellen als Wassergas von etwa 2500 bis 2800 WE. in einer Wassergasfabrik. Die Leistung eines Arbeiters während einer Schicht in cbm erzeugten Gases ausgedrückt, ist auch nicht mehr viel geringer als in einer Wassergasfabrik, so daß auch der Wert derselben im Falle eines Streikes gering wird. So bleibt also als einziger Vorteil einer Wassergasfabrik heute der Einfluß auf den Koksmarkt und die rasche Betriebsbereitschaft.

Wassergas entsteht durch Zersetzung von Wasserdampf durch glühende Kohle nach der Gleichung

$$H_2O + C = CO + H_2.$$

Es wird vielfach angenommen, daß ähnlich wie bei der Entstehung von Generatorgas zunächst Kohlensäure entsteht, welche dann mit Kohlenstoff Kohlenoxyd bildet. Danach wäre:

$$1.\ 2\,H_2O + C = CO_2 + 2\,H_2;$$
$$2.\ \ CO_2 + C = 2\,CO.$$

Tatsächlich gehen beide Reaktionen immer nebeneinander her, denn es entsteht immer neben Kohlenoxyd eine beträchtliche Menge Kohlensäure. Bei niedriger Temperatur, zu großem Dampfzusatz oder zu kleiner Berührungsdauer kann sogar die Reaktion nach Gleichung 1 vollständig überwiegen. Im idealen Grenzfall besteht das Wassergas aus 50 Proz Kohlenoxyd und

aus 50 Proz. Wasserstoff. Das spez. Gewicht dieses Gemisches beträgt bei
0° 760 mm 0,5181, der Heizwert 2824 w. Reines Wassergas ist geruchlos
und sehr giftig.

Zur Erzeugung von 2 cbm Wassergas ist 1 cbm Wasserdampf von der
gleichen Temperatur entsprechend 0,60577 k und 0,4038 k Kohlenstoff nötig.
Zur Erzeugung von Wassergas sind erhebliche Wärmemengen erforderlich.
Der Wärmeaufwand bei Zersetzung von 1 cbm Wasserstoff beträgt 2297 w.
Bei Verbrennung von 0,4038 k Kohlenstoff zu 1 cbm Kohlenoxyd von 100°
werden 975,9 w frei, so daß 2 cbm Wassergas von 100° 2297 bis 975,9 w
oder 1 cbm 660,5 w braucht. Die benötigte Wärme wird bei der Erzeugung
von Wassergas in der Retorte durch Außenbeheizung zugeführt, bei der
Herstellung von Blauwassergas in besonderen Apparaten wird der Koks
abwechselnd durch Luft heißgeblasen und Wasserdampf in den glühenden
Koks geleitet. Man wechselt also ab mit Perioden des Heißblasens und des
Gasmachens. Bei den verschiedenen Systemen erfolgt das Heißblasen entweder in Generatoren mit hoher Koksschüttung, wobei Generatorgas entsteht, oder in Generatoren mit niedriger Koksschüttung, in denen der Kohlenstoff überwiegend zu Kohlensäure verbrennen kann. Beide Vorgänge lassen
sich in keinem Fall streng voneinander trennen, sondern laufen immer nebeneinander her. Der Nutzeffekt wird größer, wenn der Kohlenoxydgehalt in
den Abgasen sinkt. Wenn die Rauchgase aus reinem Kohlenoxyd beständen,
so berechnete sich bei einer Temperatur der Abgase von 700° die zur Heizung
des Kokses verfügbare Wärmemenge auf 688 w, während bei der Entstehung
von ausschließlich Kohlensäure sich die verfügbaren Wärmemengen unter
sonst gleichen Bedingungen 2766 w beträgt.

Bei dem Verfahren mit hoher Koksschicht im Generator muß der Kohlenoxydgehalt der Abgase in irgendeiner Weise ausgenutzt werden. Von den
verbreitetsten Verfahren arbeiten mit hoher Koksschicht das Verfahren
von *Humphreys* und *Glasgow*, welches auf dem europäischen Festlande von
Julius Pintsch ausgeführt wird, während die Verfahren nach *Dellwik-
Fleischer*, *Kramers* und *Aarts* und *Strache* eine niedrige Koksschicht anwenden.

Das meiste Wassergas wird in den Apparaten *Humphreys* und *Glasgow*
erzeugt. Dieses System hat sich aus dem von *Lowe* in Amerika eingeführten
entwickelt und wird überwiegend zur Herstellung von carburiertem Wassergas
gebaut. Ihre Beschreibung folgt daher später.

Dellwik und *Fleischer* arbeiten mit geringer Schütthöhe und hohem
Winddruck. Die Apparate bestehen aus einem Gebläse und einem Generator,
in dem Luft und Dampf abwechselnd von oben und unten zugeführt werden.
Dadurch wird eine allzu starke Abkühlung in der Eintrittsschicht vermieden.
Der Generator muß infolge seiner niedrigen Schütthöhe schon nach etwa
fünf Gasperioden neu beschickt werden. In einem Skrubber wird das Gas
gewaschen und gekühlt.

Kramers und *Aarts*[1] verwenden zwei Generatoren mit niedriger Koksschicht von etwa 70 cm, zwei Regeneratoren, welche mit Schamottesteinen

---

[1] Journ. f. Gasbel. 1903, 921.

ausgesetzt und mit $^1/_3$ ihrer Höhe miteinander verbunden sind, und einem Rekuperator, welcher die Wärme der Abgase aufnimmt und die Luft damit

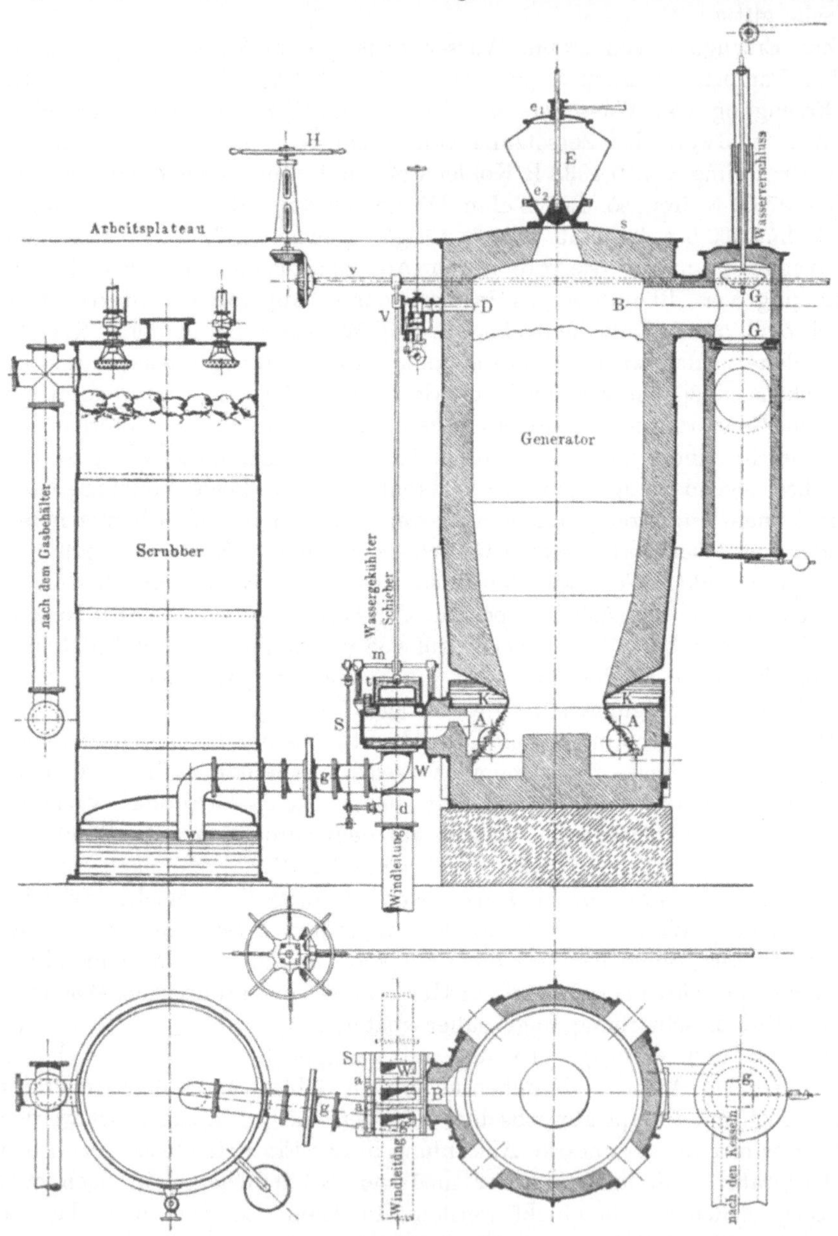

Fig. 63. Wassergasanlage.

anwärmt. Beim Warmblasen tritt die vorgewärmte Luft zum Teil unter den Rost, zum Teil über der Koksschicht zu, damit das selbst bei der niedrigen

Schütthöhe vorhandene Kohlenoxyd verbrennt und den Regenerator beheizt. Die Regeneratoren dienen zum Vorwärmen des Dampfes. Die Generatoren sind beim Heißblasen neben-und beim Gasmachen hintereinander geschaltet. Der Dampf tritt beim Gasen gleichzeitig in einen Generator und in die Regeneration. Das im Generator entstehende Wassergas trifft im Generator bei Rotglut mit Wasserdampf zusammen, und es bildet sich aus Kohlenoxyd und Wasserdampf Kohlensäure und Wasserstoff:

$$H_2O + CO = CO_2 + H_2.$$

Dieses kohlensäurereiche Wassergas tritt nun in den zweiten Generator, in dem die Kohlensäure wieder in Kohlenoxyd verwandelt wird.

Die *Strache-Wassergasgesellschaft* baut verschiedene Typen von Apparaten zur Vergasung von Koks, Stein- oder Braunkohlen und für carburiertes und uncarburiertes Wassergas. In allen Apparaten tritt der Dampf immer nur von oben ein, so daß das entstehende Wassergas immer zuletzt mit den heißesten Schichten im Generator in Berührung kommt. Wegen der großen Wärmeentwicklung im unteren Teil des Generators ist derselbe unten mit Wasser gekühlt. Type A dient zur Erzeugung von uncarburiertem Koksgas. Die Abgase können in einem Überhitzer zur Vorwärmung des Dampfes dienen, wodurch die Wirtschaftlichkeit wesentlich steigt. In diesem Falle arbeitet man natürlich mit höherer Koksschicht, da der Gehalt der Rauchgase an Kohlenoxyd ausgenutzt wird. Ein sinnvoll eingerichteter Umschalter vereinfacht bei den *Strache*schen Apparaten die Schiebereinrichtungen. Drei senkrecht nebeneinander befindliche Rohre können durch einen Krümmer, dessen Dichtung durch Tauchung in Tassen $t_0 \cdot t_2$ bewirkt wird, miteinander verbunden werden.

Ölcarburiertes Wassergas.

Obwohl das Wassergas bei Verwendung geeigneter Brenner auch für sich allein zur Beleuchtung dienen kann, zieht man es, falls es für sich allein verwendet werden soll, wohl immer, und wenn es dem Steinkohlengas zugesetzt wird, häufig vor, das Wassergas durch Carburieren mit Öl oder Benzol aufzubessern. Das Aufbessern hat seine wirtschaftliche Berechtigung heute nur noch in Fällen der Not, da die Kosten für carburiertes Wassergas bei den steigenden Benzol- und Ölpreisen und dem hohen Einfuhrzoll auf Gasöl von

6,00 Mk. (7,20 Mk. mit Verpackung) zur Herstellung von Ölgas,
3,00 „ (3,60 „ „ „) für ölcarburiertes Wassergas,
1,50 „ (1,80 „ „ „) zum Betrieb von Dieselmotoren

höher als für Steinkohlengas werden.

Man unterscheidet zwischen heißer Carburation mit Gasöl und kalter mit Benzol.

Von Gasölen kommen dieselben Sorten wie zur Herstellung von reinem Ölgas in Frage, doch zieht man Gasöle galizischen und neuerdings amerikanischen Ursprungs vor, da die Gasöle der Schwelindustrie hauptsächlich von der Bahnverwaltung zur Herstellung reinen Ölgases verbraucht werden, und auch bei gleichen Preisen weniger gute Ausbeuten geben.

Die Untersuchung und Beurteilung der Gasöle erfolgt nach den üblichen Methoden, welche ebenso wie die Beschaffenheit der gebräuchlichen Gasöle beim Abschnitt Ölgas besprochen sind.

Das meiste ölcarburierte Wassergas, angeblich 85 Proz. der Gesamtwassergaserzeugung der Welt, wird mit Apparaten von *Humphreys* und *Glasgow* erzeugt. Dieses System hat sich aus den Erfindungen von *Lowe* in Amerika entwickelt und wird überwiegend für ölcarburiertes Wassergas gebaut. Die Apparate bestehen aus einem Generator, Carburator und Überhitzer und aus den Nebenapparaten, dem Gebläse und der Kesselanlage, und den Apparaten zur Kühlung und Waschung und Entteerung.

Auch der Apparat von *Strache*, welcher zur Ausnutzung des Wärmegehalts und des Kohlenoxyds der Abgase mit Verdampfer und Überhitzer versehen ist, kann ohne weiteres zur Herstellung von ölcarburiertem Wassergas benutzt werden. In der hohen Koksschicht des Generators entsteht ein Generatorgas, das mit etwa 600 bis 700° in den Carburator eintritt. Hier wird ihm Sekundärluft zugesetzt, so daß ein Teil des Kohlenoxyds verbrennt und die Temperatur des Carburators auf 700 bis 800° gehalten wird. Beim Eintritt in den Überhitzer wird dann noch ein zweites Mal Luft zugesetzt, damit auch die letzten Spuren des Kohlenoxyds ausgenutzt werden. Haben die Apparate eine Temperatur von etwa 750° erreicht, was durch Schaugläser festgestellt werden kann, so wird die Luft abgestellt.

Das Optimum der Gasausbeute liegt nach den Untersuchungen *Hempels* je nach der Beschaffenheit des Gasöls zwischen 745 und 790°. Bei 700° sind noch merkliche Mengen unvergasten Öls im Teer. Die Temperatur im Carburator und Überhitzer bedarf sorgfältiger Kontrolle, da die wirtschaftlichen Grenzen recht eng sind. Über 800° enthält das entstehende Ölgas schon empfindliche Mengen von Naphthalin, der Teer wird schwerer und zur Naphthalinwäsche unbrauchbar. *Volquardts* fand im Teer bei einer Vergasungstemperatur von 820° 40 Proz. Naphthalin. Die Farbe des rohen Ölgases am Probierhahn soll hellgelb sein. Weißes Ölgas ist noch nicht genug fixiert, dunkelbraunes Ölgas deutet auf zu hohe Hitze im Carburator. Das Ölgas wird dann nach Verlassen des Überhitzers gewaschen und gekühlt, geht durch einen Teerscheider und wird nun entweder dem rohen Steinkohlengas zugesetzt oder für sich gereinigt. Der Heizwert des Ölgases beträgt bei einem guten Gasöl bei verschiedenem Ölzusatz etwa:

Tabelle über Ölzusatz und Heizwert mit normalem Gasöl.

Ölzusatz in g per cbm	Heizwert des Gases w	Ölzusatz in g per cbm	Heizwert des Gases w
150	3750	350	4850
175	3900	375	4970
200	4050	400	5090
225	4190	425	5210
250	4330	450	5330
275	4460	475	5440
300	4590	500	5550
325	4720		

Zusammensetzung von ölcarburiertem Wassergas von verschiedenen Heizwerten bei 0° 760 mm[1]:

Heizwert	2600[2]	3200	3900	4200	4800	5100	5400
Spez. Gewicht	0,620				0,6	0,640	0,650
Kohlensäure	3,4	3,5	3,0	2,1	2,7	2,6	2,0
Sauerstoff	0,4	0,9	0,9	1,8	1,2	1,2	1,0
Kohlenwasserstoffe	—	2,2	4,9	6,1	7,2	7,6	8,6
Kohlenoxyd	42,1	33,9	35,1	36,3	34,9	33,6	34,7
Wasserstoff	44,3	40,3	37,2	33,7	·34,2	34,8	35,2
Methan	—	13,2	10,9	9,41	13,0	13,7	14,7
Stickstoff	9,5	6,0	8,0	6,2	6,2	6,5	4,4

Veränderung der Gasbeschaffenheit durch Wassergaszusätze.

Gaszusammensetzung	I	II	III	IV	V	VI
	Steinkohlengas	Blaues Wassergas	90 Proz. Steinkohlengas 10 Proz. blaues Wassergas	80 Proz. Steinkohlengas 20 Proz. blaues Wassergas	Ölcarburiertes Wassergas	50 Proz. Steinkohlengas 50 Proz. ölcarburiertes Wassergas
CO_2	2,0	4,7	2,27	2,54	5,3	3,65
$C_m H_n$	4,0	—	3,60	3,20	9,2	6,60
CO	8,0	39,7	11,17	14,34	29,7	18,85
H_2	50,0	50,8	50,08	50,16	36,2	43,10
CH_4	34,0	0,8	30,68	27,36	13,8	23,95
N_2	2,0	4,0	2,20	2,40	5,7	3,85
Oberer Heizwert	5800	2855	5505	5210	4850	5325
Spez. Gewicht	0,406	0,537	0,419	0,432	0,630	0,520
Luftbedarf . . . Vol.	5,41	2,23	5,09	4,77	4,37	4,89

Je nach dem Schwefelgehalt des Gasöles, der in amerikanischen Ölen sehr beträchtlich sein kann, steigt der Schwefelwasserstoffgehalt über den des Leuchtgases. Im allgemeinen ist er etwas geringer und beträgt 0,2 bis 0,4 Proz. Ammoniak und Cyan sind im rohen, ölcarburierten Wassergas nur in unerheblichen Mengen vorhanden.

Soll das ölcarburierte Wassergas dem Leuchtgas in großen Mengen zugesetzt werden, so steigt das spez. Gewicht, und damit muß der Druck gesteigert werden. Unter Berücksichtigung dieser Vorsichtsmaßregel kann in Fällen der Not ölcarburiertes Wassergas unbedenklich an Stelle des Steinkohlengases treten. Bei alten, schlecht konstruierten Heizbrennern werden sich eher Mißstände zeigen als bei Auerlicht und hängenden Brennern.

Der entfallende Ölteer, meist Wassergasteer genannt, zeigt sehr verschiedene Beschaffenheit, je nach der Art des Öls und der Vergasungstemperatur. Meist ist er leichtflüssig und von dunkelbrauner Farbe. Bei niedrigen Vergasungstemperaturen ist sein spez. Gewicht fast 1,00, so daß er sich nicht mehr vom Wasser abscheidet. Wenn bei nicht zu hohen Temperaturen

---

[1] *K. Bunte:* Journ. f. Gasbel. 1912, 174.
[2] Blauwassergas, Jahresmittel des Gaswerks Düsseldorf.

(700 bis 750°) vergast worden ist, so ist der Ölteer ein vorzügliches Naphthalin-waschmittel. Der naphthalinreiche Ölteer läßt sich als Heizöl, z. B. als Ersatz für Teeröl, mit Vorteil verwenden. Die Destillation einiger Teere ergab:

Zusammensetzung von Ölteeren, gewonnen bei der Herstellung von ölcarburiertem Wassergas.

	spez. Gewicht	Wasser	bis 120°	bis 170°	bis 230°	bis 270°	bis 330°	Pech
Aus galizischem und amerikanischem Gasöl . . . .[1]	1,066	9,5	4,4	0,8	10,8	31,71		
do. [1]		0,25	0,52	3,18	15,80			48,36
? [2]	1,068	1,0	6,5		9,0	18,5	42,0	23,0
Aus russischem Gasöl . . .[3]		1,5	3,5		30,5	20,0	25,5	19,0
do. [3]		1,0	6,5		9,0	18,5	42,0	23,0
do. [3]		—	—		5,8	9,16	34,34	34,91
do. [3]		—	1,39		15,45	—	42,39	18,23

Den Einfluß des Gasöls auf die Beschaffenheit des Ölteers zeigt die Tabelle von *Volquardt*[4]:

Nummer d. Gasöls, aus dem der Teer gewonnen wurde	Herkunft des Gasöls	Spez. Gewicht bei 15° C	Vergasungstemperatur nach Celsius	Wasser bis 170° C		Leichtöl bis 170° C		Mittelöl von 170 bis 230° C		Schweröl von 230 bis 270° C		Schweröl Anthracenöl von 270 bis 350° C		Rückstand über 350° C
				Vol.-Proz.	Spez. Gewicht	Vol.-Proz.	Spez. Gewicht	Vol.-Proz.	Spez. Gewicht	Vol.-Proz.	Spez. Gewicht	Vol.-Proz.	Spez. Gewicht	Vol.-Proz.
I.	Deutschland	1,070	?	0,17	1	3	0,906	17,7	0,952	15,5	1,003	24,0	1,036	39,63
II.	Österreich	1,039	850 bis 900	0,30	1	6	0,883	22,0	0,925	15,0	0,987	20,0	1,028	36,70
III.	Amerika	1,028	800	18,0	1	12	0,890	11,0 Spuren von Naphthalin	0,943	14,5 Festes Naphthalin	0,992	10,2	0,998	34,30

Der Ölgasteer enthält nach *Methers* und *Goulden*[5]:

Benzol	1,19 Proz.
Toluol	3,83
Leichte Paraffinöle	8,51
Solvent-Naphtha	17,96
Phenole	Spuren
Mittelöl	29,44
Kreosotöl	24,66
Naphthalin	1,28
Anthracenöl	0,93
Koks	9,80

---

[1] Untersuchungen des Verfassers.
[2] Journ. f. Gasbel. 1911, 837.
[3] *Methers* u. *Goulden* nach *Schmitz:* Flüssige Brennstoffe, S. 47.
[4] *Schmitz:* Flüssige Brennstoffe 1912.
[5] Journ. f. Gasbel. 1912, 815.

Bei einem Preise von 7,10 Mk. ohne Zoll berechnet sich der Preis des ölcarburierten Wassergases in Leiden auf 7,23 Pfg. für den cbm, während dort die Selbstkosten des Steinkohlengases 5,82 Pfg. für den cbm betrugen. In Deutschland ist bei dem hohen Ölzoll die Differenz noch größer[1].

Die kalte Carburation.

Außer mit Ölgas kann das Blauwassergas und eventuell auch das Steinkohlengas mit Benzol aufgebessert werden. Meist setzt man dem Steinkohlengas einen größeren Prozentsatz Wassergas zu und bessert dann das Mischgas bis zur gewünschten Höhe auf, da die Carburation mit Benzol durch die Sättigungsgrenze des Benzols beschränkt ist. Diese Sättigungsgrenze liegt:

Temperatur	Dampfdruck des Benzols mm Wassersäule	g im cbm
— 20	5,79	28,6
15	8,82	43,2
10	12,92	61,5
5	18,33	85,5
0	25,31	116,1
+ 10	45,25	200,0
20	76,65	327,6
30	120,24	497,5
40	183,62	735,5
50	271,37	1052,0
60	390,10	1470,0
70	547,42	1995,0
80	751,86	2670,0
90	1012,75	3495,0
100	1340,05	4500,0

1 g Benzolzusatz zu 1 cbm hebt den Heizwert um 10 w.

Im Winter kann man dem cbm des zu carburierenden Gases höchstens 80 bis 100 g Benzol zusetzen, da bei höherem Zusatz die Ausscheidung des Benzols im Rohrnetz erfolgt. Neben dieser Beschränkung sind die hohen Preise des Benzols seiner Verwendung für diese Zwecke hinderlich. Einem Gasölpreise von 10 Mk. müßte ein Benzolpreis von 15 bis 18 Mk. für 100 k entsprechen. Zurzeit ist die Carburation mit Benzol mehr als $^1/_3$ teurer als mit Öl.

Die Reinigung des Gases.

Das Gas, das den Entgasungsraum verläßt, enthält eine Reihe von Verunreinigungen, welche der Verwendung desselben entgegenstehen und deshalb entfernt werden müssen. Hierzu gehören Wasser und Teer, Naphthalin, Schwefelverbindungen, Ammoniak und Cyanwasserstoff.

Verunreinigungen harmloserer Art sind Kohlensäure, Sauerstoff und Stickstoff, welche den Heizwert und die Leuchtkraft heruntersetzen, ohne sonst zu schaden. Der Sauerstoff, der zum Teil aus der Kohle stammt, zum

---

[1] Journ. of Gaslight. 1910, 111.

Teil vor der Reinigung zugesetzt wird, wird bei richtig geleiteter Reinigung zum größten Teil aufgenommen. Sein Gehalt sollte nicht mehr als $^1/_2$ Prozent betragen, da sonst Rosten der schmiedeeisernen Apparate und besonders der Gasbehälter zu befürchten ist. Der Stickstoff besitzt keine unerwünschten Wirkungen, setzt aber durch Verdünnen des Gases den Heizwert herunter. Die Kohlensäure erniedrigt die Leuchtkraft des Gases erheblich.

Seit Einführung des Gasglühlichts wird die Beobachtung des Leuchtwerts in Deutschland fast vollständig vernachlässigt und daher der Kohlensäuregehalt des Gases wenig beachtet. Er beträgt im Mittel 2 bis 3 Proz. im Reingas.

Die Entfernung der Verunreinigungen beginnt mit dem Austritt des Gases aus dem Entgasungsraum. Arbeitet man in der Vorlage mit Tauchung, so wird das Gas schon gewaschen. Unter allen Umständen kühlt es sich ab, wodurch sich der hoch siedende Teil des Teeres ausscheidet und die Bildung des Vorlagenpechs erfolgt, das nachher mühsam entfernt werden muß. Die Bildung desselben läßt sich bei Vertikalöfen wegen der kurzen Steigrohre weniger leicht vermeiden. Man bringt daher vielfach über den Öfen kleine Raumkühler an, in denen sich mit der sinkenden Temperatur des Gases dünnerer Teer abscheidet, welcher das Retortenpech wieder löst.

Das Gas wird aus der Vorlage oder direkt aus dem Entgasungsraum durch die Kühlanlagen gesaugt. Die Kühler werden sehr verschieden gebaut. In England läßt man das Gas vielfach langsam durch sehr weite, schrägliegende Rohre streichen, die durch Luft und zuletzt durch Wasser gekühlt werden. Die Kühlung erfolgt dabei ähnlich wie bei den Raumkühlern langsam, der Teer verdichtet sich daher nicht plötzlich und vermag einen Teil des im Gase enthaltenen Naphthalins aufzunehmen. Bei den Raumkühlern rieselt der ausgeschiedene Teer dem Gase entgegen.

Vielfach berieselt man die Raumkühler mit Gaswasser, wodurch die Kühlwirkung erhöht, die Naphthalinausscheidung jedoch verringert wird.

Statt der umfangreichen Raumkühler verwendet man häufiger Luftkühler mit größeren Gasgeschwindigkeiten. Der Ringluftkühler ist ein doppeltes, aus Eisenblech genietetes Rohr, durch welches im Innern die kalte Luft aufwärts streicht. Zur Erhöhung der Kühlwirkung kann innen mit Wasser berieselt werden. Ähnlich wirkt der Röhrenluftkühler.

Alle Luftkühler haben den großen Nachteil, daß sie in ihrer Wirkung von der Außentemperatur abhängen. Man wendet sie deswegen ausschließlich als Vorkühler an und kühlt das Gas mit Wasserkühlern weiter.

Die Wasserkühler enthalten stehende oder wagerechte Kühlrohre, in denen das Kühlwasser dem Gase entgegengesetzt strömt.

Die Reutter-Kühler mit wagerechten Kühlrohren haben die größte Wirkung.

Lange Zeit hielt man es für das richtigste, das Gas möglichst langsam zu kühlen, da die Raumkühler mit langsamer Kühlung eine Verminderung der Naphthalinplage gebracht hatten. Der Grund für ihre Wirkung ist aber nicht in ihrer langsamen Kühlung, sondern in der Tatsache begründet, daß

der ausgeschiedene Teer dem Gasstrom entgegenrieselt und das Naphthalin
herauswäscht. In England hat man sogar empfohlen, den Teer möglichst
warm abzuscheiden, damit möglichst viele Kohlenwasserstoffe im Gas bleiben.

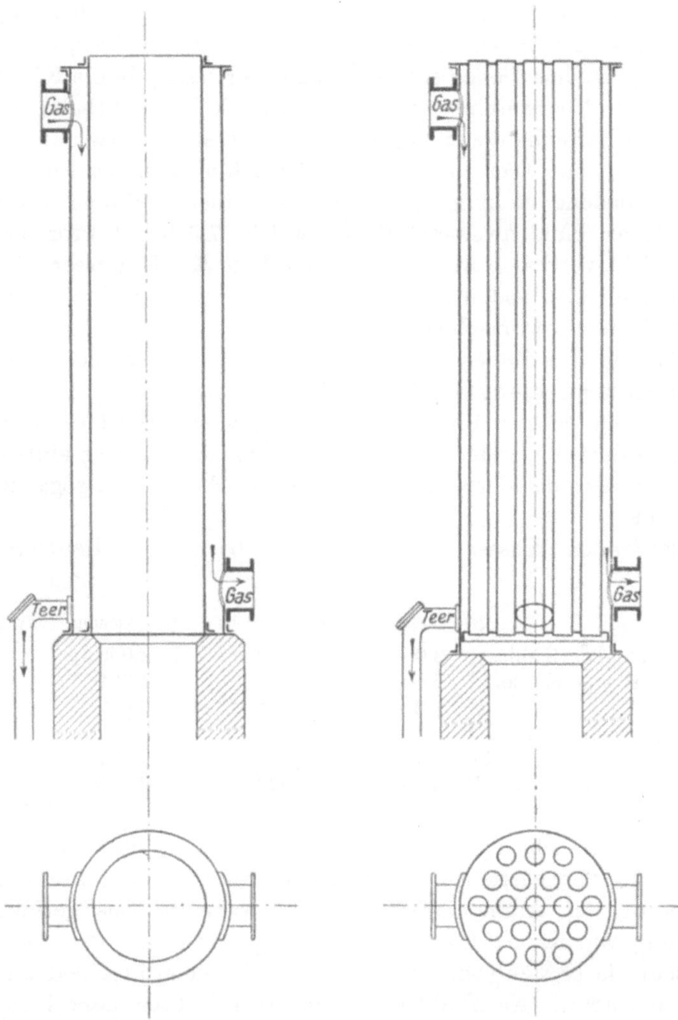

Fig. 64. Ringluftkühler.   Fig. 65. Röhrenluftkühler.

Diese Kohlenwasserstoffe scheiden sich dann im Rohrnetz mit dem Naph-
thalin aus und lösen es. Hierdurch hält man sich zwar das Rohrnetz in der
Nähe des Gaswerks frei, es wird aber in den Außenbezirken durch
Naphthalinverstopfungen zu leiden haben.

Ähnliche Betrachtungen führen dazu, zur Beseitigung von Naphthalinverstopfungen dem Gas Xylol oder Benzol zuzusetzen.

Neuerdings haben sich die Auffassungen über zweckmäßige Kühlung geändert. *Pannertz*[1], *Rutten*[2] und *Ott*[3] haben zuerst darauf hingewiesen, daß es vorteilhafter ist, das Gas möglichst rasch und intensiv zu kühlen. Durch eine plötzliche Abkühlung des Rohgases erfolgt eine weitgehende Abscheidung des Teeres, der dann bei geeigneten Apparaten das Naphthalin aus dem Gas auswaschen kann. Eine Berieselung der Kühler, die der Entfernung des Naphthalins dienen sollen, ist zu unterlassen, da die Kühlwirkung verringert und die Teerwäsche verhindert wird. Steht naphthalinarmer Teer von dünner Beschaffenheit zur Verfügung, so ist es sehr zweckmäßig, vom zweiten Kühler ab mit Teer zu berieseln. Auch über den Grad der Kühlung bestehen verschiedene Meinungen. Schon bei einer Kühlung bis auf 20° treten Verluste an Kohlenwasserstoff ein, welche 7,5 bis 10 Proz. betragen[4]. Es darf aber nicht vergessen werden, daß sich diese Kohlenwasserstoffe später im Rohrnetz doch abscheiden und dadurch den oft beobachteten Heizwertverlust im Rohrnetz verursachen.

Die vielfach geübte Berieselung der Kühler mit Ammoniakwasser, welche der Naphthalinausscheidung hinderlich ist, entfernt einen Teil des Ammoniaks und dient so zur Entlastung der Wäscher. Wird diese Wirkung beabsichtigt, so darf der erste Kühler, in den das warme Gas eintritt, nicht mit berieselt werden, da hier das warme Gas das Ammoniak sogar zum Teil mit fort nimmt.

Die ablaufenden Wässer an fünf stark berieselten Reutter-Kühlern enthielten:

	Baumégrade	Spezif. Gewicht	Ges.-Ammon.	Freies Ammon.
Wasser am Zulauf aller Kühler .	3,0	1,020	2,006	1,680
„ „ Ablauf von Kühler I	2,4	1,016	1,734	1,459
„ „ „ „ „ II	3,2	1,021	2,077	1,975
„ „ „ „ „ III	3,3	1,022	2,285	1,822
„ „ „ „ „ IV	3,4	1,025	2,564	1,744
„ „ „ „ „ V	3,25	1,022	2,152	1,731

Da, wo die *Bueb*sche Cyan- und Naphthalinwäsche noch bei einer Temperatur von etwa 25° betrieben wird, ist eine Nachkühlung wünschenswert, da die Wirkung der Ammoniakwäscher bei warmem Gas geringer wird. Bei Anwendung von Nachkühlern muß das Naphthalin aus dem Gas herausgewaschen sein, da es sich sonst in den Nachkühlungen abscheidet und Verstopfungen hervorruft. Nachkühler werden oft mit Gaswasser berieselt zur Entlastung der Wäscher. Die Wirkung der Kühler wird mit dem Thermometer beobachtet und etwaige Verstopfungen durch Drucksteigerungen erkannt. Der ausgeschiedene Teer und das Wasser, sowie das Berieselungsmittel gehen durch Überläufe in die Sammelgruben.

---

[1] Journ. f. Gasbel. 1907, 568; 1911, 912.
[2] Journ. f. Gasbel. 1909, 694.
[3] Journ. f. Gasbel. 1910, 785.
[4] Journ. f. Gasbel. 1912, 560.

Der Gassauger.

In den meisten Fällen gelangt das Gas aus dem Kühler zunächst zum Gassauger. Dieser saugt das Gas aus den Vorlagen der Öfen oder aus den Entgasungsräumen selbst ab und durch die Kühlung durch, und drückt es durch die Reinigungsapparate in die Behälter und weiter bis zur Verwendungsstelle. Da der Druck in der Vorlage oder dem Entgasungsraum möglichst gleich gehalten werden muß, obwohl die Gasmenge, die abgesaugt

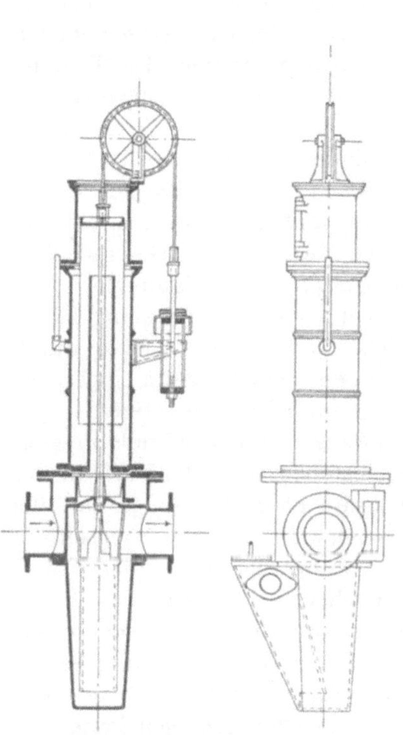

Fig. 66. Dessauer Umlaufregler.

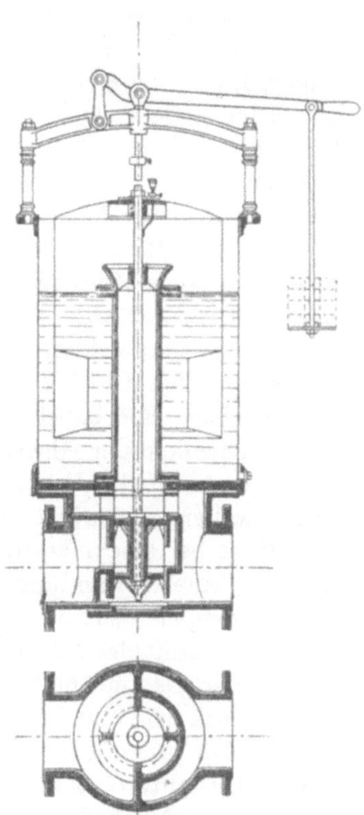

Fig. 67. Umlaufregler.

werden soll, fortwährend beträchtlich schwankt, so muß die Leistung der Sauger auf das sorgfältigste beobachtet und geregelt werden. Entsteht Unterdruck in der Retorte, so werden leicht Rauchgase oder beim Chargieren Luft angesaugt. Die Leistung der Sauger wird durch Dampfmaschinenregler und Umlaufregler der Gaserzeugung selbsttätig angepaßt. Der Sauger wird angetrieben durch direkt gekuppelte Kolbenmaschinen oder Dampfturbinen oder durch Elektromotore mittels Riemenantrieb, da die direkte Kupplung mit Elektromotoren wegen der Funkengefahr nicht zulässig ist.

Die gebräuchlichste Form des Gassaugers stammt von *Beale* und wurde früher mit zwei, heute mit drei oder vier Flügeln hergestellt.

In einem liegenden zylindrischen Gehäuse aus Gußeisen ist im Innern eine drehbare, mit der Achse fest verbundene Walze exzentrisch gelagert, und bewegt die um eine feststehende Achse schwingenden Flügel, welche durch geschlitzte Walzengelenke durchgleiten und am anderen Ende an dem Gehäuse schleifen. Die Flügel schieben sich bei der Drehung durch die Schlitze der Wellengelenke und drücken so das Gas vom Eingang zum Ausgang hin. Diese Flügelsauger laufen mit etwa 80 Umdrehungen in der Minute und erzeugen einen Druck bis zu 700 mm Wassersäule. Zur Schmierung muß ein Schmiermittel verwandt werden, welches sich im Teer löst. Man verwendet Teeröl oder eine Mischung von Teeröl mit 25 bis 50 Proz. Rüböl.

Neuerdings verwendet man auch vielfach Kapselgebläse verschiedener Konstruktion, welche einen vorzüglichen Wirkungsgrad besitzen. Die Tourenzahl und der erzeugte Druck sind erheblich höher als beim Flügelgassauger.

Ähnlich wirkt das Root-Gebläse und das Schaufelgebläse. Endlich gehört hierher auch der Turbogassauger. Ferner finden sich auch noch vielfach, z. B. auf den Berliner städtischen Gaswerken, Kolbengassauger, deren Steuerung so weite Durchgänge freilassen muß, daß große Gasmengen bei geringem Druck gefördert werden können. Die Regelung der Geschwindigkeit des Gassaugers erfolgt meist durch den *Hahn*schen Umlaufregler. Mit einer schwebenden Glocke, welche mit der Saugseite in Verbindung steht, ist durch einen Kniehebel ein Wendegetriebe verbunden, welches durch Heben oder Senken der Glocke nach der einen oder anderen Seite eingerückt wird und dadurch die Drosselklappe in der Dampfleitung betätigt.

Eine weitere Sicherheit gegen zu starkes Saugen gibt der Umlaufregler. Dieser öffnet bei einem bestimmten, genau einstellbaren Unterdruck in der Saugleitung eine Verbindung von der Druckseite nach der Saugseite. Bei dem Umlaufregler steht eine Glocke mit Gegengewicht mit der Saugseite in Verbindung. Sinkt der Druck, so senkt sich auch mit der Glocke der Ventilteller und das Gas strömt von der Druck- nach der Saugseite.

Der Druck vor und hinter dem Gassauger wird durch Manometer und Druckschreiber unausgesetzt beobachtet. Für den Fall, daß der Sauger plötzlich stillsteht, fügt man vielfach auf der Saugseite Rückschlagventile ein, damit der Druck der Behälter nicht bis zum Ofen gelangen kann.

Der Teerscheider.

Der Teer befindet sich im Gas zunächst im Zustand überhitzter Dämpfe und scheidet sich bei der Abkühlung derselben in Form feinster Nebel aus. Durch die Kühlung wird schon der größte Teil des Teeres und des Wasserdampfes aus dem Wasser entfernt; der Rest wird im Teerscheider kondensiert. Der gebräuchlichste Teerabscheider stammt von *Pelouze & Audouin*. In einem runden eisernen Gehäuse ist eine Glocke mit einem Gegengewicht frei schwebend aufgehängt, die in einer Tasse in Wasser taucht. Die Glocke besteht aus zwei Wänden mit je zwei Blechen, von denen jedesmal die innere etwa 1 mm weite runde Löcher, die äußere wagerechte Schlitze hat. Die

Löcher der inneren Bleche sind gegen die Schlitze versetzt, so daß das Gas gegen die Blechwand stößt und seine Bewegungsrichtung ändern muß. Dabei platzen die Bläschen und der Teer rieselt herab.

Beim *Drory*-Teerabscheider tritt das Gas zunächst durch Ammoniakwasser hindurch und muß dann durch eine Glocke wie beim *Pelouce*-Teerscheider hindurchstreichen. Die Schlitze der Prallbleche sind senkrecht und fast so lang wie die Glocke. Der Teer im Teerscheider ist dünnflüssiger als der Teer, der sich vorher abgeschieden hat.

Durch einen Überlauf fließt der abgeschiedene Teer zur Vorgrube.

Die Siebbleche des Teerscheiders setzen sich rasch zu. Die unangenehme Arbeit des Reinigens, welche mindestens alle Vierteljahr erfolgen muß, kann man länger hinausschieben, wenn man die Glocke von innen mit starkem Ammoniakwasser oder mit Druckwasser täglich abspült.

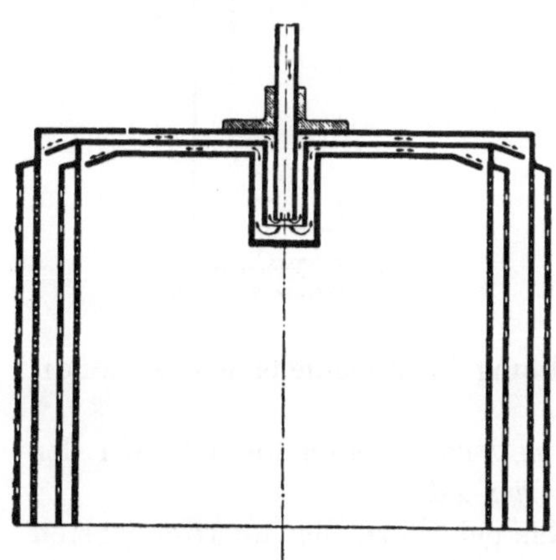

Fig. 68. Teerscheider mit berieselter Glocke.

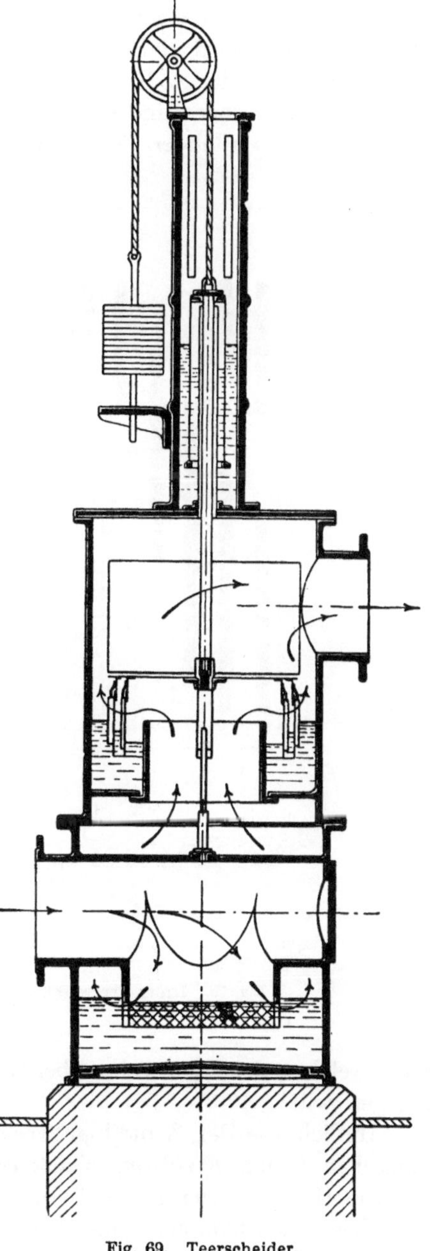

Fig. 69. Teerscheider.

Das auf einigen Zechen betriebene Verfahren der direkten Gewinnung von Ammoniak durch Waschen des 65 bis 70° warmen Gases mit Schwefelsäure nach Dr. *C. Otto & Comp.* zwingt zur Entteerung des warmen Gases. Dies wird erreicht durch mit Teerwasser betriebene Strahlgebläse. Bis heute hat dieses Verfahren auf Gaswerken noch keinen Eingang gefunden.

Neuerdings wird der Teer auch durch die Wirkung der Zentrifugalkraft entfernt, so ist z. B. in England der Zyklon-Teerscheider von *Colman* eingeführt. Ein neues und eigenartiges System ist der stehende Zentrifugalteerwäscher von *Walther Feld*. Erwähnt sei hier ein anderer Vorschlag von

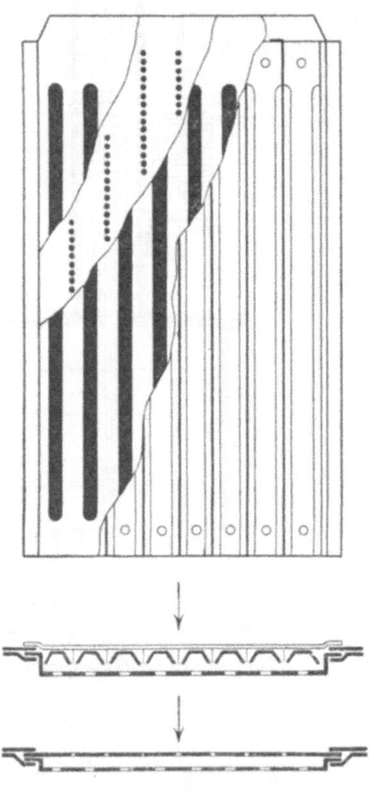

Fig. 70. Drory-Teerwascher.

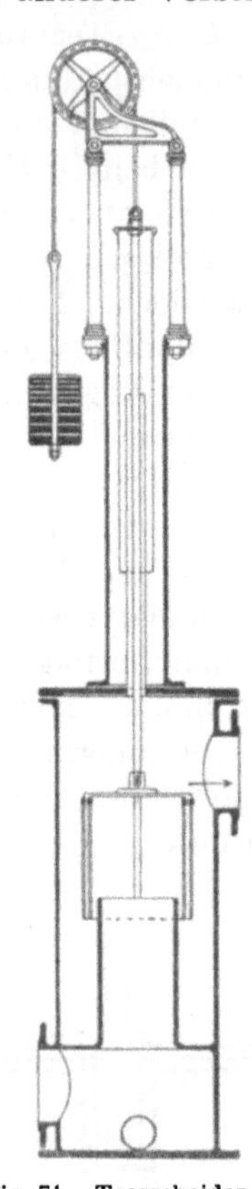

Fig. 71. Teerscheider
(System *Pelouze & Audouin*).

Feld, welcher den Teer schon bei der Kühlung in verschiedene Fraktionen zerlegen will[1].

Ähnlich wie der Zentrifugalwäscher von *Feld* arbeiten die Wäscher der englischen Firma *Kirkham, Hulett & Chandler Ldt.*

Die Bestimmung des Teeres im Gas gehört zu den unerfreulichsten Aufgaben des Chemikers und wird wegen der Ungenauigkeit der Methode nur selten ausgeführt. Die älteste Methode stammt von *Tieftrunk*[2]. In einer geeigneten Waschflasche, welche mit Alkohol von 30 bis 35 Proz. gefüllt ist,

---

[1] Journ. f. Gasbel. 1910, 1099.
[2] *Winkler:* Anleitung zur chem. Untersuchung der Industriegase, Bd. II, S. 52.

streicht das Gas durch eine Reihe von Glocken und gibt seinen Teer an das Lösungsmittel ab. Der Teer wird abfiltriert, getrocknet und gewogen, wobei natürlich die leichter flüchtigen Bestandteile ebenso wie Alkohol und Wasser fortgehen. Man muß deshalb für Benzol, Toluol usw. $^1/_3$ des gefundenen Gewichts hinzurechnen. Die Fehlergrenzen der Methode sind mindestens 20 Proz. *Leybold*[1] saugt das Rohgas durch U-Röhren mit Glassplittern und Glaswolle und trocknet durch Durchsaugen von trockener Luft. Diese immerhin noch ungenaue Methode wurde von *Walther Feld*[2] erheblich verbessert dadurch, daß er ein mit Watte gefülltes U-Rohr in einem Thermostaten, der die Temperatur des Gases hat, in dem entteerten und getrockneten Gasstrom vor und nach der Teerabsorption

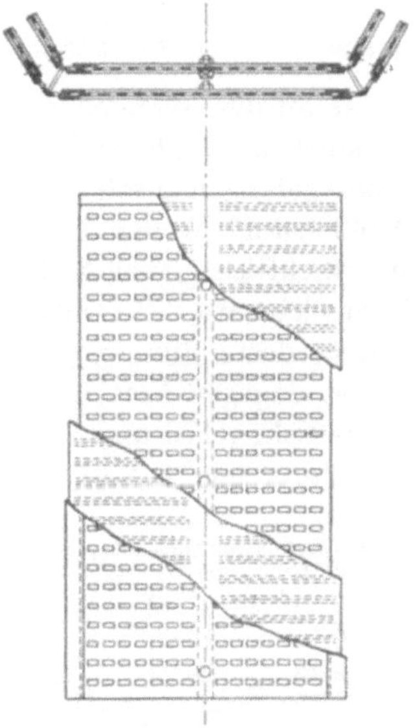

Fig. 72. Siebbleche der Glocke im Teerscheider von *Pelouze & Audouin*.

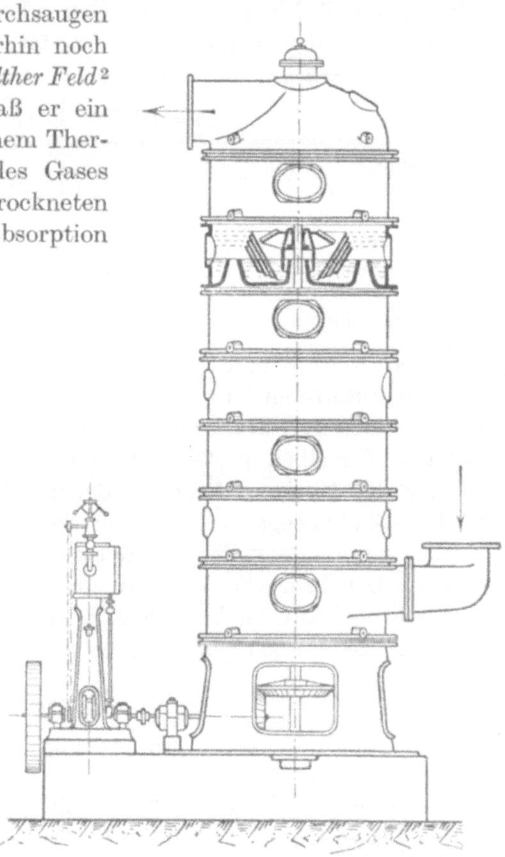

Fig. 73. Zentrifugalteerwäscher von *Walther Feld*.

trocknet. Auch diese schon recht umständliche Methode kann den Verlust an leicht flüchtigen Bestandteilen nicht vermeiden.

Im Betrieb beschränkt man sich meist auf die Kontrolle des Teerscheiders mittels des *Drory*-Hahnes, indem man einen Gasstrahl eine Minute lang gegen ein weißes Papier strömen läßt. Wichtig ist ferner die Beobachtung der Druckdifferenz zwischen Eingang und Ausgang und der Geräusche, welche im Innern der Glocke zu hören sind. Eine vollständige Entteerung

[1] Journ. f. Gasbel. 1894, 551.
[2] Journ. f. Gasbel. 1911, 33.

des Rohgases ist unbedingt nötig, da sonst die Reinigungsmassen verschmieren und Druck fortnehmen. *Feld* fand im Mittel mehrerer Untersuchungen vor dem Teerscheider 1,213 g im cbm und 0,0186 hinter demselben.

Der Teer.

Die Beschaffenheit des Teeres und die Größe seiner Ausbeute schwankt mit der Art der Kohle und mit den Öfen. Besonders der Einfluß der Öfen auf die Beschaffenheit des Teeres ist augenfällig.

	Spez. Gewicht	Wasser	Destillate in ccm aus 100 g Teer bis					Hartes Pech
			120°	170°	230°	270°	330°	
Vertikalofenteer aus Teerscheider	1,165 1,158	3,29	2,65	3,25	9,71	11,25	7,71	62,39
Schrägofenteer aus Teerscheider	1,29	3,87	3,43	1,86	4,43	10,60	17,28	62,46
Horizontalofenteer aus Teerscheider	1,196	9,89	3,82	2,27	5,26	6,72	8,9	63,14

Bei Horizontal- und Schrägöfen, bei denen das Gas an den Wänden der glühenden Retorte entlang streicht, erfolgt neben der starken Graphitbildung eine Polymerisation der Kohlenwasserstoffe. Nebenher gelangen infolge der Zersetzung derselben größere Mengen Ruß und Kohlenstoff in den Teer. Der Teer der Horizontalöfen ist daher schwarz und dickflüssig, bei Kälte unter Umständen sogar so zähflüssig, daß man den Teer nicht aus den Gruben entfernen kann. Je voller die Retorten gefüllt werden, desto dünner wird der Teer. Der Teer von Vertikal- und Kammeröfen ist dagegen braun und dünnflüssig und enthält bedeutend mehr Öle, welche zwischen 170 und 270° übergehen. Die großen Unterschiede werden am besten durch einige Analysen erläutert[1]:

	Spez. Gew.	Wasser	Leichtöl —170°	Mittelöl —230°	Schweröl —270°	Anthracenöl —320°	Pech
Vertikalofenteer . .	1,158	3,0	7,65	9,78	16,55	17,42	45,6
Schrägofenteer . .	1,250	3,8	5,29	4,43	10,60	10,28	65,60
Horizontalofenteer .	1,237	2,8	6,09	5,26	9,43	8,90	67,52

Nach *Körting:*

	Wasser	Benzol —100°	Leichtöl —170°	Mittelöl —230°	Schweröl —270°	Anthracenöl über 270°	Pech
Vertikalofenteer . .	5,7	8,9	1,0	13,5	7,3	29,3	34,1
Schrägofenteer . .	0,85	1,0	1,2	7,5	10,27	18,80	58,13

O'Connor[2] untersuchte Teer aus schrägen und wagerechten Retorten:

	aus schrägen Retorten	aus wagerechten Retorten
Destillat bis 170°	4,4 Proz.	1,1 Proz.
„ von 170 „ 270°	28,5	13,1
„ „ 270 „ 350°	19,2	13,2
Rückstand	47,5	72,1
freier Kohlenstoff	2,6	28,7

---

[1] Journ. f. Gasbel. 1906, 259.
[2] Journ. Soc. Chem. Ind. 1910, 472.

Zusammensetzung und Heizwert von verschiedenen Teeren der Schweiz nach Schläpfer[1].

	Spez. Gew.	bei 0°	Wasser %	Asche %	Leicht-öl-178°	Rückst. bis 350°	Freier Kohlen-stoff	Naph-thalin	Koks	C	H	O	S	oberer BTU per lbs. gross net.	w für 1 k
			im Rohteer		im wasser- und aschefreien Teer									Heizwert	
Horizontalofenteere:															
Saarkohle Luzern . . .	1,181	fl.	8,72	0,06	63,8	3,8	24,6	5,8	31,4	92,9	4,9	1,7	0,5	16 493	15 872
aus Vorlage Basel. . .	1,205	fest	5,52	0	1,6	67,2	20,7	1,3	25,0	92,6	5,1	1,8	0,5	16 477	15 929
Schrägofen:															
St. Gallen	1,132	schwer fl.	3,44	0,37	6,7	51,4	12,6	2,0	18,8	90,2	5,9	3,4	0,5	16 452	15 790
Zürich	1,146	fast fest	7,02	0,07	2,7	54,1	19,3	1,7	24,4	90,4	5,9	3,2	0,5	16 528	15 860
Vertikalretorten Dessau:															
engl. Kohle Bern . . .	1,089	fl.	2,25	0,03	4,3	40,2	1,7	0,6	8,8	88,8	6,8	3,8	0,6	16 648	15 979
Ruhrkohle Zürich . . .	1,087	feste Aussch.	2,23	0	4,1	44,3	3,6	0,2	8,0	88,0	6,8	4,7	0,5	16 664	15 986
Vertikalretorten Woodall-Duckham:															
Lausanne	1,090	fl.	2,34	Spur	8,4	44,0	3,1	0,2	13,5	87,9	6,8	4,4	0,9	16 632	15 912
Ölgasteere von der Herstellung von carburiertem Wassergas, galizisches Gasöl															
St. Gallen	1,119	fl.	1,18	0	4,1	51,3	2,00	8,1	11,4	93,0	5,5	0,7	0,8	17 015	16 478
Basel	1,061	fl.	2,51	0,28	4,3	37,5	0,8	0,6	11,1	91,7	6,9	0,6	0,8	17 471	16 746
Genf	1,087	fl.	13,38	0,36	2,3	45,2	2,3	0,3	10,6	91,6	6,3	1,2	0,9	17 185	16 177
Lausanne	0,968	fl.	0,20	0	1,5	18,6	Spur	0,4	3,9	89,3	9,2	0,8	0,7	18 180	17 271
Ölgasteer von der Herstellung von Ölgasteer aus leichtem galizischen Rohöl															
Schweizer Eisenbahnen	1,069	fl.	10,31	Spur	23,1	37,2	4,1	3,1	15,2	92,2	6,3	1,1	0,4	17 158	16 335
Schottisches Schieferteeröl	0,942	fl.	Spur	Spur	—	0,6	0	—	0,9	86,4	9,9	3,1	0,6	17 894	16 936

[1] Journ. of Gaslight. 1912 II, **118**, 297.

Hooper[1] findet im Teer aus gleicher Kohle:

	aus Vertikalöfen	Horizontalöfen
Spez. Gewicht	1,113	1,220
freier Kohlenstoff	4,0	17,25
Teersäuren	5,5	3,0
Destillat bis 170°	13,0	4,9
„ „ 270°	24,0	18,4
„ „ 350°	9,0	9,0
Pech	50,0	60,6

Bueb fand im Teer aus englischer Kohle:

	aus Vertikalöfen	Horizontalöfen
Spez. Gewicht	1,1	1,2
freier Kohlenstoff	2 bis 4 Proz.	etwa 20 Proz.
Wasser	2,17	3,50
Leichtöl	5,85	3,10
Mittelöl	12,32	7,68
Schweröl	11,95	10,15
Anthracenöl	15,96	11,54
Pech	49,75	62,00
Verlust	2,00	2,03

Der Teer von Kammeröfen enthielt:

1. von Koppers-Kammern in Birmingham

Leichtöl bis 170° 24,9 Proz. Mittelöl . . 9,3 Proz. Pech . . . . . 28,0 Proz.
Kreosot . . . . 25,9 über 270° . 11,4 freier Kohlenst. 3,5

2. vom Münchner Kammerofen[1]

Spez. Gewicht . . .	1,082	1,089	1,09	1,080	1,093	1,054	1,102	1,092	1,088
Flammp. i. offnen T.	50°	58°	—	—	—	—	—	—	—
Brennp. i. offnen T.	85°	89°	—	—	—	—	—	—	—
Heizwert	8737	8761	—	—	—	—	—	—	—
	Proz.	Proz.							
Wasser	1,30	1,62	3,0	1,98	2,14	3,70	4,5	2,15	3,83
—170°	5,0	3,0	7,0	3,84	3,80	3,85	5,0	5,9	5,47
—230°	22,0	21,0	19,4	20,5	16,7	20,7	20,3	—	—
—270°	10,5	12,5	11,0	10,5	12,1	10,5	10,7	—	—
—350°	22,0	22,0	19,8	19,8	16,7	19,5	21,5	—	—
Pech	40,5	41,5	38,0	40,4	40,0	38,0	35,5	—	—
Freier Kohlenstoff .	—	—	6,34	5,78	2,51	3,5	4,58	5,31	3,46
Engler-Grade 20° .	—	—	5,77	18,85	10,49	12,30	11,54	—	—
„ „ 50° .	—	—	1,87	2,35	2,19	2,25	2,23	—	—

Über den Teer aus Glover-West-Vertikalöfen teilt *Newbigging* folgende Zahlen mit[2]:

---

[1] *Schmitz:* Flüchtige Brennstoffe, 1912, 45.
[2] Journ. of Gaslight. 1911, **114**, 856.

	Teer bei Erzeugung hochwertigen Gases bei niederer Temperatur.		Teer bei Erzeugung eines Gases von niedrigem Heizwert bei höherer Entgasungstemperatur		Teer aus Horizontalöfen
	Volumen Proz.	Gewicht Proz.	Volumen Proz.	Gewicht Proz.	
Wasser	—	—	2,5	2,2	5,0
Destillat bis 170° . . .	9,1	7,2	4,6	3,7	4,5
„ von 170 „ 270° . . .	25,7	22,3	22,4	19,7	12,0
„ „ 270 „ 350° . . .	24,9	23,0	19,7	18,2	19,5
Pech	—	46,0	—	54,4	57,0
Freier Kohlenstoff	—	3,1	—	5,86	17,67

An wertvollen Bestandteilen enthält der Teer[1]:

		Siedepunkt
1,0 bis 1,5 Proz.	Benzol und Toluol	80 und 110°
0,8 „	Schwerbenzol, Xylol	140°
0,5 „	Phenol	183°
1,0 bis 1,5 „	Kresol	
4,6 „ 6,0 „	Naphthalin	218°
0,5 „	Anthracen	360°

In Deutschland verarbeiten nur wenige Gaswerke ihren Teer selbst, obwohl kein Zweifel darüber besteht, daß eine Anlage zur Destillation des Teers wirtschaftlich ist. Die Schuld hierfür dürfte in erster Linie dem Bureaukratismus unserer kommunalen Betriebe zuzuschreiben sein, welcher durch seine Schwerfälligkeit nicht gestattet, die schwankende Marktlage für Teerprodukte richtig auszunutzen.

In England dagegen verarbeiten selbst kleine Gaswerke ihren Teer selbst.

Der Teer wird in gußeisernen Destillierblasen über freiem Feuer destilliert und meist in die üblichen Fraktionen: Leichtöl, Mittelöl, Schweröl, Anthracenöl und den Rückstand, das Pech, zerlegt. Auf die Einzelheiten der Destillation kann hier nicht eingegangen werden. Verwiesen sei auf das bekannte Werk von *Lunge-Köhler*, Die Industrie des Steinkohlenteers, Braunschweig 1912. Besonders zweckmäßig wäre es, wenn die Städte ihren Bedarf an Teer zum Straßenbau selbst herstellen würden. Hierzu werden aus dem Teer in einfachen oder kontinuierlich arbeitenden Destillierblasen Wasser und Leichtöle abgetrieben, und der warme Teer kann dann sofort verarbeitet werden. Durch billige Abgabe des Teers an die Provinzen würden die Städte dann zu mächtigen Förderern der Staubbekämpfung.

Die Entfernung des Naphthalins. Naphthalin und seine Homologen entstehen aus Acetylen und anderen ungesättigten Kohlenwasserstoffen beim Erhitzen auf hohe Temperaturen. Daher steigt der Naphthalingehalt im Rohgas mit der Temperatur in der Retorte und der Berührungsdauer des Gases mit den heißen Ofenwandungen. Manche Kohlensorten, welche besonders viele ungesättigte Kohlenwasserstoffe bilden, bringen eine Vermehrung des Naphthalins.

---

[1] *Bunte:* Gaskursus 1912, 30.

Die gefürchteten Wirkungen des Naphthalins beruhen auf der Eigenschaft, daß das Naphthalin auch unterhalb seines Schmelzpunktes von 79° einen beträchtlichen Dampfdruck besitzt. Es kann daher auch bei niedrigen Temperaturen mit dem Gasstrom wandern, und scheidet sich dann in fester Form ab, während andere Körper mit ähnlichen Dampfdrucken nach ihrer Kondensation flüssig bleiben und keine Störungen hervorrufen. Die Dampfdrucke des Naphthalins bei Temperaturen über 50° bestimmte *Allen*[1] und extrapolierte daraus die Werte für niedrige Temperaturen.

Temp. Grad	Dampfdruck in mm Quecksilb.	g in 100 cbm	Temp. Grad	Dampfdruck in mm Quecksilb.	g in 100 cbm
0	0,022	13,7	65	2,65	1 572,4
5	0,034	22,4	70	3,95	2 363,2
10	0,047	32,3	75	5,43	3 202,0
15	0,062	43,5	80	7,4	4 301,5
20	0,080	56,3	85	9,8	5 617,3
25	0,103		90	12,6	7 122,2
30	0,135	90,4	95	15,5	8 642,6
35	0,210		100	18,5	10 174,0
40	0,32	191,0	105	22,4	—
45	0,51		110	27,3	—
50	0,81	476,0	115	32,4	—
55	1,26	928,75	120	40,2	—
60	1,83	1 127,75	125	49,8	—
			130	61,9	—

Neuerdings hat *Schlumberger*[2] auch die Werte bei niedriger Temperatur von 0 bis 50° experimentell bestimmt; seine Werte weichen von denen *Allens* stark ab.

Temp. Grad	Dampfdruck in mm Hg	g Naphthalin in 100 cbm
0	0,006	4,51
5	0,010	7,38
10	0,021	15,23
15	0,035	24,95
20	0,054	37,83
25	0,082	56,48
30	0,133	90,10
35	0,210	139,96
40	0,320	209,88
45	0,518	334,39
50	0,815	517,94

Nach den Angaben von *Bunte*[3] beträgt der Naphthalingehalt des von den Öfen kommenden Gases etwa 10 g im cbm. Weitaus die größte Menge wird unter allen Umständen bei der Kühlung entfernt. Dieser Prozentsatz wird sehr hoch, wenn die Kühlung so geleitet wird, daß das Gas mit seinem

[1] Journ. Soc. Chem. **77**, 1900, 412.
[2] Journ. f. Gasbel. 1912, 1257.
[3] Journ. f. Gasbel. 1892, 569.

eigenen frisch ausgeschiedenen Teer gewaschen wird. Der Teer enthält ungefähr 5 bis 6 Proz. Naphthalin. Hinter der Kühlung sind noch etwa 25 bis 10 g Naphthalin in 100 cbm Gas enthalten.

Albrecht und *Müller*[1] fanden im rohen Horizontalofengas von einer Temperatur von 54 bis 60° 5,0 bis 13,5 im Mittel von 48 Bestimmungen 8,6 g im cbm und im rohen Vertikalofengas von 71° 6,5 bis 13,4 im Mittel von 24 Bestimmungen 10,7 g. Vorm Naphthalinwascher fanden sie bei 21° 0,19 bis 0,35 im Mittel 0,27 g und hinter demselben 0,07 bis 0,14 im Mittel 0,10 g im cbm Gas. Gewaschen wurde mit galizischem Carburieröl.

Der Grad der Kühlung hängt von der Temperatur des Kühlwassers ab. Daher geht im Sommer bei geringer Kühlung viel Naphthalin in das Rohrnetz und scheidet sich hier in den vom Boden gekühlten Hauptsträngen ab. Obwohl nun in der kälteren Jahreszeit naphthalinärmeres Gas in das Rohrnetz geschickt wird, mehren sich die Verstopfungen, da sich das Gas mit dem vorhandenen Naphthalin im Rohrnetz sättigt.

Zur Bekämpfung der Naphthalinplage versuchte man zunächst das Naphthalin mit alkoholischer Pikrinsäurelösung[2] zu entfernen, doch konnte dieses Verfahren wegen der hohen Kosten im Großbetrieb nicht eingeführt werden. Im Jahre 1898 hatte *Young* Naphthalin mit schweren Teerölen aus dem Gas ausgewaschen. Dies Verfahren hat *Bueb* zugleich mit seiner Cyanwäsche bald darauf in Deutschland mit großem Erfolg eingeführt. Er empfahl, das Gas zunächst nur bis auf etwa 35 bis 40° zu kühlen, da warmes Teeröl mehr Naphthalin löst. Durch die Untersuchungen von *Pannertz*[3] ist aber bewiesen worden, daß Naphthalinwaschung nach möglichst weitgehender Kühlung unbedingt vorzuziehen ist. Stark gekühltes Gas ist schon um so viel ärmer an Naphthalin, daß das größere Lösungsvermögen des wärmeren Öles längst ausgeglichen ist. Er wusch mit Naphthalin gesättigtes Gas mit Öl von verschiedenen Temperaturen und fand nach der Wäsche im Gas:

Waschöl von	0°	. . . . . .	1,2	Naphthalin in 100 cbm[4]
„	„ 17,0 bis 17,8	. . . . . .	1,1	„ „ 100 „
„	„ 28,9 „ 29,3	. . . . . .	4,1	„ „ 100 „
„	„ 50,2 „ 50,4	. . . . . .	16,7	„ „ 100 „

Ott[5] brauchte bei einem Gas von 33° 5 bis 6 g Waschöl für den cbm und bei dem gleichen Gas von 25° mit 20 g Naphthalin in 100 cbm nur die Hälfte des Öls. *Pannertz* ermittelte:

Kühlung	Naphthalingehalt vorm Wäscher	Ölverbrauch	Naphthalingehalt h. d. Wäscher
32 bis 30°	49,4 g	8 g	17 bis 18 g
17 „ 15	38,9	2	1,8 „ 3,4

Das Naphthalinwaschöl zeigte dabei bei der fraktionierten Destillation zwischen 200 und 270° bei geringer Kühlung 17 Proz. und bei starker Kühlung 24 Proz. Naphthalin.

---

[1] Journ. f. Gasbel. 1911, 593.
[2] Verfahren von *Erdmann*. Journ. f. Gasbel. 1899, 471.
[3] Journ. f. Gasbel. 1907, 568; 1911, 912; 1912, 149.
[4] Journ. f. Gasbel. 1912, 148.
[5] Journ. f. Gasbel. 1910, 748.

Bei Anwendung eines Naphthalinwäschers ist die Kühlung unter 25° nicht ratsam, da dann die Kühlung 7,5 bis 10 Proz. Verlust an wertvollen Kohlenwasserstoffen bringt[1] und da das Waschöl weitere Mengen der Kohlenwasserstoffe herauswäscht.

Der Naphthalinwäscher selbst wird entweder für kleinere Werke als stehender Wäscher oder als rotierender Wäscher gebaut. Beim stehenden Wäscher wird in ein nach dem Prinzip der *Mariotte*schen Flasche wirkenden Gefäß das Öl mit einer Handpumpe hineingedrückt und rieselt über dicht liegende Holzstäbe dem Gasstrom entgegen. Die Leistung dieser Wäscher ist bei großem Ölverbrauch gering.

Die rotierenden Wäscher baute man früher nur mit 2 bis 3 Kammern, während man ihnen heute etwa 6 Kammern gibt, um das Öl vollständig ausnutzen zu können. In den einzelnen Kammern drehen sich Holzscheiben, auf denen Holzstabpakete befestigt sind. Meist wird das frische Öl in die letzte Kammer hineingepumpt und nach einer bestimmten Zeit oder richtiger nach einer bestimmten Leistung in die nächste Kammer übergefüllt. Neuerdings baut man Naphthalinwäscher auch mit konstantem Ölzu- und -ablauf.

Als Waschmittel benutzte man zunächst ausschließlich naphthalinarmes Teeröl vom spez. Gewicht 1,10, dem vielfach 3 bis 4 Proz. Benzol zugesetzt wurde, damit das Öl weniger Benzol aus dem Gas herauswäscht. Auch mit Benzol versetztes Waschöl nimmt noch Benzol aus dem Gase heraus, eine Verminderung von Leuchtwert und Heizkraft kann man jedoch nicht beobachten[2]. Das Waschöl nimmt je nach seinem schon vorher vorhandenen Naphthalingehalt 18 bis 25 Proz. Naphthalin aus dem Gas auf.

Seit der Einführung der Naphthalinwäsche sind die Preise für Naphthalinöl ungefähr von 5 auf 10 Mk. gestiegen, und daher betragen die Kosten der Naphthalinwäsche bei einem Verbrauch von 5 g pro cbm nach Abzug des Erlöses aus dem verkauften Öl für eine Million cbm Gas über 400 Mk. Das ausgebrauchte Naphthalinöl wird meist mit dem Teer verkauft, es läßt sich jedoch als Heizöl wie jedes Teeröl verwenden.

Beim Einkauf von Naphthalinwaschöl ist Vorsicht geboten, da die Teeröle oft sehr viel Naphthalin enthalten. Man hat daher vielfach nach Ersatz gesucht. Das Verkaufssyndikat für Paraffinöle in Halle empfiehlt seine Braunkohlenteeröle vom spez. Gewicht 0,915. Ihre Lösungsfähigkeit für Naphthalin ist jedoch viel geringer. *Bayer* empfiehlt leichtere Teeröle, sog. Mittelöle vom spez. Gewicht unter 1,0 und folgender Zusammensetzung:

	Destillationsgrenzen Grad	Proz.
Benzol	unter 100	0,4
Leichtöl	100 bis 130	67,6
Mittelöl	180 ,, 230	25,0
Naphthalin	—	3,9
Anthracen	—	3,1

[1] Journ. f. Gasbel. 1912, 560.
[2] Journ. f. Gasbel. 1906, 495.

Mit bestem Erfolg wird ferner Ölteer, der auf den Gaswerken bei der Herstellung von ölcarburiertem Wassergas gewonnen wird, verwendet. Nach den Untersuchungen von *Volquardt*[1] geben Gasöle amerikanischer Herkunft keinen zur Naphthalinwäsche geeigneten Teer, da derselbe schon zu viel Naphthalin enthält. Galizisches Gasöl muß bei 750 bis 800° vergast werden. Der Teer hat dann ein spez. Gewicht von nahezu 1,0 und enthält daher bis zu 35 Proz. Wasser, aber nur Spuren von Naphthalin. Der Wassergehalt stört bei der Naphthalinwäsche nicht. Wird bei höherer Temperatur vergast, so sinkt der Wasser- und steigt der Naphthalingehalt. Je höher das spez. Gewicht des Öls und somit des Teers ist, desto besser ist der Teer zur Naphthalinwäsche geeignet. Nach *Ellery*[2] beträgt die Lösungsfähigkeit verschiedener Flüssigkeiten für Naphthalin bei 0°:

Benzol	24,9 Proz.
Teeröl	9,74
Kreosot	3,15
Amerikanisches Gasöl	5,89
Ölgasteer	23,5

Eitner gibt allerdings die Lösungsfähigkeit von Benzol bei 0° zu 32 Proz. und *Bertelsmann* die für Teeröle bis zu 40 Proz. an. Endlich verwendet man vielfach auch den naphthalinarmen und dünnflüssigen Vertikalofenteer mit befriedigendem Erfolg zur Naphthalinwäsche an. *Beutner* wäscht sogar mit dickflüssigem Teer von Horizontal- und Schrägöfen das warme Gas im ersten Ringluftkühler.

Zur Bekämpfung der Naphthalinausscheidung im Rohrnetz empfahl *Bunte* das Gas mit Xyloldämpfen anzureichern. Das Xylol verdichtet sich im Rohrnetz und führt das gelöste Naphthalin zu den Wassertöpfen. Der Xylolcarburierapparat kann wie der entsprechende Benzolapparat hinter dem Stadtdruckregler angebracht werden.

Sicheren Erfolg verspricht dies Verfahren jedoch nur dann, wenn die Stellen, an denen sich das Naphthalin ausgeschieden hat, mit Sicherheit bekannt sind. Man verwendet dann geeignete Xylolspritzen. Nach den Untersuchungen von *Eitner*[3] stellt sich die Aufnahmefähigkeit des Gases die verschiedenen Lösungsmittel von Xylol und deren Lösungsfähigkeit für Naphthalin wie folgt:

1 cbm Gas nimmt auf:

	bei 0°	bei 10°	bei 20°
Alkohol	36,65 g	51,2 g	108,6 g
Petroläther	315,56	397,5	565,6
Benzol	116,20	216,6	332,7
Toluol	46,50	72,74	118,75
Xylol	16,89	25,31	41,98

---

[1] Journ. f. Gasbel. 1912, 815.
[2] Journ. of Gaslight. 1910, **111**.
[3] Journ. f. Gasbel. 1899, 91 f.

Löslichkeit von Naphthalin:

	g in 100 g Lösungsmittel	
	10°	0°
Alkohol	5,00	4,25
Petroläther	11,05	7,75
Benzol	40,70	32,00
Toluol	35,30	24,80
Xylol	29,00	20,80

Außer Xylol werden vielfach die Kohlenwasserstoffe, welche beim Komprimieren von reinem Ölgas abgeschieden werden, und Petroleum oder schwere Erdöle verwendet.

Die Bestimmung des Naphthalins im Leuchtgas erfolgt nach *Sainte Claire Deville*[1] durch Abkühlen des Gases auf — 22° und Wiegen des ausgeschiedenen Naphthalins. Diese Methode wurde in neuester Zeit von *Laurin*[2] wieder angewandt, sie ist aber ungenau und unzuverläßlich. *Abderhalden*[3] wäscht das Rohgas mit am Rückflußkühler siedendem Alkohol. Das Naphthalin wird zur Trennung von Teer mit Wasserdampf destilliert; es scheidet sich in der sehr verdünnten wässerigen, alkoholischen Lösung aus und wird abfiltriert und gewogen. Auch diese Methode ist so ungenau, daß sie wohl kaum Verbreitung finden dürfte. Die einzige bisher bekannte brauchbare Methode wurde von *Colman* und *Smith*[4] ausgearbeitet. Sie scheiden das Naphthalin mit einer wässerigen Lösung von Pikrinsäure ab, mit der Naphthalin eine unlösliche, aber auch wenig stabile Additionsverbindung eingeht. Diese Verbindung hat die Formel $C_{10}H_8C_6H_2OH(NO_2)_3$, den Schmelzpunkt 149° und kann aus Alkohol und Benzol umkrystallisiert werden. Die Verbindung spaltet sich sehr leicht in ihre Komponenten, so daß Naphthalin an der Luft verdampft oder Pikrinsäure von Wasser herausgelöst wird.

Colman und *Smith* wiegen das abgeschiedene Naphthalinpikrat. *Madsen*[5] verbesserte die Methode, indem er die übrig gebliebene Pikrinsäure zurücktitriert. Man titriert mit Kalilauge und Lakmoid oder besser Phenolphthalein. *Schlumberger*[6] versetzt die Pikrinsäure mit einer Lösung von 150 g Jodkalium und 30 g jodsaurem Kalium in 400 cc Wasser und titriert das durch die Pikrinsäure frei gemachte Jod mit $^1/_{10}$ n-Thiosulfat zurück. Da das Naphthalin nur dann quantitativ ausgeschieden wird, wenn ein Überschuß an Pikrinsäure vorhanden ist[7], wiegt man 2,7 g Pikrinsäure genau ab und bringt es in ein 10-Kugel-Rohr. Dann läßt man mindestens 200 l Gas mit einer Geschwindigkeit von höchstens 40 l in der Stunde durchstreichen und spült den Inhalt des Absorptionsgefäßes in einen Meßkolben von 250 cc Inhalt. In einen zweiten Kolben bringt man ebenfalls 2,7 g Pikrinsäure, füllt beide auf und erwärmt beide in einem Wasserbad so lange auf 40°, bis sich in dem

---

[1] Journ. f. Gasbel. 1889, 652.
[2] Journ. f. Gasbel. 1912, **118**, 984.
[3] Journ. of Gaslight. 1912, **120**, 230.
[4] Journ. of Gaslight. Nr. 2307, 323.
[5] Journ. f. Gasbel. 1905, 747.
[6] Journ. f. Gasbel. 1912, 1257.
[7] Journ. f. Gasbel. 1909, 694; 1910, 269.

letzteren Kolben alle Pikrinsäure gelöst hat. Den Inhalt des anderen Kolbens filtriert man und titriert 100 cc mit $^1/_{10}$ n-Barytwasser und Phenolphthalein als Indicator.

Schwieriger ist die Bestimmung des Naphthalins im Rohgas. Wein[1] absorbiert mit Pikrinsäure, zersetzt dann aber das Naphthalinpikrat durch Kochen mit Wasser und fängt das mit dem Wasserdampf übergehende Naphthalin wieder in Pikrinsäure auf. *Albrecht* und *Müller*[2] reinigen das Rohgas mit Schwefelsäure und Kalilauge, welche in einem Wasserbade auf der Temperatur des Rohgases gehalten werden müssen. Vorlegen von Sägemehl, Watte und anderen Mitteln zum Zurückhalten des Teers müssen vermieden werden, da sie unter Umständen alles Naphthalin zurückhalten. Der Fehler der Pikrinsäuremethode beträgt 1 bis 2 Proz.

Bei der Beurteilung des frischen Naphthalinwaschöls ist das Augenmerk hauptsächlich auf dessen Naphthalingehalt zu richten. Naphthalinfreie Teeröle sind nicht im Handel, man muß jedoch verlangen, daß das Öl, welches zwischen 200 bis 270° übergeht und die Hauptmenge des Naphthalins enthält, auch bei längerem Stehen bei 0° kein festes Naphthalin ausscheidet. Die Untersuchung des Naphthalinwaschöls erfolgt durch fraktionierte Destillation in einfachen Glasapparaten. Als Kolben verwendet man einen kurzhalsigen Rundkolben aus Jenaer Glas von 300 cc Inhalt. Auf demselben sitzt ein Fraktionieraufsatz mit zwei Kugeln so hoch, daß der Abstand vom Flüssigkeitsspiegel bis zum Knierohr 30 cm beträgt. Man destilliert 100 cc Öl mit einer Geschwindigkeit von etwa 1 Tropfen in der Sekunde. Das Kühlwasser muß bei einer Temperatur der übergehenden Dämpfe von 150° abgelassen werden. Bei Öl mit 4 Proz. Benzolzusatz gehen bis 120° nur etwa 3,5 cc über. Zwischen 200 und 270° sollen höchstens 8 cc übergehen, welche bei 0° kein Naphthalin ausscheiden dürfen. Bei gebrauchtem Öl verfährt man in der gleichen Weise und beurteilt die Anreicherung aus der Fraktion von 200 bis 270°, welche bis zu 25 cc betragen kann.

Zur Beurteilung des ungebrauchten Naphthalinwaschöls reichert *Pannertz*[3] 200 l Leuchtgas mit Naphthalin an und läßt es dann durch 20 cc des zu prüfenden Öles streichen. Der Naphthalingehalt des gewaschenen Gases wird mit Pikrinsäure bestimmt und darf nicht mehr als 2 g für 100 cbm betragen. Die Anreicherung des Gases mit Naphthalin erfolgt in einem Zylinder, der mit Naphthalin gefüllt ist und in einem Thermostaten auf einer ganz konstanten, für alle Versuche gleichen Temperatur (18°) gehalten werden muß. Den Grad der Ausnutzung des gebrauchten Öls bestimmt er durch das spez. Gewicht, welches von 1,1110 bis 1,112 des frischen Öls bis auf 1,060 des gebrauchten Öls sinkt[4].

Das gebrauchte Öl wird meist mit dem Teer verkauft. Es kann jedoch wie Teeröl selbst zum Betrieb von Motoren und zu Heizzwecken dienen.

---

[1] Journ. f. Gasbel. 1911, 891.
[2] Journ. f. Gasbel. 1911, 592.
[3] Journ. f. Gasbel. 1911, 1004.
[4] Journ. f. Gasbel. 1905, 921.

Die Entfernung des Ammoniaks.

Das Ammoniak entsteht bei der Zersetzung der stickstoffhaltigen Bestandteile der Kohle (siehe S. 49) und wird bei Temperaturen über 350° und hauptsächlich zwischen 500 und 700° gebildet. Etwa 0,15 bis 0,25 Proz. der Kohle und etwa 10 bis 14 Proz., bei Vertikalöfen bis 17 Proz. vom Stickstoff der Kohle findet sich als Ammoniak in den Roherzeugnissen der Trockendestillation. Im Rohgas sind etwa 400 g in 100 cbm oder 0,5 Vol.-Proz. gasförmiges Ammoniak enthalten. Der Ammoniakgehalt schwankt mit der Art der Kohle, mit den Verhältnissen des Betriebes und der Bauart der Öfen.

Das Ammoniak löst sich schon in beträchtlicher Menge im Wasser der Vorlage und im Kondensat der Rohrleitungen und der Kühler. Die Ammoniakgehalte von Kondens- und Waschwässer an den verschiedenen Stellen des Betriebes betragen z. B. nach Untersuchungen des Verfassers:

	Spez. Gewicht	Gesamt-ammoniak Proz.	Freies oder leichtgeb. Ammoniak Proz.	Kohlensäure	Schwefelsäure SO_4	Schwefel als Sulfid	Gesamt-schwefel
Vorlage von Dessauer Vertikalöfen	1,005	0,292	0,102	0	0,0335	0	0,019
Kondenswasser							
in der Leitung	1,006	0,605	0,2244	0	0,0446	0	0,0389
im ersten Kühler (Reutterkühler)	1,045	3,788	3,462	0,468	0,0472	1,36	0,421
im Teerscheider	1,024	2,176	1,700	0,209	0,0644	0,773	0,326
Waschwasser . . . . {	1,020 bis 1,036	1,822 bis 3,121	1,708 bis 2,992	0,1984 bis 0,394	0,0120 bis 0,0170	1,668 bis 1,78	0,420 bis 0,532
Wasser aus der Sammelgrube . .	1,018	1,63	1,43	0,153	0,0591	—	0,345

Die Zusammensetzung der Kondens- und Waschwässer aus verschiedenen Betriebsstellen beim Verarbeiten der gleichen Kohle zeigt folgende Zusammenstellung:

1. Das Ammoniak und die Form seiner Bindung[1].

	Aus der Vorlage g im l	Kühler I	Kühler II	Kühler III	Kühler IV	Erster Wäscher	Letzter Wäscher
Spez. Gewicht bei 155° . . .	1,011 bis 1,012	1,035	1,075	1,115	1,120	1,022	1,010
Ammoniak							
im Schwefelammonium . .	2,6 „ 3,14	17,36	35,71	—	60,30	11,37	8,71
als kohlensaures Ammonium	2,75 „ 1,16	17,14	41,14	—	61,43	22,86	8,57
als thioschwefels. Ammonium	0,40 „ 0,27	Spur	0,59	1,16	2,53	0,73	0,44
als schwefelsaur. Ammoniak	0,03 „ 0,13	0	0	0	0	0	0
als Rhodanammoniak . . .	0,36 „ 0,41	0,03	Spur	0	0	0,36	0,09
als Chlorammonium	7,04 „ 6,60	0,54	0,71	0,91	0,48	0,40	0,17
als Ferrocyanammonium . .	0 „ Spur	0,07	0,14	0,43	1,29	0	0
Gesamt-Ammoniak	13,29 „ 13,14	35,13	78,29	115,43	126,00	35,71	18,0

[1] *Cox* nach *Lunge-Köhler:* Ammoniak, 1912, 181.

2. Die einzelnen Ammoniakverbindungen [1].

	Aus der Vorlage g im l	Kühler I	Kühler II	Kühler III	Kühler IV	Erster Wäscher	Letzter Wäscher
Schwefelammonium	5,20 bis 6,29	34,71	71,43	—	120,60	22,74	17,43
Kohlensaures Ammonium . .	8,05 „ 7,29	48,34	116,00	—	173,23	64,46	24,14
Thioschwefelsaures „ . .	1,74 „ 1,17	Spur	1,79	5,03	10,93	3,29	1,93
Schwefelsaures „ . .	0,11 „ 0,49	0	0	0	0	0	0
Rhodanammonium	1,60 „ 1,86	0,13	Spur	0	0	1,60	0,39
Chlorammonium	22,17 „ 20,79	1,70	2,21	2,87	1,53	1,26	0,54
Ferrocyanammonium	0	0,31	0,59	1,79	5,36	0	0

Die Entfernung des Ammoniaks aus dem Rohgas und die Leistung der einzelnen Apparate betragen nach Untersuchungen *Leybolds*[2]:

Ammoniak im Rohgas

	g Ammoniak in 100 cbm Gas	Es wird entfernt
in der Vorlage	396,6	17,88 Proz.
nach der Kühlung	325,7	81,16
„ dem Skrubber	3,8	0,96
„ der Reinigung	Spur	—
im Behältergas	Spur	—

Folgende Analysen zeigen die außerordentliche Mannigfaltigkeit in der Zusammensetzung der Gaswässer[3]:

Spez. Gewicht . . .	1,020	1,024	—	1,026	1,019	1,025	1,025	—	1,033
	Proz.	Proz.	Proz.	Proz.	Proz.	Proz.	Proz.	Proz.	Proz.
Ammoniak gesamt .	1,827	2,630	1,840	2,476	1,382	1,593	1,550	1,316	2,745
„ gebunden	0,110	0,395	0,280	0,490	0,120	0,100	0,100	0,116	0,600
„ frei . . .	1,717	2,235	1,560	1,986	1,262	1,493	1,450	1,200	2,145
Chlorid als HCl . .	0,000	0,020	0	0,685	0,120	Spur	Spur	Spur	0,946
Schwefelwasserstoff .	0,625	0,634	3,397	0,629	0,100	0,068	0,064	0,093	0,709
Schwefel, Gesamt- .	0,633	0,695	0	0,750	0,136	0	0	0	0,863
Kohlensäure . . .	0,860	2,023	1,390	2,019	1,493	1,819	1,830	1,485	2,365

Short fand bei Entgasung von Durhamkohle im Otto-Hilgenstock-Unterbrennofen im Gaswasser:

Ammoniak, flüchtig	1,41 g in 100 ccm	98,31 Proz. des Gesamt-Stickstoffs
„ gebunden	0,11	
Schwefel als H_2S	0,237	90,46 Proz. des Gesamt-Schwefels
„ „ HCNS	0,013	4,96
„ „ Thiosulfat u. Sulfid	0,008	3,05
„ „ Sulfat	0,004	1,53
Kohlensäure	1,490	
Ferrocyanid	0	1,47 Proz. des Gesamt-Stickstoffs
Cyanid als HCN berechnet . .	0,036	
Rhodanid als HCN berechnet .	0,0119	0,22
Chlorid als HCl berechnet . .	0,1530	

---

[1] *Cox* nach *Lunge-Köhler:* Ammoniak, 1912, 181.
[2] Journ. f. Gasbel. 1890, 338.
[3] *Grossmann:* Das Ammoniak, 1908, 20 f.

	Gesamt-ammoniak g im l	Flüchtiges Ammoniak	Gesamt-schwefel	Schwefel-ammonium	Schwefligsaures Ammonium	Schwefelsaures Ammonium	Thioschwefligsaures Ammonium	Chlor-ammonium	Ferrocyan-ammonium	Kohlensaures Ammonium	Rhodan-ammonium	Spez. Gewicht	Bégrade Proz.
Dyson Gaswasser von Leeds . .	20,45	—	3,92	3,03	—	0,19	2,80	14,23	0,41	39,16	1,80	—	—
Kay	29,1	27,2	6,38	9,36	1,56	0,13	Spur	10,5	9,47	—	1,70	1,035	5,0
Appleyard . . .	29,8	26,4	6,36	9,01	1,52	0,13	Spur	10,3	9,48	—	1,60	1,035	5,0

Das verarbeitete Gaswasser enthielt in Düsseldorf im Mittel von vielen Untersuchungen:

1910	3,0 bis 3,3° Bé	— spez. Gew.	1,90 bis 2,32 Proz., i. M.	2,10 Proz. Ammoniak	
1911	1,6 „ 2,4	1,017	1,74 „ 2,08	1,90	
1912	2,4	1,017	1,60 „ 1,95	1,74	
1913	2,4	1,017	1,52 „ 1,79	1,64	

Der Ammoniakgehalt des Gases an den verschiedenen Stellen der Reinigungsapparate beträgt nach *Leybold*[1]:

in der Vorlage	396,6
nach der Kühlung	325,7
„ der Wasserwäsche	3,8
„ „ Reinigung	Spur hinter Reiniger I
im Behälter	Spur „ „ II

Volkmann fand auf dem Gaswerk Düsseldorf, welches ohne Cyanwäsche und mit möglichst gründlicher Vorkühlung arbeitet:

Ammoniakgehalte im Gas an den verschiedenen Stellen der Reinigungsapparate

	g in 100 cbm		
Steigrohr	145 bis 966	im Mittel	450 g
Vor der Vorkühlung	272 „ 559		415
Eingang Naphthalinwäscher	148 „ 471		275
Ausgang „	106 „ 389		206
„ Nachkühlung, berieselt . .	30,6 „ 80,5		60
„ „ nicht berieselt	115 „ 197		157
„ Wäscher	0,17 „ 2,90		0,98
Stadtgas	0 „ 1,2		0,3

Die Mittelwerte sind Durchschnittszahlen von je 20 bis 40 Untersuchungen.

Die Leistungen der einzelnen Apparate für die Ammoniakwäsche betragen etwa:

	ohne Cyan- waschung bei starker Kühlung	mit Cyan- waschung
Vorlage	7 bis 8 Proz.	7 bis 8 Proz.
Vorkühlung, berieselt	30	—
„ nicht berieselt . .	15	5
Naphthalinwäscher	15	5
Cyanwäscher	—	30
Nachkühlung, berieselt	20	20
„ nicht berieselt . .	10	10
Wasserwäsche	10 bis 15	30 bis 40

---

[1] Journ. f. Gasbel. 1890, 338.

Diese Zahlen können aber keine allgemeine Gültigkeit beanspruchen, da sie mit kleinen Änderungen im Betrieb außerordentlich schwanken.

Das Ammoniak ist im Gaswasser zum Teil in flüchtiger Form, d. h. in Gestalt von Verbindungen, welche beim Erwärmen auf $100°$ dissoziieren und in Dampfform entweichen, zum Teil in nicht flüchtigen Verbindungen enthalten. Das Gaswasser enthält neben Pyridin und seinen Homologen, außer Phenolen und anderen wasserlöslichen Bestandteilen des Teeres folgende Verbindungen des Ammoniaks:

a) bei gewöhnlicher Temperatur flüchtig:
> kohlensaures Ammoniak,
> Schwefelammonium und Ammoniumpolysulfide,
> Cyanammonium,
> essigsaures Ammonium und freies Ammoniak, doch ist das Vorhandensein der beiden letzten nicht völlig erwiesen.

b) nicht flüchtig bei gewöhnlicher Temperatur:
> schwefelsaures Ammoniak,
> schwefligsaures Ammoniak,
> thioschwefelsaures Ammoniak,
> thiokohlensaures Ammoniak,
> Chlorammonium,
> Rhodanammonium,
> Ferrocyanammonium.

Das Ammoniak wird möglichst vollständig aus dem Gase entfernt, da es einerseits fast alle Metalle angreift und empfindliche Schädigungen an Apparaten und Messern hervorrufen würde, und weil es andererseits ein sehr wertvolles Nebenprodukt darstellt, das die Bilanz eines jeden Gaswerks stark beeinflußt. Das Ammoniak wird entweder mit Wasser oder mit Säuren oder Salzlösungen entfernt. Die Entfernung der Hauptmenge erfolgt auf Gaswerken heute noch ausschließlich durch die Wasserwäsche. Die Waschung erfolgt im Gegenstrom entweder in mehreren hintereinander geschalteten Skrubbern oder in rotierenden Wäschern mit mehreren Kammern.

Die Skrubber sind meist runde, aus Eisen gefertigte Türme, welche mit Koks oder Holzhorden angefüllt oder, wie beim *Ledig*-Wascher, mit Eisenblechen in einzelnen Kammern versehen sind. Das Wasser wird durch Kippgefäße und eine geeignete Verteilungsvorrichtung gleichmäßig ausgebreitet und rieselt dem Gasstrom entgegen. Durch Pumpen wird das Wasser auf den nächsten Skrubber gehoben und die Menge meist so eingestellt, daß es vom letzten Skrubber mit 3 bis $4°$ Baumé abläuft. Je kälter das Gas und das Waschwasser, desto wirksamer ist die Wäsche. Neuerdings spritzt man auch durch Streudüsen fein verteiltes Wasser dem Gasstrom entgegen. Die wirksamsten Wäscher, welche zugleich den geringsten Raum beanspruchen, sind die rotierenden Wäscher. Sie bestehen ebenso wie die rotierenden Cyan- und Naphthalinwäscher aus einzelnen Kammern, durch welche eine drehbare Achse geht. Man wendet meist Wäscher mit 6 bis 8 Kammern an. Je größer die Anzahl der Kammern, desto sicherer ist die Wirkung und desto stärker das ablaufende Wasser. An der Achse sind bei dem Wascher von

Holmes der *Berlin - Anhaltischen Maschinenbau - Actien - Gesellschaft* Scheiben befestigt, welche mit einem Kranz von Piassavebürsten besetzt sind. Beim Standardwäscher befinden sich in jeder Kammer zwei Scheiben mit dazwischen befestigten Holzstäben. Beim *Zschocke*-Wäscher sitzen auf der Welle quer zur Kammer vier starke durchlochte Bleche, welche Kugeln in den Kammern umherwälzen. Der Wasserzulauf wird hier gewöhnlich ebenfalls nach dem spez. Gewicht oder der Schwere in Baumégraden des ablaufenden Wassers geregelt. Sehr viel zweckmäßiger ist es, sich nach dem Gehalt an Ammoniak im gewaschenen Gas zu richten. Läßt sich am Ausgang des Wäschers mit angefeuchtetem roten Lackmuspapier kein Farbenumschlag wahrnehmen, so ist die Wäsche ausreichend. Weniger empfindlich ist die ebenfalls verbreitete Probe mit konzentrierter Essigsäure, welche mit dem Ammoniak des Gases Nebel bildet. Am besten regelt man den Wasserzulauf so, daß sich im Wasser der letzten Kammer mit Lackmuspapier keine alkalische Reaktion nachweisen läßt. Man hat dann im Gas selbst bei schwankender Erzeugung nicht mehr als 1 g Ammoniak in 100 cbm gewaschenen Gases.

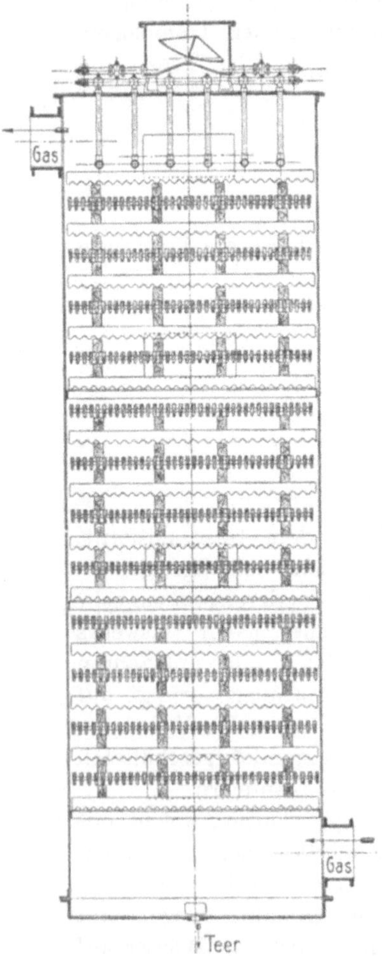

Pfeiffer[1] beschreibt einen einfachen Apparat mit auswechselbaren Kaliberscheiben, welcher gestattet, den Wasserzulauf den Schwankungen der Gaserzeugung besser anzupassen.

Der Wasserverbrauch beträgt nach *Pfeiffer* 30 l Wasser für 100 cbm Gas. Im allgemeinen wird man bei guter Kühlung und Vorwäsche jedoch mit weniger Wasser auskommen. Im Mittel zahlreicher Untersuchungen des Verfassers wurden nur etwa 15 l Wasser für 100 cbm Gas verbraucht, wobei das Gaswasser mit 4° bis 5° von den Wäschern ablief und das Wasser in der Grube etwa 3° spindelte.

Fig. 74. Ammoniakwäscher.

Die stufenweise Entfernung des Ammoniaks aus dem Gas im liegenden Wäscher zeigen die Leistungsversuche (s. Tabelle auf S. 147).

Der geringe Ammoniakgehalt, der im Gase verbleibt, wirkt bei frischen Gasreinigungsmassen mit saurem Charakter fördernd auf die Schwefelwasserstoffaufnahme.

Die genaue Bestimmung des Ammoniakgehaltes erfolgt durch Waschen einer gewissen Menge Gas in Waschflaschen, die mit Normalschwefelsäure

[1] Journ. f. Gasbel. 1913, 161.

Soll Leistung	Ist Leistung	Eingang	Kammern						Ausgang	Ablaufendes Wasser
			I	II	III	IV	V	VI		
50 000	50 000	112,2	98,5	91,0	70,5	52,1	28,6	13,1	1,7	3,5°
50 000	50 000	117,0	102,0	90,2	74,5	49,4	30,5	14,4	3,5	3,5°
65 000	62 500	144,0	121,0	98,1	68,7	53,8	35,2	15,1	2,1	3,0°
65 000	62 500	136,5	117,6	101,5	80,1	60,4	39,7	14,7	1,5	3,0°

für die Bestimmung vorm Wäscher und mit $^1/_{10}$ n-Schwefelsäure für die Bestimmung hinterm Wäscher beschickt sind. Nachdem die gewünschte Menge Gas durch die Waschflaschen durchgegangen ist, kocht man die Säure zur Entfernung des Schwefelwasserstoffs und titriert kalt zurück.

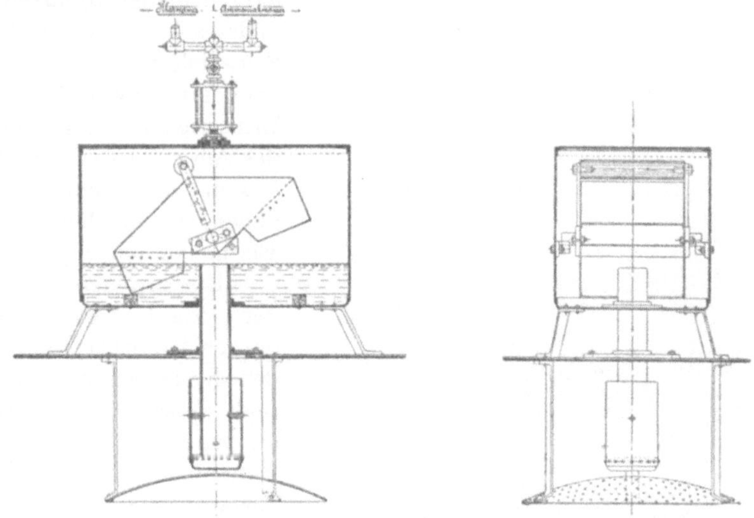

Fig. 75. Kippgefäß.

Die Untersuchung des Ammoniakwassers. Im Ammoniakwasser bestimmt man das Ammoniak durch Destillation von 25 cc oder einer entsprechenden gewogenen Menge mit Kali oder Natronlauge, Kalk oder gebrannter Magnesia usw., und fängt das Ammoniak in 50 cc Normalschwefelsäure auf. Als Indicator verwendet man Methylorange oder, wegen des besser erkenntlichen Umschlags, Kongo.

Das freie Ammoniak bestimmt man in der gleichen Weise ohne Zusatz von Alkalien. Das fixe Ammoniak, dessen Kenntnis für die Berechnung des Kalkzusatzes bei der Destillation nötig ist, ergibt sich aus der Differenz. Die Bestimmungen der übrigen Bestandteile haben kein praktisches Interesse, und es sei darum hier nur auf die Spezialliteratur verwiesen[1].

---

[1] *Lunge-Köhler:* Ammoniak 1912, 193; *Mayer-Hempel:* Journ. f. Gasbel. 1908, 338, 403, 425.

Die Bindung des Ammoniaks durch Säuren ist schon vor Jahrzehnten versucht und ausgeführt worden. Nach den Verfahren von *Bolton* und *Wanklyn* wird in Reinigungskästen auf Holzhorden Superphosphat in 10 bis 15 cc hoher Schicht ausgebreitet, welches vorher durch Übergießen mit rohem Gaswasser aufgelockert ist. 1 cbm dieses Superphosphats genügte zur Entfernung des Ammoniakgehalts von 20 000 cbm Gas. Das Verfahren wurde eine Zeitlang in München, Nürnberg usw. betrieben, aber nach einigen Jahren wieder verlassen. Ein anderes Verfahren wollte mit Schwefelsäure und Sägemehl oder mit Schwefelsäure, die in Infusorienerde aufgesaugt war, das Ammoniak in Reinigungskästen entfernen[1], ähnlich denen, die zur Aufnahme von Eisenoxyd dienen.

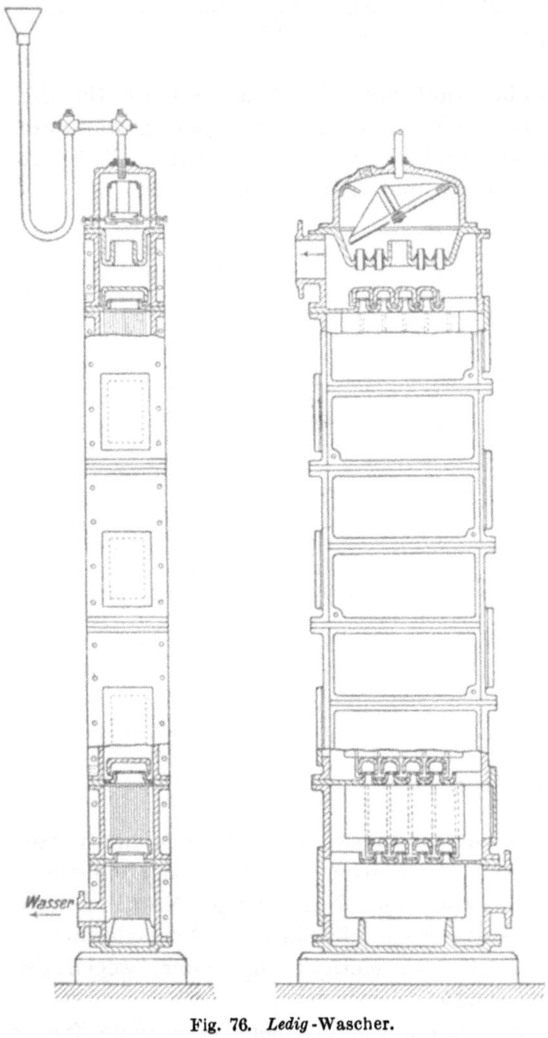

Erst in neuerer Zeit wurde der Gedanke, Ammoniak mit Säuren herauszuwaschen, von den Kokereien aufgenommen und verschiedene Verfahren ausgearbeitet, die fast alle zur Zufriedenheit arbeiten. Auf Gaswerken sind bis jetzt noch keine Versuche zur Einführung dieser Verfahren gemacht worden, doch kann kein Zweifel darüber bestehen, daß sie für Gaswerke brauchbar sind und später eingeführt werden[2]. Die teuren Wäscheranlagen mit ihrem Dampfverbrauch fallen fort, und die Ammoniakfabrik mit ihren Kolonnen, mit ihrem Kalk- und Dampfverbrauch wird auf die Hälfte und weniger reduziert. Dadurch sinken auch die Mengen der lästigen Abwässer und Abgase entsprechend.

Fig. 76. *Ledig*-Wascher.

---

[1] Journ. f. Gasbel. 1881, 643.
[2] Journ. f. Gasbel. 1910, 244; 1911, 1031; Journ. of Gaslight. 1912, 156.

Beim ältesten dieser Verfahren von *Brunck*[1] wird das Gas in einem Zentrifugalteerscheider und in einem Kühler mit Teerberieselung möglichst entteert und auf 80 bis 85° gekühlt. Es tritt dann in geschlossene Sättigungskästen mit Schwefelsäure. Bei diesem Verfahren wird der Teer nicht weitgehend genug entfernt. *Otto*[2] kühlt das von den Öfen kommende Gas in Luftkühler auf 100 bis 120° und entteert es dann durch einen mit Teerwasser, d. h. einem Gemisch von Gaswasser und dünnem Teer betriebenen Vielstrahlapparat. Die Temperatur des Teerwassers schwankt zwischen 50 und 80° und wird so geregelt, daß die Temperatur im Gas bei der Teerausscheidung in der Höhe des Taupunkts (etwa bei 76°) liegt. Das Gas geht dann durch einen geschlossenen Kasten mit Schwefelsäure, welche so stark gehalten wird, daß die Reaktionswärme eine Kondensation von Dampf verhindert. Die Entteerung ist so vollständig, daß man ein gutes Salz von handelsüblicher Beschaffenheit erhält.

Koppers[3] kühlt das Gas zunächst auf etwa 30° und bewirkt die Entteerung mit Teerscheider bekannter Konstruktion. Die ersten Kühler sind Austauschapparate, in denen das heiße Rohgas das gekühlte und vom Teer befreite Gas wieder auf etwa 70° erwärmt, da kaltes Gas durch Bildung von Kondensaten die saure Waschlauge zu sehr verdünnen würde. Die Kondenswässer aus den Kühlern enthalten natürlich beträchtliche Mengen von Ammoniak, die einen Kolonnenapparat mit Kalk abgetrieben und dem Rohgas vor der Kühlung wieder zugeführt werden. Obwohl hierbei außer dem Ammoniak beträchtliche Mengen Wasserdampf zu dem Rohgas treten, erreicht die Menge des gebildeten Kondenswassers nur ein bestimmtes Maß. Das vom Teer befreite Gas tritt dann mit etwa 60 bis 70° in den geschlossenen Sättigungskasten. Die Ersparnis an Dampf für die Ammoniakdestillation beträgt etwa 50 Proz. gegenüber der Wasserwäsche. *Collin*[4] kühlt ähnlich wie *Koppers* das Gas in bekannter Weise, leitet aber das entteerte Gas 30 bis 35° kalt durch ein Säurebad. Die Kondenswässer werden ebenfalls destilliert und das Ammoniak in das gleiche Säurebad wie das Gas, aber unter einer eigenen Glocke geleitet. Das Gas enthält 5 bis 15 Proz. freie Schwefelsäure, und seine Erwärmung durch die Dämpfe vom Abtreibeapparat genügt, um die Verdünnung des Bades durch Kondensation des Wasserdampfes aus dem kalten Gas auszugleichen. Ein Vorteil gegenüber dem *Koppers*schen Verfahren liegt darin, daß der Schwefelwasserstoff aus dem Kondenswasser für sich abgeleitet werden kann. Ähnlich wie das Verfahren von *Koppers* und *Collin* arbeitet auch das der Zeche Mont Cenis[5], doch wird das Ammoniakgas, welches von der Abtreibekolonne kommt, durch einen

---

[1] D. R. P. 167 022 (1903); 183 384 (1905); Stahl u. Eisen 1909, 1644, 1787; 1910, 1285; 1913, 777, 817.

[2] Journ. f. Gasbel. 1909, 1101; 1911, 1031; Stahl u. Eisen 1910, 1285; 1913, 777, 817.

[3] D. R. P. 181 846 (1904); Journ. f. Gasbel. 1911, 1043; Stahl u. Eisen 1910, 113, 1285; 1913, 777.

[4] Stahl u. Eisen 1913, 77.

[5] Journ. f. Gasbel. 1911, 1272.

Rückflußkühler möglichst weitgehend vom Wasserdampf befreit und dem 30° warmen Gas hinterm Teerscheider und unmittelbar vorm Säurebad zugeführt. Das Gas tritt mit etwa 40° in das Säurebad ein und verläßt es mit etwa 50°. Die Reaktionswärme genügt ebenfalls, um die Verdünnung des Bades zu verhindern. Ein neues Verfahren hat dann noch *Still*[1] angegeben, bei welchem das Gas wieder wie beim Verfahren von *Koppers* erwärmt wird. Als Wärmeüberträger dient schwaches Gaswasser. Das von den Öfen kommende, etwa 80° warme Gas wird mit Gaswasser mit 3 bis 4 g Ammoniak im l gewaschen und dadurch zugleich auf etwa 40° gekühlt. Das Gas wird dann in einem Wasserkühler, einem Gassauger und Teerscheider vom Teer befreit und gelangt dann in einen Verdunster, indem sich das Gas an dem etwa 70° warmen Waschwasser wieder erwärmt, bevor es in das Säurebad tritt.

Das Ammoniak kann auch durch Salzlösungen aus dem Gase herausgewaschen werden, mit denen es unter Bildung von Ammoniaksalzen Hydroxyde bildet. Hierher gehört also jede Cyanwäsche, bei welcher vor der Ammoniakwäsche Salze angewendet werden. *Kroll* schlug schon 1840 Anwendung von Eisen- und Mangansalzen zur Gewinnung von Ammoniaksalzen vor. Eine Reihe hierhergehöriger Patente nahm *Feld*[2], von denen besonders der Vorschlag Erwähnung verdient, das Ammoniak mit Chlormagnesium zu entfernen, ein Verfahren, das also zur Verarbeitung von Magnesiumlaugen dienen könnte. Ferner wurden gelegentlich Lösungen von Calciumnitrat zur Herstellung von reinem Ammoniumnitrat und Gipssuspensionen verwendet[3].

Die Verarbeitung des Gaswassers.

Die Kondenswässer, welche sich in den Rohrleitungen und Apparaten von der Vorlage bis zum Wäscher ausscheiden, und die Waschwässer selbst gehen mit dem Teer zusammen durch eine Sammelleitung in unterirdischen Gruben aus Beton oder werden in eiserne Behälter gehoben. Die Gruben müssen ausreichend sein, um die Schwankungen zwischen Verarbeitung und Verkauf und Erzeugung auszugleichen. In einer Vorgrube, in welcher man durch eingebaute Querwände dafür sorgt, daß das Gemisch von Teer und Wasser einen langen Weg in ständiger, gleichmäßig langsamer Bewegung zurücklegen muß, scheidet sich der schwerere Teer vom Gaswasser ab. Am Ende der Grube ist ein Überlauf, durch den das Gaswasser von oben in eine Wassergrube läuft, während der Teer von unten ebenfalls durch einen Überlauf in die Teergrube fließt. Das Gaswasser wird besonders von kleinen Fabriken an chemische Fabriken verkauft oder gelegentlich auch direkt zu Düngerzwecken verwendet. Etwa seit dem Jahre 1875 sind jedoch die größeren Gaswerke meist dazu übergegangen, das Gaswasser selbst auf die wertvollen Ammoniakerzeugnisse zu verarbeiten. Bis zum Jahre 1913 kamen

---

[1] Glückauf 1913, 1102.
[2] D. R. P. 176 746 (1902); 185 419 (1905); 214 662 (1907).
[3] Stahl u. Eisen 1910, 1286.

außer der am meisten betriebenen Darstellung von schwefelsaurem Ammoniak
die Erzeugung von schwach und stark verdichtetem Gaswasser, von reinem
Salmiakgeist und flüssigem Ammoniak in Frage. Seitdem aber die *Badische
Anilin- und Sodafabrik* nach dem Verfahren von *Haber* Ammoniak aus dem
Stickstoff der Luft und Wasserstoff herstellt, ist der Herstellung von konzen-
triertem Ammoniakwasser, Salmiakgeist und flüssigem Ammoniak die Möglichkeit wirtschaftlichen Arbeitens genommen. Die betroffenen Gaswerke
sind gezwungen, ihre Anlagen umzubauen, um zukünftig schwefelsaures
Ammoniak herzustellen, da die anderen Produkte reiner und billiger ange-
boten werden. Die Aufnahmefähigkeit für schwefelsaures Ammoniak ist
so groß, daß ein dauerndes und empfindliches Sinken der Preise hier nicht
befürchtet zu werden braucht, selbst wenn die Firma auch mit der Erzeugung
von Ammoniaksalz beginnt.

Zur Herstellung von schwefelsaurem Ammoniak wird das Gaswasser
heute fast ausschließlich in Destillierkolonnen verarbeitet. Durch eine Pumpe
wird es in einen Hochbehälter gedrückt und läuft von hier aus in die Kolonne.
Es ist sehr zweckmäßig, einen Zwischenbehälter mit Schwimmerventil und eine
Meßvorrichtung einzuschalten, da man ohne diese letztere in der Salzfabrik
über die Leistung, über Dampfverbrauch und Kalkzusatz stets im unklaren
bleibt. Da das Ammoniakwasser fast alle Materialien außer Blei und Gußeisen stark angreift, gibt es nur wenig bewährte Einrichtungen, und auch
diese sind einem starken Verschleiß unterworfen. Außer einer Flüssigkeits-
wage sind Kippgefäße oder Kolbenwassermesser in Gebrauch. Das Wasser
wird, um Dampf zu sparen, mit den vom Sättigungskasten abziehenden
Dämpfen oder auch mit dem Abwasser der Kolonne vorgewärmt. Hierzu
dient entweder ein aus Blei gefertigter Röhrenvorwärmer in gußeisernem
Gehäuse, welcher infolge der Temperaturschwankungen an den Bleinähten
leicht undicht wird, oder ein vollständig aus Gußeisen hergestellter Gegen-
stromapparat, welcher sich vorzüglich bewährt. Das Wasser kann bis auf
etwa 80 oder 90° vorgewärmt werden. Ein Fehlen des Vorwärmers beeinflußt den Gang der Kolonne selbst nicht.

Der Abtreibeapparat bestand früher aus einer einfachen Destillierblase,
die aber so unwirtschaftlich und unvollkommen arbeitete, daß sie sich wohl
nur auf Gaswerken findet, deren geringe Erzeugung keinen ununterbrochenen
Betrieb gestattet. Fast ausschließlich verwendet man deshalb Destillierkolonnen, welche aus Gußeisen gefertigt sind und aus einer größeren Anzahl
Abteilungen bestehen. Das Wasser läuft von Etage zu Etage dem Dampf-
strom entgegen und reichert diesen mit Ammoniak an. Dann gelangt das
Wasser, nachdem alles leichtflüchtige Ammoniak und alle Kohlensäure und
Schwefelwasserstoff abgetrieben sind, in ein Mischgefäß, in dem Kalk zu-
gesetzt wird, der das Ammoniak aus nicht flüchtigen Salzen frei macht.
Das Wasser gelangt dann in einen zweiten Teil der Kolonne, in der auch die
letzten Reste des Ammoniaks abgetrieben werden.

Es existieren zahlreiche Konstruktionen, welche sich im Prinzip kaum
voneinander unterscheiden. Der Dampfzusatz wird durch ein Reduzierventil

geregelt, indem man den Druck auf etwa 0,8 bis 1,5 Atm., je nach der Größe und Bauart der Kolonnen, drosselt.

Der Kalk wird in Form von Kalkmilch zugesetzt, die man, um Verluste zu vermeiden, am besten bei Ankunft des gebrannten Kalks sofort in der bekannten Weise herstellt. In der Kalkgrube wird dieselbe dann durch eine mechanische Vorrichtung in so langsamer Bewegung gehalten, daß sich Grind und Sand absetzen, während der Kalk aufgeschlemmt bleibt. Die Kalkmilch wird durch eine Pumpe oder durch einen Dampfstrahlapparat entweder in ein Vorbassin befördert oder in eine Leitung gedrückt, welche einen Rücklauf zur Grube hat. Die Menge des Kalkzusatzes richtet sich nach dem Gehalt an schwerflüchtigem Ammoniak im Gaswasser. Im ersten Teil der Kolonne entweicht schon alle Kohlensäure und aller Schwefelwasserstoff, so daß nur noch etwa 10 bis 30 Proz. des Ammoniaks frei gemacht werden müssen. Man berechnet die benötigte Kalkmenge, indem man auf 17 Tl. fixen Ammoniaks 28 Tl. wirksamen Kalk zusetzt, bemißt jedoch den Kalk lieber reichlich, da Ammoniakverluste im Abwasser einen empfindlicheren Schaden bringen, als die Kosten eines etwas reichlicheren Kalkzusatzes betragen. Andererseits bringt jedoch zu großer Kalkzusatz neben dem überflüssigen Dampfverbrauch eine Vermehrung der lästigen Abwässer mit sich. Kalkmilch von der angewendeten Stärke enthält etwa:

Grade Bé	Gewicht von 1 l CaO-Lösung in g	CaO im Liter der Lösung in g	Grade Bé	Gewicht von 1 l CaO-Lösung in g	CaO im Liter der Lösung in g
1	1007	7,5	9	1067	84
2	1014	16,5	10	1075	94
3	1022	26	11	1083	104
4	1029	36	12	1091	115
5	1037	46	13	1100	126
6	1045	56	14	1108	137
7	1052	65	15	1116	148
8	1060	75			

Da der gebrannte Kalk in seinem Gehalt an wirksamem Kalk infolge von Unreinheiten des Rohmaterials und infolge von unrichtigem Brennen sehr große Schwankungen zeigt, so ist es zweckmäßig, seine wirksamen Bestandteile zu bestimmen.

Hierzu pulvert man eine gute Durchschnittsprobe und destilliert 1 g mit 50 cc einer Lösung von 150 g schwefelsaurem Ammoniak im l, legt 40 cc Normalschwefelsäure vor und destilliert im Stickstoffbestimmungsapparat. Ein anderes Verfahren hat *Pfeiffer*[1] angegeben: Eine größere Durchschnittsprobe wird in bohnengroße Stücke zerschlagen und davon etwa 70 g in $^3/_4$ l Wasser geschüttet, das in einem emaillierten Kessel zum Kochen erhitzt ist. Nach dem Abkühlen wird die Kalkmilch in einem Literkolben auf 1 l aufgefüllt. Man mißt 20 cc der gut durchgeschüttelten Kalkmilch und titriert nach Zusatz mit Phenolphthalein mit Normalsalzsäure bis zum

---

[1] *Lunge-Berl:* Untersuchungsmethoden III, 361 u. Journ. f. Gasbel. 1898, 69.

ersten Verschwinden der Rotfärbung. Man liest die Bürette ab und titriert weiter, bis die Rotfärbung auch nach 5 Minuten nicht mehr eintritt. Die erste Ablesung entspricht dem leichter reaktionsfähigen Kalk. 1 cc Normalsäure entspricht 2 Proz. Calciumoxyd. Kalk mit weniger als 90 Proz. wirksamen Bestandteilen soll, wenn möglich, nicht verwendet werden.

Die Destillation in den Kolonnen geschieht meist mit frischem Dampf, da Abdampf wegen der schwankenden Spannung meist nicht zu verwenden ist. Die Leistung der Kolonnen schwankt von 5 bis 300 cbm in 24 Stunden. Die Angaben über den Dampfverbrauch sind recht verschieden. *Pfeiffer*[1] bestimmte den Dampfverbrauch zu 570 k pro cbm und *Tieftrunk* zu 350 k per cbm verarbeiteten Gaswassers. Bei größeren Apparaten kommt man nach *Helck* jedoch mit 250 k aus.

Die Kolonnen, insbesondere derjenige Teil, in dem nach erfolgtem Kalkzusatz die Destillation zu Ende geführt wird, verstopfen sich leicht und müssen etwa alle 6 bis 8 Wochen, der andere Teil alle 6 bis 12 Monate abgebaut und gründlich gereinigt werden. Die Reinigung durch die Putzöffnungen der Kolonnen ist oberflächlich und gestattet nur die Entfernung von Schlammansammlungen.

Das verarbeitete Gaswasser muß unter allen Umständen frei von Teer sein, da sich sonst unangenehme Verstopfungen zeigen.

Zur Herstellung von schwefelsaurem Ammoniak leitet man die aus den Abtreibeapparaten entweichenden Dämpfe, welche Kohlensäure, Schwefelwasserstoff, Wasserdampf und Ammoniak enthalten, in Schwefelsäure hinein. Die Ammoniakdämpfe enthielten in einem Falle:

Wasserdampf . . . . 58,0 Proz.
Ammoniak 21,0
Kohlensäure 18,0
Schwefelwasserstoff 3,0

Die Schwefelsäure wird gewöhnlich in Form von 60grädiger Schwefelsäure, welche etwa 78 Proz. H_2SO_4 enthält, bezogen. Bei Gaswerken, welche in der Nähe von Säurefabriken liegen oder selbst Säure herstellen, kann jedoch auch Kammersäure mit 50 bis 55°, d. h. 67 bis 70 Proz. H_2SO_4 verwendet werden, da die Säure ja doch mit Abfalllaugen verdünnt werden muß, deren Menge sich leicht regeln läßt. Die Säure, welche aus ausgebrauchten Gasreinigungsmassen hergestellt wird, ist arsenfrei und eignet sich ganz besonders zur Herstellung eines ganz weißen Salzes. Bei den aus Schwefelkies gewonnenen Säuren wird beim Einleiten der schwefelwasserstoffhaltigen Dämpfe das Arsen abgeschieden und bildet einen schwarzen Schaum, der das Salz grau färbt, wenn er nicht durch Abschöpfen entfernt werden kann.

Die Schwefelsäure wird mit den beim Prozeß abfallenden Laugen auf etwa 45° verdünnt. Beim Einleiten der ammoniakhaltigen Dämpfe in die Säure entsteht zunächst Ammoniumbisulfat, saures Salz

$$H_2SO_4 + NH_3 = NH_4 \cdot HSO_4,$$

---

[1] *Lunge-Berl:* Untersuchungsmethoden III, 361 u. Journ. f. Gasbel. 1898, 69.

und beim weiteren Einleiten neutrales Ammoniumsulfat

$$NH_4HSO_4 + NH_3 = (NH_4)_2SO_4.$$

Die Gleichgewichte des Systems bei 30° und bei verschiedenen Säurekonzentrationen bestimmte *van Dorp*[1].

Bei der Entstehung von 1 k schwefelsaurem Ammoniak werden 220 WE. frei. Das Bad erwärmt sich dadurch bei einer Stärke von 34 bis 40° Baumé auf etwa 110°, so daß durch verdichteten Wasserdampf keine Verdünnung entstehen kann. 1 cbm Gaswasser von 3° Baumé und 1,7 Proz. Ammoniak enthält 17 k Ammoniak und braucht etwa 60 k Säure von 60° Baumé. Man erhält daraus 68 bis 70 k Salz von rund 20 Proz. Stickstoff. 100 k Säure von 60° Baumé geben etwa 115 k Salz.

Bei der Salzfabrikation unterscheidet man die unterbrochenen und ununterbrochenen Verfahren. Beim ersten arbeitet man in der Weise, daß man in einem starken Holzkasten, der mit etwa 8 bis 10 mm dickem, gut verlötetem Blei ausgeschlagen ist, und einer einfachen Bleiglocke mit Tauchrohr die Ammoniakdämpfe in die verdünnte Schwefelsäure so lange einleitet, bis der Kasten etwa halb mit ausgeschiedenem Salz gefüllt ist. Wenn die Säure bis auf wenig Prozent abgestumpft und das Salz nicht mehr schlammig ist, wird es mit kupfernen, durchsiebten Löffeln von Hand ausgeschöpft. Da hierbei gegen Schluß der Gehalt an freier Säure nicht mehr ausreicht, um alles Ammoniak aufzunehmen, so muß man entweder den Gaswasserzulauf drosseln und zuletzt abstellen, oder man arbeitet mit zwei Kästen an jeder Kolonne und stellt durch ein Ventil die Dämpfe auf den anderen frisch gefüllten Kasten. Nachsättiger sind in diesem Fall nicht zu verwenden, da sie sich infolge der großen Menge der Ammoniakdämpfe, die hineingelangen, regelmäßig verstopfen. Es ist unmöglich, bei den unterbrochenen Verfahren ohne Ammoniakverluste zu arbeiten.

Der ununterbrochene Betrieb ist daher viel vorteilhafter. Man arbeitet mit einem Bad, dessen Stärke durch Zufluß von frischer Säure möglichst gleich gehalten wird. Die Abtropflaugen mischt man entweder vorher, so daß die Säure mit etwa 50° Baumé zugesetzt wird, oder man setzt Säure und Lauge getrennt zu. Das Bad erhält man dabei auf etwa 32 bis 40° Baumé heiß gespindelt. Der Gehalt an freier Säure bewegt sich dabei zwischen 11 und 15 Proz. und wird meist etwa auf 12 Proz. gehalten. Das hierbei geschöpfte Salz ist aber so sauer, daß es geschleudert und eventuell gewaschen werden muß. Der Sättigungskasten erhält bei Kolonnen größerer Leistungsfähigkeit eine Größe und erzeugt eine solche Salzmenge, daß es nicht mehr möglich ist, das Salz herauszuschöpfen. Man gibt daher dem Kasten tiefere Form und läßt das Salz durch einen Hahn nach unten in eine Zentrifuge ab. Diese Form ist besonders in England sehr verbreitet. Bei uns zieht man es meist vor, das Salz durch einen Dampfstrahlinjektor in einen Vorkasten zu heben und dann zu schleudern.

---

[1] Zft. f. physik. Chem. 1910, **73**, 284.

Sehr brauchbar ist auch die Arbeitsweise, welche den Mittelweg zwischen dem unterbrochenen und ununterbrochenen Verfahren hält. Man schöpft dann alle 2 bis 4 Stunden alles entstandene Salz auf einmal heraus, läßt aber doch ständig Säure zulaufen.

Um Verluste an Ammoniak, welche bei geringem Säuregehalt im Bade oder bei zu großer Geschwindigkeit der Dämpfe entstehen, zu vermeiden, baut man Nachsättiger ein, in denen die Dämpfe, die aus den Kästen abziehen, noch einmal mit starker Säure gewaschen werden. Vorzüglich ist auch der Nachsättiger der *Zimpell*-Glocke, bei der die Säure des Nachsättigers durch die von der Kolonne kommenden Dämpfe geheizt und dadurch Kondensation vermieden wird. Ein in den Sättigungskasten eingebauter Nachsättiger hat sich auf dem Gaswerk Düsseldorf Jahre hindurch vorzüglich bewährt. *Rosenkranz* arbeitet mit zwei Kästen an einer Kolonne und benutzt immer einen als Nachsättiger des anderen. Die Abdämpfe gehen dann noch durch einen Säureabscheider, an dem sie durch Anprall an Stoßwänden die mitgerissenen Säuretröpfchen abgeben, und zum Vorwärmer oder direkt zum Kamin.

Das Salz kühlt zunächst ab und kann dann, wenn nötig, geschleudert werden. Beim unterbrochenen oder halbkontinuierlichen Verfahren kann man durch Schöpfen auch ohne Schleudern ein ansehnliches und hochwertiges Salz erzeugen, während beim ununterbrochenen Arbeiten Zentrifugieren nötig wird. Hierzu dient eine Zentrifuge mit kupfernen Siebeinsätzen.

Bei großen Kolonnen verwendet man die zuerst in England aufgenommenen geschlossenen Sättigungskästen, die bei uns hauptsächlich auf Kokereien in Gebrauch sind. Statt der gewöhnlich bevorzugten Bleikästen werden in der letzten Zeit die Kästen auch mit einem säurefesten, verkitteten Steinmaterial gebaut[1].

Das Salz kann dann auf einem geheizten Lager getrocknet werden und wird dann lose, in Säcken verpackt, verladen. Es wird fast ausschließlich zu Düngezwecken verwendet und ist der wichtigste Konkurrent des Chilesalpeters. Das Aussehen des Salzes ist für seine Brauchbarkeit als Dünger belanglos, und es wird daher meist als gut graues Salz nach seinem Stickstoffgehalt gehandelt. Stärkere Verfärbungen zeigen sich dann, wenn bei Verstopfungen der Kolonnen oder bei unrichtiger Dampfzufuhr rohes Gaswasser in die Sättigungskästen gelangt. Das Salz scheidet sich dann blau aus; braune und rote Färbungen werden durch Oxydationsvorgänge veranlaßt und treten meist nur an der Oberfläche auf. Dunkles bis schwarzes Salz enthält Teer oder viel Arsen.

Chemisch reines Ammonsulfat enthält 21,21 Proz. Stickstoff und 25,75 Proz. Ammoniak. Das Salz wird bei uns entweder mit 20 Proz. Stickstoff (entsprechend 24,29 Proz. Ammoniak) oder mit 24,5 und 25,0 Proz. Ammoniak gehandelt. Übergehalte werden vielfach vergütet. Bis 1,5 Proz. freie Schwefelsäure gilt als normal und 3 Proz. sind den Pflanzen nicht

---

[1] *Stellawerk vorm. Willich & Co.*, Homberg, Niederrhein; *Franz Pallenberg*, Dortmund.

schädlich[1]. Die deutsche Ammoniakverkaufsvereinigung liefert folgende Qualitäten:

1. Gut graues Salz . . . . mit 25,25 Proz. Ammoniak
2. Gut graues Salz . . . . „ 24,5
3. Gedarrtes und gemahlenes Salz „ 25,0

In England und den vom englischen Markt abhängigen Gebieten wird nach Becton terms gehandelt. Der Preis wird berechnet für eine Tonne à 1016 k in Säcken des Käufers ab Verladestelle, und es werden 25 Proz. Ammoniak im Salz garantiert.

Die Untersuchung des schwefelsauren Ammoniaks: Die Wasserbestimmung erfolgt durch Trocknen von 50 oder 100 g Salz bei 100° bis zur Gewichtskonstanz, welche in etwa 4 Stunden erreicht ist. Zur Ammoniakbestimmung werden 25 g des feuchten Salzes genau abgewogen und im Litermeßkolben gelöst. 100 cc werden dann nach Zusatz von 10 cc 30 proz. Natronlauge destilliert, 50 cc Normalschwefelsäure vorgelegt und mit Methylorange oder Congo zurücktitriert. Zur Bestimmung der freien Säure werden 100 cc der 2,5 Proz. enthaltenden Salzlösung mit $^1/_{10}$ n-Natronlauge und Methylorange titriert.

Die Abdämpfe und Abwässer der Ammoniakfabrikation, insbesondere bei der Herstellung von schwefelsaurem Ammoniak, sind unter Umständen überaus lästig, besonders wenn Gaswerke in dicht bewohnten Gegenden liegen.

Die Abdämpfe enthalten neben Wasserdampf und wenig Blausäure, Kohlensäure und Schwefelwasserstoff und müssen auf irgendeine Weise unschädlich gemacht werden. Häufig genügt das Einleiten in einen gut ziehenden hohen Kamin, in dem die Dämpfe mit Rauchgas hinreichend verdünnt werden. Man soll jedoch nicht außer acht lassen, daß dadurch der Schornstein, besonders wenn er mit basischem Material ausgekleidet ist, stark leiden kann. Gelegentlich leitet man die Abdämpfe durch die Feuerung eines Kessels oder der Öfen, sie verbrennen aber nur zum Teil und greifen die Kessel oder die Schamotte stark an. Vielfach leitet man sie auch mit entsprechendem Luftzusatz durch kleine mit Eisenoxyd gefüllte Reiniger. *Bertelsmann* schlägt vor, die Abgase zu kühlen und dem Rohgas zuzusetzen. Hierzu ist jedoch ein eigenes Gebläse nötig und die Reinigeranlagen werden stark belastet. In England ist ein Verfahren verbreitet, das verdiente, auch in Deutschland allgemein verwendet zu werden. Es stammt von *Claus*, der seine ersten Versuche auf Gaswerken ausführte. Im größten Maßstabe wurde es dann bald von der Sodaindustrie angewendet. Die von der Kolonne kommenden Abgase werden zur Entfernung des Wasserdampfes gekühlt und dann mit so viel Luft, als zur Verbrennung nach der Gleichung $H_2S + O = H_2O + S$ nötig ist, versetzt und in einen zylindrischen eisernen Ofen von etwa 2 bis 3 m Höhe und 1 bis 2 m Durchmesser, der mit feuerfestem sauren Material ausgekleidet ist, geleitet. In diesem Ofen befindet sich über Lagen von grob zerkleinertem feuerfesten Material körniges Eisenoxyd. Auf dem Gaswerk

---

[1] Journ. f. Gasbel. 1910, 240.

Rochedale verzichtet man auch auf das Eisenoxyd und verwendet als Kontaktsubstanz nur bestimmte Sorten von an Kieselsäure reichem feuerfesten Stein. Die Reaktion beginnt bei Anwendung von Eisenoxyd sofort und wird beim Fehlen desselben durch Erwärmen mit Rauchgas eingeleitet. Sie erreicht bei etwa 250° ihre beste Geschwindigkeit. Durch Kühlen oder Isolieren des Ofens und nötigenfalls durch Verdünnen der Abgase mit Schornsteingasen wird die Reaktion geleitet. Der entstehende Schwefel ist dampfförmig und tritt mit den Abdämpfen, welche nun außer dem Schwefel nur noch Kohlensäure, Stickstoff und Wasserdampf enthalten sollen, in große gemauerte Kammern. In der ersten, welche meist mit Eisen ausgekleidet ist, scheidet sich flüssiger Schwefel, in den letzten Kammern dagegen Schwefelblumen ab. Der Betrieb wird von Zeit zu Zeit unterbrochen und der Schwefel herausgebracht. Bei richtig geleiteten Betrieb erhält man einen reinen hochwertigen Schwefel.

Sind die Abgase durch Verdünnung oder bei Verarbeiten von schwefelarmer Kohle zu arm an Schwefelwasserstoff, so heizt man den Claus-Ofen mit Kamingasen.

Eine Übersicht über die anderen weniger erfolgreichen Verfahren zur Beseitigung des Schwefelwasserstoffs geben *Lunge* und *Köhler* l. c. Die beste Verwendung des Schwefelwasserstoffs ist aber unter allen Umständen die Bearbeitung auf Schwefelsäure, ein Verfahren, das allerdings nur für sehr große Gaswerke in Frage kommt. Die Selbsterzeugung von Schwefelsäure wird wirtschaftlich bei Gaswerken, welche etwa 50 Millionen cbm jährlich abgeben, bei Werken, welche schwefelreiche englische Kohle verarbeiten, schon etwa bei der halben Produktion. Bei Vorhandensein einer Cyanwäsche können die ausgebrauchten Reinigungsmassen direkt geröstet werden, und hierbei wird der Schwefelwasserstoff aus den Abgasen mit verarbeitet.

Das Abwasser der Abtreibekolonnen entfällt in verhältnismäßig bedeutenden Mengen, die man auf etwa das Ein- und Einhalbfache des verarbeiteten Gaswassers veranschlagen kann. Seinem Gehalt an Ammoniak ist die größte Aufmerksamkeit zu widmen, da hier leicht große Verluste entstehen. Der Ammoniakgehalt der Abwässer ist das wichtigste Kennzeichen für den richtigen Gang der Kolonne. Ein Ammoniakgehalt von 0,0002 Proz. gilt als Norm. Werden mehr als 0,001 Proz. Ammoniak gefunden, so genügt entweder die Menge des zugesetzten Dampfs oder Kalks nicht oder die Kolonne muß gereinigt werden. Es empfiehlt sich, neben der Analyse sich durch Lackmuspapier ständig davon zu überzeugen, daß Kalk im Überschuß zugesetzt wird.

Zur Untersuchung der Abwässer versetzt man 500 cc Abwasser mit 10 cc 30proz. Kali- oder Natronlauge und destilliert nach Zusatz von Bimsstein unter Vorlage von 25 cc $^1/_{10}$ n-Schwefelsäure oder mehr.

Die Abwässer der Kolonne riechen stark nach Phenolen und Pyridinen und sind giftig, besonders wenn die an Schwefelwasserstoff und Blausäure reichen Kondenswässer mit fortgelassen werden.

Diese Abwässer enthalten:

nach *König*[1] g im l		nach *Jonscher*[2] g im l	
Abdampfrückstand	20,4230	Abdampfrückstand	31,8800
Glührückstand	—	Glühverlust	23,4400
Rhodancalcium	2,3282	Eisenoxyd	0,128
Schwefelcalcium	2,5633	Kalk	10,764
Unterschwefligsaures Calcium	1,0913	Magnesia	0,491
Schwefelsaures Calcium	0,5785	Alkalien	0,303
Mit Äther ausziehbare Phenole		Kieselsäure	0,168
usw.	0,6080	Chlor	7,558
Kalk	6,4481	Blausäure	0
		Rhodanwasserstoff	3,368
		Kohlensäure	0,008
		Schwefelsäure	1,796
		Thioschwefelsäure	1,326
		Schwefel	1,2
		Mit Äther direkt ausziehbare Kohlenwasserstoffe u. andere Basen	0,2400
		Mit Äther aus saurer Lösung ausziehbare Phenole	0,22

König hält diese Abwässer für sehr giftig und ist der Ansicht, daß sie nicht in öffentliche Gewässer geleitet werden dürfen. Demgegenüber weist *Lunge* darauf hin, daß der Nachweis wesentlicher Mengen der giftigsten Stoffe durchaus nicht einwandfrei erfolgt ist. Versuche, die Abwässer zum Vernichten von Pflanzen, z. B. zum Ausrotten von Gras auf öffentlichen Wegen, haben jedenfalls keinen Erfolg gehabt. Eine mehrteilige, hinreichend große Kühl- und Klärgrube einfacher Art wird unter allen Umständen notwendig sein, aber die aus denselben ablaufenden Wässer können unbedenklich in größere Vorfluter hineingelassen werden, während bei kleineren Vorflutern eine Verdünnung von 1 zu 10 notwendig werden kann. Die Verwendung der geklärten Abwässer zum Ablöschen von Koks kommt heute, wo der wirtschaftliche Kampf zur steten Verbesserung der Erzeugnisse zwingt, nicht mehr in Frage. Der Kalkschlamm muß dann aus den Klärgruben von Zeit zu Zeit abgefahren werden. Die Vorschläge zur Verwertung seiner chemisch wertvollen Bestandteile oder die Beseitigung desselben durch Trocknen oder erneutes Brennen haben keine Aussicht auf wirtschaftlichen Erfolg.

Das schwach verdichtete Wasser wird einfach durch Kühlung und Kondensation der von der Kolonne kommenden Dämpfe hergestellt und in den Ammoniaksodafabriken verwendet. Es spindelt etwa 15 bis 18° Baumé und enthält 16 bis 18 Proz. Ammoniak. Ein Wasser zeigte z. B. folgende Zusammensetzung:

Ammoniak	21,01 g in 100 cc
Kohlensäure	18,2
Schwefelwasserstoff	2,85

---

[1] *Lunge-Köhler:* Ammoniak, 1913, 279.
[2] Journ. f. Gasbel. 1910, 897.

Da bei der Herstellung von stark verdichtetem Gaswasser unangenehme Störungen durch Ausscheidung von kohlensaurem Ammoniak auftreten können, wird ein Teil der Kohlensäure vorher abgeschieden. Hierzu leitet man entweder die Dämpfe durch einen Kalkmilchwäscher und dann erst in den Kühler, oder man erwärmt das rohe Gaswasser zunächst durch Frischdampf in einem Vorwärmer auf 88 bis 95° und treibt dadurch viel Kohlensäure neben wenig Schwefelwasserstoff und Ammoniak ab. Die aus dem Vorwärmer abziehenden Dämpfe werden in einem kleinen mit Frischwasser berieselten Wäscher, welcher direkt über dem Kohlensäureausscheider sitzt, gewaschen, um das Ammoniak wiederzugewinnen. Die Kohlensäure kann auf diese Weise bis auf 90 Proz. abgetrieben werden, doch begnügt man sich meist mit der Entfernung von nur etwa 40 bis 70 Proz. derselben.

Reiner Salmiakgeist wurde bisher nur auf wenigen chemisch wohl geleiteten Gaswerken hergestellt. Die Verunreinigungen, Kohlensäure, Schwefelwasserstoff, Wasserdampf und Pyridine müssen durch komplizierte Reinigungsverfahren vollständig entfernt werden. Je nach dem Grade der Reinigung erhält man technisch oder chemisch reinen Salmiakgeist mit bis 35 Proz. Ammoniak und verflüssigten Ammoniak von 99,9 Proz.

Die *Deutsche Ammoniak-Verkaufsvereinigung* berechnet die deutsche Erzeugung von Ammonsulfat für

1907	287 000 t
1908	313 000
1909	322 000
1910	373 000

Im Ruhrkohlengebiet stieg die Produktion[1]:

1897	17 447 t
1900	36 504
1904	68 483
1907	156 116
1908	171 950
1909	183 944
1910	210 223
1911	236 220

Die Weltproduktion wird angegeben[2]:

	1908	1909	1910
Deutschland	313 000 t	323 000 t	375 000 t
England	321 000	349 000	369 000
Ver. Staaten von Amerika	40 000	90 000	116 000
Frankreich	52 000	54 000	56 000
Übrige Länder zusammen	125 000	137 000	143 000
	851 000 t	953 000 t	1 057 000 t

---

[1] Die Bergwerke und Salinen im Niederrhein.-westfäl. Bergbaubezirk. 1911. Bergbauverein.

[2] Chem.-Ztg. 1912, 1508.

Die Preise, welche für Salz erzielt wurden, beliefen sich per Tonne:

bei der *Deutschen Ammoniak-*
Verkaufsvereinigung
im Mittel

1897	. . . .	155,10 t
1898	. . . .	171,00
1899	. . . .	192,80
1900	. . . .	210,00
1901	. . . .	213,00
1902	. . . .	218,00
1903	. . . .	232,00
1904	. . . .	235,50
1905	. . . .	234,60
1906	. . . .	236,00
1907	. . . .	239,40
1908	. . . .	229,60
1909	. . . .	223,80

Das Gaswerk Düsseldorf erzielte durch die *Wirtschaftliche Vereinigung deutscher Gaswerke* Köln folgende Preise:

1907	. . . .	232,80 Mk.
1908	. . . .	235,50
1909	. . . .	227,20
1910	. . . .	224,80
1911	. . . .	237,20
1912	. . . .	257,65

Der Wert der verschiedenen Ammoniakverbindungen und der Preis, den der Stickstoff in den verschiedenen Erzeugnissen erzielt, beträgt[1]:

	Theoretisch. Stickstoffgehalt Proz.	Reinheit der Handelsware	Stickstoffgehalt der Handelsware	Preis per t Mk.	Stickstoff Preis per t Mk.
Verflüssigtes Ammoniak NH_3 . .	82,25	100	82,25	2614,00	3178,00
Hochkonzentriertes reines Ammoniakwasser $NH_3 + H_2O$ (0,880)	29,45	35,8	29,45	530,00	1800,00
Konzentriertes Ammoniakwasser $NH_3 + H_2O$ (0,920)	17,89	21,75	17,89	305,00	1704,00
Konzentriertes Ammoniakwasser $NH_3 + H_2O$ u. Verunreinigungen	1,752	2,118	1,742	—	918,00
Ammoniumcarbonat $(NH_4)_2CO_3$ $(NH)_4HCO_3$	26,75	99	26,48	700,00	2644,00
Ammoniumchlorid Ia NH_4Cl . .	26,19	99	25,93	555,00	2140,00
„ IIa NH_4Cl . .	26,19	100	26,19	880,00	3360,00
Ammoniumnitrat NH_4NO_3 . . .	17,50	99	34,67	710,00	2048,00
Ammoniumsulfat $(NH_4)_2SO_4$ . .	21,20	95	20,14	288,80	1424,00
Ferrocyannatrium (gelbblausaures Natrium) $Na_4Fe(CN)_6 + 10$ aq .	17,37	99	17,20	770,00	4476,00
Natriumcyanid $NaCN$	28,59	96	27,45	1672,60	6094,00
Natriumnitrat $NaNO_3$	16,48	95	15,66	235,00	1500,00

---

[1] *Davidson:* Journ. of Gaslight. **122**, 953.

Die Entfernung der Cyanverbindungen.

Das Cyan findet sich im Leuchtgas ganz überwiegend als Blausäure HCN, während Dicyan nur gelegentlich nachgewiesen werden konnte [1]. Es entsteht bei hohen Temperaturen aus Ammoniak und Kohlenstoff [2]. Die Menge steigt mit der Temperatur in der Retorte und der Berührungsdauer. Wasserdampf vermindert die Bildung. Im allgemeinen wird 1,5 bis 2 Proz. vom Stickstoff der Kohle in Blausäure umgesetzt.

Die Blausäure muß bei der Reinigung aus dem Gase entfernt werden, da sie sich sonst im Wasser der Gasbehälter und der Gasuhren löst und die Metallteile derselben dann angreift und sogar zerstört.

Cyan fand sich im Gasbehälterwasser in Düsseldorf:

Gasbehälter   I 12 Jahre im Betrieb   0,041 g HCN im Liter
        II 14   „   „   „   0,055 „   „   „   „
       III 8   „   „   „   0,045 „   „   „   „
im Gasbehälter in Bernburg   0,0135 „   „   „   „

Nebenbei kann die Cyangewinnung bei guter Marktlage einen kleinen Gewinn abwerfen. Derselbe ist jedoch ohne wesentlichen Einfluß auf die Wirtschaftlichkeit des ganzen Betriebes.

Im allgemeinen rechnet man mit einem Gehalt von 200 bis 400 g Blausäure in 100 cbm rohem Horizontalofengas und 100 bis 200 g im Vertikalofengas bei nassem Betrieb. Dem entsprechen folgende Befunde von *Feld* und *Bueb* [3]:

Cyanwasserstoff im Steinkohlengas.

	Cyanwasserstoff	Blau
Deutsche Gaswerke	2,2 bis 3,4 g im cbm	3,893 bis 6,016 g im cbm
Englische „	2,35	4,167
Französische „	2,26	4,5

Erzeugtes Blau im Cyanschlamm:

Potsdam, englische Kohle . . . . 4,45 g Blau
Warschau, oberschlesische Kohle 2,87
Ruhrort, westfälische Kohle 3,55
Amsterdam [4], englische Kohle 4,87

Die Ausscheidung des Cyans beginnt, wie die fast aller Verunreinigungen, mit der Kühlung. Bis etwa zum Jahre 1890 wurden Verfahren zum Zwecke der Cyanbestimmung in der Praxis nicht angewandt. Man begnügte sich damit, den größten Teil der Cyanverbindungen in der Wasserwäsche und der trockenen Reinigung nebenher zu entfernen. Über den Cyangehalt im Rohgas an den verschiedenen Stellen des Betriebes sind viele Untersuchungen angestellt. Einige der wichtigsten seien hier angeführt:

---

[1] *Bertelsmann:* Technologie der Cyanverbindungen 1906, 169; ders.: Stickstoff der Kohle S. 31.

[2] *Bergmann:* Journ. f. Gasbel. 1896, 117, 140.

[3] Journ. f. Gasbel. 1902, 933.

[4] Betriebsbericht.

Cyangehalt im Rohgas[1]:

	g HCN in 100 cbm Gas	Vol.-Proz. HCN	g Blau 100 cbm	Es wird abgeschieden	
				g	Proz.
Gas aus der Vorlage	265,9	0,217	470,5		
				10,0	3,76
nach der Kühlung	255,9	0,209	452,8		
				4,3	1,62
„ „ Wasserwäsche .	251,6	0,205	445,2		
				119,9	45,09
„ dem Reiniger I . . .	131,7	0,107	233,1		
				48,4	18,20
„ „ „ II . .	83,3	0,067	147,4		
				21,7	8,16
„ „ „ III . .	61,6	0,050	109,0		
				20,4	7,67
im Behälter	41,2	0,033	72,9		
				Rest 41,2	15,50

	g Cyanwasserstoff in 100 cbm	Vol.-Proz.	g Blau auf 100 cbm Gas	Es wird abgeschieden in Proz.
I.				
Aus der Vorlage	203,4	0,166	359,6	
				8,02
Nach der Kühlung . . .	187,1	0,152	330,75	
				6,55
„ dem Skrubber . . .	173,6	0,142	307,2	
				56,15
„ der Reinigung . . .	59,5	0,048	105,3	
				19,55
Im Behältergas	19,8	0,016	35,0	
				9,73
II.				
Aus der Vorlage	265,9	0,217	470,5	
				3,76
Nach der Kühlung . . .	255,9	0,209	452,8	
				1,62
„ dem Skrubber . . .	251,6	0,205	445,2	
				45,09
„ „ 1. Reiniger . .	131,7	0,107	233,1	
				18,20
„ „ 2. „ . .	83,3	0,067	147,4	
				8,16
„ „ 3. „ . .	61,6	0,050	109,0	
				7,67
Im Behältergas	41,2	0,033	72,9	
				15,50[2]

Im Bereich der Reiniger: trockne R_g 34,03; ganze R_g 71,45.

[1] Journ. f. Gasbel. 1890, 338.
[2] *Leybold:* Journ. f. Gasbel. 1890, 337.

Der Verfasser fand

Blausäure im Rohgas an verschiedenen Stellen des Betriebes

Eingang Vorkühlung Mischgas	352,75
Ausgang „	316,51
„ Naphthalinwäscher	308,28
„ Nachkühlung	256,0
„ Wasserwäsche	140,14 bis 199,07
„ Reinigung	23,7 „ 32,6
Stadtgas	15,2 „ 39,6

Drehschmidt fand

	Blausäure[1]		
Vor der Kondensation	206,0		
Nach „ „	187,0	176,0	
„ dem Skrubbern	174,9	170,5	14,1
„ der Eisenoxydreinigung . .	37,4		67,5
Stadtgas	18,4	—	—

Cyangehalt im Gas[2] nach *Nauß*:

hinter dem Teerscheider	130 bis 192 g HCN, im Mittel 159 g in 100 cbm	
„ „ Wasserwäscher	104 „ 132	110
„ der Reinigung	6 „ 15	10

Auch ohne Anwendung von Cyanwäsche kann also der Cyangehalt im Stadtgas sehr niedrig gehalten werden. *Samtleben* fand im Reingas bei 14 Versuchen 7,1 bis 34,6 g HCN in 100 cbm Gas[3].

Der Verfasser fand ebenfalls ohne Cyanwäsche im Gaswerk Düsseldorf:

1911	1,34 bis 10,7	im Mittel 5,66
1912	2,39 „ 15,20	8,21

In der Kühlung wird im allgemeinen nur wenig Cyan entfernt.

Die Angaben über die Leistung der Wasserwäsche sind sehr verschieden. *Drehschmidt*[4] fand, daß 5,82 Proz., *Leybold*[5] dagegen, daß 45 Proz. Blausäure im Skrubber entfernt werden. *Nauß*[6] wies nach, daß bei langsamer Waschung in 4 Skrubbern 30 Proz. der Blausäure herausgewaschen wurden, während bei sehr rascher und intensiver Waschung nur 1 Proz. entfernt wurde. Das Gaswasser enthält das Cyan als blausaures Ammonium und als Ferrocyanammon.

---

[1] *Drehschmidt:* Journ. f. Gasbel. 1892, 221.
[2] Journ. f. Gasbel. 1902, 953.
[3] Journ. f. Gasbel. 1906, 205.
[4] Journ. f. Gasbel. 1892, 221; 1902, 954.
[5] Journ. f. Gasbel. 1890, 336.
[6] Journ. f. Gasbel. 1902, 952.

Lindner[1] fand im Gaswasser:

	Ohne Cyanwaschung g im 1	Mit Cyanwaschung g im 1
Ferrocyanammonium	0,12	1,01
Chloride als HCl berechnet	7,76	3,26
Kohlensäure	25,71	20,57
Schwefelwasserstoff	6,61	2,68
Cyanwasserstoff	0,68	0,03
Ammoniak im ganzen	27,52	19,15
„ leicht zersetzlich	21,76	14,68
„ schwer zersetzlich . . .	5,76	4,47
Schwefel als Sulfid	72,80	38,50
„ „ Sulfat	0,70	26,90
„ „ Rhodanid	23,40	22,40
„ „ Sulfit und Thiosulfat .	3,10	12,20

Im Gas der Kokereien ist nur sehr wenig Cyan enthalten, da infolge des hohen Wassergehalts der Einsatzkohle eine geringere Zersetzung des Ammoniaks erfolgt. Dementsprechend ist im Gaswasser der Kokereien Cyan kaum nachzuweisen.

Diejenige Blausäure, welche hinter der Wasserwäsche noch im Gase enthalten ist, wird dann bis auf einen geringen Rest in der trockenen Eisenoxydreinigung entfernt. Die Absorption der Blausäure erfolgt durch Eisenhydroxydul[2]. Da die neue Masse ganz überwiegend aus Hydroxyd besteht, muß das dreiwertige Eisen erst durch den Schwefelwasserstoff zu zweiwertigem Eisen reduziert werden.

Die Vorgänge im Eisenoxydreiniger faßt *W. Feld*[3] in folgenden Gleichungen zusammen:

$$1. \quad Fe(OH)_2 + 2\,HCN = Fe(CN)_2 + 2\,H_2O;$$
$$2. \quad 4\,Fe_2(OH)_6 + 6\,Fe(OH)_2 + 36\,HCN = 2\,Fe_7CN_{18} + 36\,H_2O;$$
$$3a. \quad 2\,Fe(OH)_6 + FeS = 3\,Fe(OH)_2 + S;$$
$$b. \quad 3\,Fe(OH)_2 + 6\,HCN = 3\,Fe(CN)_6 + 6\,H_2O;$$
$$4. \quad O + FeS + 2\,HCN = Fe(CN)_2 + H_2O + S.$$

Drehschmidt[4] nimmt an, daß diese Reduktion nur in Gegenwart von Ammoniak stattfindet. Deshalb läßt man vielfach zur Steigerung der Cyanentfernung einen geringen Gehalt von etwa 3 g Ammoniak in 100 cbm Gas. Demgegenüber betonen andere Forscher, und besonders *Knublauch*[5], daß Ammoniakgehalt im Gas die Rhodanbildung befördert. Zum Beweis führt *Knublauch* eine große Anzahl von Analysen ausgebrauchter Massen an. Demgegenüber stellt *Bueb*[6] die Erfahrungen der Chemischen Fabrik *Kunheim*

---

[1] Nach *Lunge-Köhler:* Ammoniak 1912, 179 f.

[2] Journ. f. Gasbel. 1868, 250; 1890, 336.

[3] Journ. f. Gasbel. 1902, 935.

[4] Journ. f. Gasbel. 1892, 269.

[5] Journ. f. Gasbel. 1895, 753, 769.

[6] Journ. f. Gasbel. 1903, 82.

& Co., welche Massen mit hohem Rhodangehalt bei geringem Ammoniakgehalt und andererseits Massen mit viel schwefelsaurem Ammoniak und wenig Rhodan gefunden hat. *Bertelsmann*[1] sucht den Grund der Rhodanbildung im Zusammenwirken von Ammoniak und Sauerstoff bei Absorption von Blausäure. Es steht einwandfrei fest, daß seit Einführung des Luftzusatzes der Blaugehalt der Massen allgemein heruntergegangen ist. Eine weitere Ursache für diese Verminderung ist in der Herstellung von an Blausäure armem Rohgas durch die Einführung von Wassergas, sei es nun Koksgas oder Retortenwassergas, zu suchen.

Wesentlich für eine gute Cyanabsorption ist nach *Leybold*[2] dann noch eine geringe Geschwindigkeit des Gases im Reinigerkasten oder, richtiger gesagt, eine möglichst lange Berührungsdauer, d. h. also eine große Reinigung. Unter günstigen Verhältnissen können 65 bis 85 Proz. der Blausäure in der trockenen Reinigung entfernt werden.

Die Cyanwäsche. Die ersten Versuche, die Blausäure durch besondere Vorkehrungen zu entfernen, unternahm *Bower*[3], indem er dem Waschwasser Eisensulfat zusetzte, um das Cyan ebenso wie später *Bueb* es in seinem Cyanwäscher tat, zusammen mit dem Ammoniak im Skrubber zu entfernen. Im Jahre 1875 versuchte *Harcourt*[4] die Blausäure durch Waschen von ammoniakhaltigem Leuchtgas mit geschlemmtem Eisenoxyd zu entfernen. Die Reaktion verlief jedoch zu langsam, weil das Oxyd nicht die richtige mechanische Beschaffenheit hatte. 1882 nahm *Rowland* ein Patent auf Gaswäsche mit verdünnten Eisensalzlösungen[5]. 1884 schlug *Willm*[6] vor, die Blausäure in einem alkalischen Bad mit Eisenoxyd herauszuwaschen. Eine Erweiterung und Verbesserung dieses Gedankens war das Patent von *Knublauch*[7] vom Jahre 1886, dessen Anspruch lautete: Die bei der Trockendestillation von Kohle, Koks usw. erhaltenen Gase werden mit einer Waschflüssigkeit gewaschen, welche einerseits Alkalien, Ammoniak, alkalische Erden und Magnesia oder deren Carbonate, und welche andererseits Salze von Eisen, Mangan, Zink und deren künstliche oder natürliche Oxyde, Hydrate und Carbonate enthalten. Die *Knublauch*sche Cyanwäsche wurde hinter der Ammoniakwäsche eingebaut. In der Praxis wurden nur Lösungen von Eisensulfat und Soda angewandt. Die dem Verfahren zugrunde liegenden chemischen Gleichungen sind folgende:

1. $FeSO_4 + Na_2CO_3 = FeCO_3 + Na_2CO_3$ oder
$FeSO_4 + Na_2CO_3 + H_2O = Fe(OH)_2 + Na_2SO_4 + CO_2$;

2. $FeCO_3 + 2\,Na_2CO_3 + 6\,HCN = Na_4FeCN_6 + 3\,H_2O + 3\,CO_2$ oder
$FeS + 2\,Na_2CO_3 + 6\,HCN = Na_4Fe(CN)_6 + H_2S + 2\,H_2O + 2\,CO_2$.

---

[1] Chem. Technologie der Cyanverbindungen 1906.
[2] Journ. f. Gasbel. 168, 250; 1890, 336.
[3] Journ. f. Gasbel. 1894, 108; 1901, 880.
[4] Journ. f. Gasbel. 1875, 678.
[5] *Rowland:* Am. Patent 259 802.
[6] Bull. de la Soc. de chim. 1884, 41, 449.
[7] D. R. P. 41 930.

Nebenher entsteht aber durch die unvermeidliche Oxydation des basischen Ferrocarbonats Blau und, wenn nicht genau mit den der Gleichung entsprechenden molekularen Mengen gearbeitet wird, eine unlösliche Ammoniak-Eisencyanverbindung.

Das Verfahren wurde zwar in einigen Betrieben eingeführt, hat sich aber auf die Dauer nicht durchsetzen können. *Jorissen* und *Rutten*[1] berichten über eine Modifikation des Verfahrens, welche längere Zeit im Haag im Betrieb war. Ferrosulfat wird mit Soda im Überschuß gefällt, der Niederschlag gut ausgewaschen und Kaliumcarbonatlösung aufgeschlemmt. Mit dieser Waschflüssigkeit, welche hauptsächlich basisches Eisencarbonat $Fe(OH)_2$ · $FeCO_3$ enthielt, wurde das Gas vor dem Ammoniakwäscher gewaschen. Es entsteht eine Lauge, welche Ferrocyankalium in Lösung und infolge der eintretenden Oxydation nebenher Berlinerblau enthält. Die Lauge wird filtriert, das Ammoniak durch Destillation durch besondere Apparate gewonnen und das Ferrocyankalium durch Krystallisation gereinigt. Ganz ähnlich arbeitet das Verfahren von *Foulis*[2], welches in England noch heute weit verbreitet ist. *Foulis* wäscht mit der gleichen Waschflüssigkeit wie *Jorissen* und *Rutten*, baut aber seinen Wäscher hinter der Ammoniakwäsche ein. Er vermeidet also Verluste von Ammoniak auf Kosten der Cyanausbeute. Das Verfahren verläuft nach folgenden Gleichungen;

$$1. \quad FeCl_2 + Na_2CO_3 + H_2O = Fe(OH)_2 + 2\,NaCl + CO_2;$$

Ein Teil des Eisens oxydiert sich

$$2. \quad 4\,Fe(OH)_2 + 2\,Fe_2(OH)_6 + 2\,Na_2CO_3 + 24\,HCN$$
$$= Fe_7CN_{18} + Na_4Fe(CN)_6 + 2\,CO_2 + 22\,H_2O \quad \text{oder}$$
$$FeSO_4 + Na_2CO_3 + H_2O = Fe(OH)_2 + 2\,Na_2SO_4 + CO_2$$

Bei Sodaüberschuß

$$Fe(OH)_2 + 2\,Na_2CO_3 + 6\,HCN = Na_4Fe(CN)_6 + 4\,H_2O + 2\,CO_2.$$

Das verbreiteste Cyanwaschverfahren ist das von *Bueb*[3].

Dieses Verfahren, das Cyan aus Gasen der Trockendestillation zu gewinnen, ist dadurch gekennzeichnet, daß man das noch nicht vom Ammoniak befreite Rohgas mit einer derartig konzentrierten Eisenlösung auswäscht, daß deren Wassermenge zur Absorption des im Rohgas enthaltenen Ammoniaks nicht ausreicht (im Gegensatz zum Verfahren von *Bower* und *Wilton*), während andererseits der Eisengehalt so groß ist, daß das Cyan in Form einer unlöslichen Ammoniakferrocyanverbindung abgeschieden wird. Die Vorteile dieses Verfahrens gegenüber den älteren liegen auf der Hand. *Bueb* gewinnt mehr Blausäure, da keine Verluste in der Wasserwäsche entstehen. Er braucht keinen Alkalizusatz, und die Oxydation der Lauge braucht nicht vermieden zu werden. Das Einhalten molekularer Verhältnisse ist über-

---

[1] Journ. f. Gasbel. 1903, 717.
[2] Engl. Pat. 15 168 (1895).
[3] D. R. P. 112 459 (1898); Journ. f. Gasbel. 1899, 470; 1900, 746; 1901, 115; 1903, 83.

flüssig. Ferner erhält man ein cyanhaltiges Produkt, den Cyanschlamm, während *Jorissen* und *Rutten* neben gelbblausaurem Kali Blaupreßkuchen erhalten. Andererseits gehen sehr bedeutende Mengen Ammoniak in den Cyanschlamm. Die Angaben schwanken von 10 bis 50 Proz. der Ammoniakausbeute[1].

Obwohl durch die Cyanwäsche von *Bueb* zweifellos mehr Cyan aus dem Gase gewonnen wird als bei der trockenen Reinigung, bringt dieselbe doch keinen wirtschaftlichen Gewinn, da die geringere Bezahlung des schwefelsauren Ammoniaks im Schlamm den Mehrgewinn an Cyan mehr wie ausgleicht[2]. Bei hohen Ammoniakpreisen kann die Cyanwäsche sogar recht kostspielig werden. Trotzdem ist die Cyanwäsche auf vielen Gaswerken eingeführt, weil man die schädlichen Wirkungen des Cyans auf Behälter und Messer vermeiden möchte und weil die trockene Schwefelreinigung in beträchtlichem Maße entlastet wird.

Nach Einführung der Cyanwäsche wurden nach *Körting*s Angaben 4 g Blau statt 1,4 g Blau bei der trockenen Reinigung aus 1 cbm Gas gewonnen[3]. Vom Ammoniak des Rohgases gehen in den Cyanschlamm in Nürnberg 11,7, in Mariendorf[4] 28,1 Proz. Der Cyanschlamm selbst ist eine dunkelbraune, schlammige Flüssigkeit vom spez. Gewicht 1,130[5], in der das Cyan als Ammoniumferrocyanit $2 (NH_4)CN \cdot Fe(CN)_2$ im unlöslichen Teil und $(NH_4)_6FeCN_6$ im löslichen Teil[5] neben viel Ammonsulfat und geringeren Mengen anderer Ammoniaksalze enthalten ist. Die Entstehungen dieser Verbindungen erfolgten nach *Feld*s[6] Ansicht nach folgenden chemischen Gleichungen:

1. $3 FeS + 6 NH_3 + 6 HCN = 3 Fe(CN)_2 + 3 (NH_4)_2S;$
2. $2 Fe(CN)_2 + 2 NH_3 + 2 HCN = (NH_4)_2FeFe(CN)_0;$
3. $Fe(CN)_2 + 4 NH_3 + 4 HCN = (NH_4)_4FeCN_6.$

Das Vorhandensein von Eisencyanür $Fe(CN)_2$ und $(NH_4)_2Fe \cdot Fe(CN)_6$ wird von *Hand*[5] als unwahrscheinlich bezeichnet.

Nebenher erfolgt bei Luftzusatz in der ersten Kammer eine starke Rhodanbildung, welche vermieden werden kann, wenn man die Luft erst unmittelbar vor der Reinigung zusetzt. Der nach dem Verfahren von *Bueb* gewonnene Schlamm enthält im Mittel 6 bis 7 Proz. Ammoniak und 12,2 bis 13,5 Proz. Blau, Cyanpreßkuchen enthalten 4 Proz. Ammoniak und etwa 30 Proz. Blau[7].

Keppeler[8] fand in den verschiedenen Kammern des Cyanwäschers im Mittel von je 6 Untersuchungen:

[1] Journ. f. Gasbel. 1903, 143; 1909, 225.
[2] Journ. f. Gasbel. 1903, 44, 83.
[3] Journ. f. Gasbel. 1909, 225.
[4] Journ. f. Gasbel. 1903, 143.
[5] Journ. f. Gasbel. 1906, 244.
[6] Journ. f. Gasbel. 1904, 133.
[7] Journ. f. Gasbel. 1900, 746.
[8] Journ. f. Gasbel. 1904, 246.

	geb. Ammoniak	freies Ammoniak	Cyan
Kammer I	5,31	1,83	13,65
„ II	4,87	1,66	10,86
„ III	3,91	1,37	2,22
„ IV	3,25	1,06	0,15
Aufnahme g pro cbm . .	0,83	0,28	2,3

und im fertigen Cyanschlamm:

geb. Ammoniak	freies Ammoniak	Cyangehalt als Blau berechnet
5,02	1,94	13,83
5,24	1,57	14,10
5,44	1,26	13,69
5,49	1,94	13,97
5,30	1,68	12,86
5,37	1,80	13,42

Feld[1] fand in Proben fertigen Cyanschlamms, der nach dem Verfahren *Bueb*s gewonnen war:

Blau Fe_7CN_{18}			Ammoniak			FeS	NH_4 3 H	NH_4CNS
Gesamt	löslich	unlöslich	Gesamt	löslich	unlöslich			
14,35	7,31	7,04	6,12	5,64	0,48	0	—	0,14
14,20	8,65	5,55	5,87	5,52	0,35	0	—	0,14
13,85	7,43	6,42	5,83	5,07	0,76	0,03	0,04	0,13
13,58	4,35	9,23	6,89	6,09	0,80	1,12	—	0,61
14,49	8,13	6,36	6,08	5,51	0,54	0,17	0,07	0,15

Hand[2] hält nach den vielfachen Untersuchungen der chemischen Fabrik *Kunheim & Co.* die Auswahl *Feld*s nicht für glücklich, da die Analysen nicht denen von normalen Schlammen entsprechen. Er gibt folgende Beispiele, welche die in der Praxis erreichten Werte am besten wiedergeben:

Cyanschlammanalysen

Waschmittel	Cyan als Blau			Ammoniak		
	gesamt Proz.	löslich Proz.	unlöslich Proz.	gesamt Proz.	löslich Proz.	unlöslich Proz.
Eisenchlorid	10,0	0,4	9,6	6,33	4,60	1,73
	10,4	2,5	7,9	6,10	4,71	1,39
	12,0	1,0	11,0	6,95	4,90	2,05
Eisensulfat	15,4	0	15,4	6,08	3,38	2,70
	11,3	4,4	6,9	5,66	4,40	1,26
	10,2	2,1	8,1	5,41	4,01	1,40
	12,6	5,9	6,7	8,23	7,02	1,21
	14,1	6,1	8,0	6,83	5,37	1,46

[1] Journ. f. Gasbel. 1904, 135.
[2] Journ. f. Gasbel. 1907, 245.

Cyanschlamm aus den verschiedenen Kammern des Wäschers:

	Cyan als Blau			Ammoniak		
	gesamt Proz.	löslich Proz.	unlöslich Proz.	gesamt Proz.	löslich Proz.	unlöslich Proz.
Kammer I	15,5	7,9	7,6	7,97	6,57	1,40
„ II	13,5	5,5	8,0	7,70	6,29	1,41
„ III	4,8	1,2	3,6	5,73	5,06	0,67
„ IV	frisch gefüllt					

Die Entfernung des Cyans aus dem Gase ist nicht ganz vollständig, sie betrug z. B. auf dem Gaswerk Mariendorf bei Berlin 96 Proz. des Cyangehalts, wobei 3,56 g Blau per cbm Gas gewonnen wurden. Fast die gleichen Leistungen wurden auf dem Gaswerk Kaiserslautern erreicht, wo bei 2,95 g gewonnenem Blau pro cbm Gas 95 bis 96 Proz. des Cyans aus dem Gase entfernt wurden[1].

Ein weiteres Verfahren zur Entfernung des Cyans auf nassem Wege stammt von *Walther Feld*[2]. Der Anspruch lautet auf ein Waschverfahren mit Lösungen von Salzen, deren Oxyde, Hydrate, Sulfide und Carbonate Ammoniak aus seinen Salzen ausscheiden können, und so viel von einer Oxydulverbindung, daß auf ein Eisenatom mindestens 4 Moleküle des Salzes eines einwertigen oder 2 Moleküle eines zweiwertigen kommen. *Feld* beabsichtigte ähnlich wie bei den älteren Verfahren von *Knublauch* und *Foulis* das Cyan in löslicher Form zu gewinnen. Da die Anwendung der Soda die Gewinnung reiner Ferrocyansalze verhindert und deswegen von *Foulis* auf recht komplizierte Weise durch Kaliumcarbonat ersetzt werden mußte, wendet *Feld* Calciumhydroxyd in Form von Kalkmilch und Eisensulfat an. Das Verfahren wurde zunächst vor der Ammoniakwäsche angewendet, und dem Gase sogar durch Waschen mit schwachem Gaswasser und Kalkmilch möglichst viel Ammoniak zugeführt. Die Kalkmilch wurde, um Oxydation der Ferroverbindung und dadurch Blaubildung zu vermeiden, dem Ferrosulfat im Wäscher in kleinen Mengen zugesetzt. Das Verfahren ist auf dem Hamburger Gaswerk eingeführt und von *Leybold* und *Schmidt* erheblich verbessert. Die Cyanwäsche erfolgt jetzt hinter der Wasserwäsche im ammoniakfreien Gas. Die Cyanausbeute wird dadurch geringer, das Verfahren aber wirtschaftlicher, weil die Verluste durch schlechter bezahltes Ammoniak fortfallen. Die Kalkmilch wird vorher unter Luftabschluß sorgfältig mit dem Eisensulfat gemischt und die Waschflüssigkeit ununterbrochen zugesetzt. Auch dieses Verfahren entfernt etwa 95 Proz. vom Cyangehalt des Gases[3]. Die Waschlaugen enthalten 9 bis 12 Proz. Ferrocyancalcium als Blau ausgedrückt. Die Lauge wird filtriert und das Calciumferrocyanit durch Krystallisation gewonnen. Der Preßkuchen enthält Eisen, Calciumcarbonat und Calciumsulfat, aber nur geringe Mengen Blau.

---

[1] Journ. f. Gasbel. 1903, 143 u. 45.
[2] D. R. P. 141 624 (1904) und 151 820.
[3] Zft. f. angew. Chem. 1911, 513.

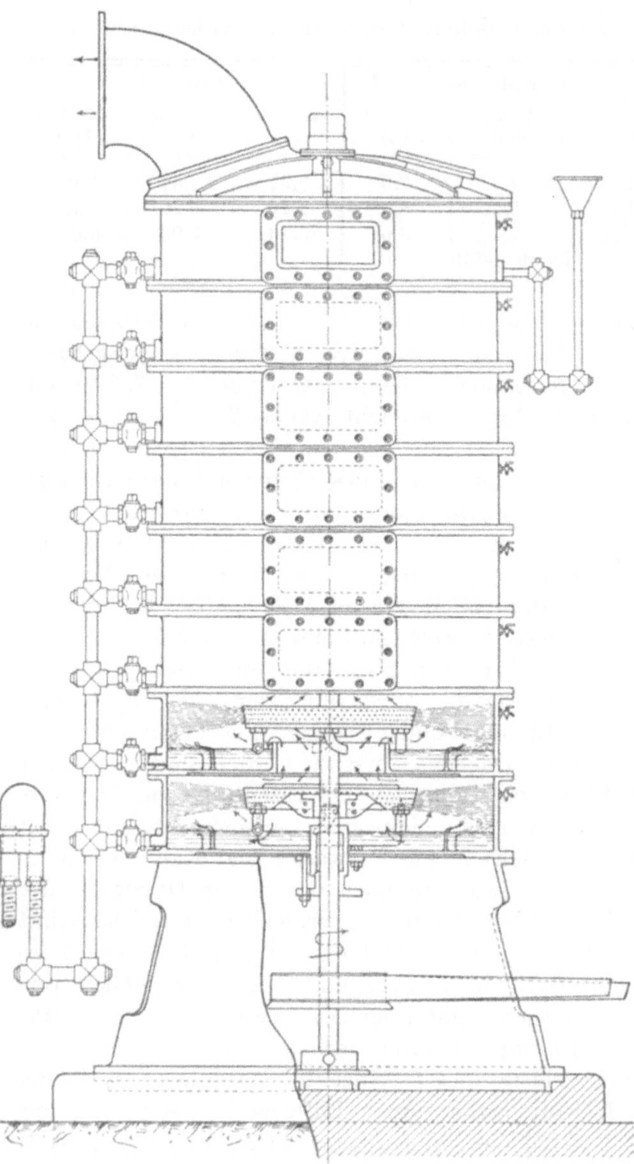

Fig. 77. Wäscher von *Kirkham, Hulett & Chandler Ltd.*

Das Rhodanwaschverfahren. Der Entfernung der Blausäure in Form von Rhodan hat man in Deutschland kein Interesse entgegengebracht. Nach einem in England eingeführten, aber nur wenig verbreiteten Verfahren[1] wird das Gas vor der Ammoniakwäsche mit Wasser, welches 10 Proz. Schwefelblumen aufgeschlemmt enthält, entfernt. Nach späteren Patenten[2] wird außer Schwefel noch Kalk und Magnesia zugegeben. Für die Wirkung der Wäsche ist hoher Kohlensäuregehalt im Gase schädlich, hoher Schwefelwasserstoff und Ammoniakgehalt dagegen günstig. 90 Proz. der Blausäure werden als Rhodansalz gewonnen[3], das Verfahren ist aber aussichtslos, weil für die Rhodansalze keine Verwendung zu finden ist.

Entfernung als Cyanid. Erwähnt sei hier noch ein Vorschlag von *Feld*[4], welcher Kohlensäure und Schwefelwasserstoff aus dem Gase durch Waschen mit heißen basischen Metallsalz-

[1] Engl. Pat. 13 653 (1901); D. R. P. 136 397.
[2] Engl. Pat. 22 710 (1902) und 8166 (1903).
[3] Journ. of Gaslight. 1903, **84**, 218.
[4] D. R. P. 141 624.

lösungen entfernen und dann das Cyan mit Carbonaten oder Oxyden von Magnesium, Zink, Aluminium, Mangan oder Blei allein oder gemischt mit Carbonaten oder Oxyden der Alkalien oder Erdalkalien herauswaschen will. Aus den Laugen kann dann die Blausäure durch Kochen mit Magnesiumhydroxyd entfernt werden.

Die Cyanwäscher. Für die verschiedenen Cyanwaschverfahren müssen dieselben natürlich der Waschflüssigkeit entsprechend gebaut sein, und es kommen wegen des Gehaltes an festen Bestandteilen nur Wäscher in Frage, bei denen für eine gleichmäßige Rührung der Waschflüssigkeit gesorgt ist. Man verwendet daher stehende oder liegende rotierende Wäscher, welche aus drei und mehr Kammern bestehen. An der Welle befinden sich rotierende Scheiben, welche mit Holzstabpaketen besetzt sind.

Die Entfernung der Schwefelverbindung. Im Rohgas ist der Schwefel zu etwa 95 Proz. als Schwefelwasserstoff enthalten. Nebenher entstehen bei der Trockendestillation Schwefelkohlenstoff und geringe Mengen von Mercaptanen, Thioäthern und Thiophen und seinen Homologen[1]. Der Schwefelwasserstoffgehalt im Rohgas hängt fast ausschließlich ab vom Schwefelgehalt der angewandten Kohle. Er schwankt bei verschiedenen Kohlen:

Ruhrkohlen	0,5 bis 1,5 Vol.-Proz.	750 bis 2250 g in 100 cbm
Schlesische Kohlen	0,5 „ 1,3	750 „ 2000
Saarkohlen	0,5 „ 0,8	750 „ 1200
Englische Kohlen	0,8 „ 2,5	1200 „ 3750

Der Schwefel verteilt sich auf die verschiedenen Destillationserzeugnisse im allgemeinen ähnlich wie in den nachfolgenden beiden Beispielen:

Schwefelgehalt in Prozenten

	in Kohle	im Koks	im Toor	im Rohgas
Consolidation, Gaskohle	0,75 bis 0,80	0,70 bis 0,72	0,50	0,7
Matthias Stinnes III/IV, Gaskohle . .	1,30 „ 1,52	1,25 „ 1,40	0,70	1,2

Vom Schwefel der Kohle finden sich:

	im Koks	im Teer	im Gas
Consolidation	62,5	3,3	43,2 Proz.
Matthias Stinnes III/IV	63,5	3,1	33,4

Die Schwefelverbindungen müssen möglichst vollständig aus dem Gas entfernt werden, da sie giftig sind und fast alle sehr übel riechen. Besonders lästig ist der Schwefelwasserstoff, weil er fast alle Metalle stark angreift. Die schlimmsten Wirkungen zeigen die Schwefelverbindungen aber beim Verbrennen, da hier fast der ganze Schwefel zu schwefliger Säure oxydiert wird. Diese greift die Atmungsorgane sehr stark an und zerstört fast alle metallischen Gegenstände. Bevor die Entfernung von Schwefelwasserstoff

---

[1] Nachgewiesen sind:

Methylmercaptan	S. P. 20	Senföle	—
Methylthioäther	„ 41	Thiotolen	S. P. 112
Äthylmercaptan	„ 36	Thioxene	—
Äthylthioäther	„ 91		

der jungen Gasindustrie möglich war, konnte Leuchtgas nur auf Straßen und in großen Fabrikräumen mit starker Lüftung gebrannt werden, da in kleinen Räumen der Aufenthalt unerträglich wurde.

Schon seit langem wird der Schwefelwasserstoff vollständig und auch ein Teil des Schwefelkohlenstoffs entfernt.

Der Schwefelwasserstoffgehalt im Rohgas an den verschiedenen Stellen des Betriebes hängt natürlich in hohem Maße von der Handhabung der Kühlung und Waschung ab. *Leybold*[1] gibt an:

Schwefelwasserstoff im Rohgas

	Vol.-Proz. H_2S	Es wird entfernt
in der Vorlage	1,38	
		20,29 Proz.
nach der Kühlung	1,10	
		3,62
„ dem Skrubber	1,05	
		76,09
„ „ 1. Reiniger	Spur	
„ „ 2. „	0	

Schwefelwasserstoff und Schwefelkohlenstoff im Rohgas mit englischen Gaskohlen[2] ermittelt die Versuchsgasanstalt in Birmingham:

	Schwefelwasserstoff Vol.-Proz.			Schwefelkohlenstoff grains per 100 cc		
	von	bis	im Mittel	von	bis	im Mittel
15 Derbyshire u. Nottinghamshire-Kohlen	1,42 bis 2,28		1,82	23 bis 84		41
10 Yorkshire	0,96 „ 2,01		1,50	22 „ 56		34
5 Staffordshire	1,53 „ 2,04		1,76	33 „ 75		47

Davidson[2] fand:

Schwefelwasserstoffgehalt im Rohgas

	1908	1909	1910	1911
Horizontalretorten mit einem Steigrohr . . .	2,10	1,88	1,92	1,87
Horizontalretorten mit zwei Steigrohren . . .	1,36	1,27	1,52	1,37
Schräge Retorten	1,48	1,36	1,33	1,30
Wassergas	1,37	1,17	1,33	1,24

Kohlensäuregehalt im Gas:

1. in der Versuchsgasanstalt:

15 Kohlen aus Derbyshire u. Nottinghamshire	1,56 bis 2,66	im Mittel	2,17 Proz.
10 „ „ Yorkshire	1,19 „ 3,53		1,83
5 „ „ Staffordshire	1,51 „ 3,54		1,97

2. mit verschiedenen Öfen:

	1908	1909	1910	1911
Horizontalöfen mit einem Steigrohr	2,49	1,86	2,02	2,64
Horizontalöfen mit zwei Steigrohren	2,24	2,36	2,16	2,17
Schrägofen	1,98	2,00	2,31	2,61
Dessauer Vertikalofen				2,45

[1] Journ. f. Gasbel. 1890, 338.
[2] Journ. of Gaslight. **122**, 952.

Volkmann fand in Düsseldorf bei zahlreichen Untersuchungen Werte innerhalb folgender Grenzen, wobei ausfallende Zahlen nicht mit berücksichtigt sind:

	Schwefelwasserstoff		
	Vol.-Proz.	g in 100 cbm	
Rohgas an den Öfen	0,68 bis 2,7	1000 bis 4000	je nach
Eingang der Vorkühlung (Temp. 60 bis 80°)	1,0 „ 1,2	1500 „ 1800	der Ausstehzeit
Ausgang der Vorkühlung	0,75 „ 1,0	1100 „ 1500	
Ausgang der Nachkühlung bei Berieselung mit Gaswasser	0,68 „ 8,0	1000 „ 1200	
Wasserwäsche Ausgang	0,55 „ 0,70	825 „ 1050	
Reinigung Eingang			
„ I Ausgang	0 „ 0,3	0 „ 450	
„ II „	0 „ 0,05	0 „ 75	
„ III „	0 „ Spur	0 „ Spur	
„ IV „	0	0	

Daraus berechnet sich beim Fehlen einer Cyanwäsche die Leistung der verschiedenen Apparate für die Entfernung des Schwefelwasserstoffs etwa:

Leitung. Abkühlung auf 60 bis 80°	17,5 Proz.	der Gesamtmenge
Vorkühlung mit Berieselung mit Gaswasser	17,5 „	Schwefelwasserstoff
Nachkühlung „ „	10,0 „	
Wasserwäsche	8,75 „	
Eisenoxydreinigung		
Kasten I	36,0 „	
„ II	9,0 „	
„ III	0,25 „	
„ IV	0 „	

Viel Schwefelwasserstoff wird ferner bei den verschiedenen Cyanwäschen entfernt, da sich in den Lösungen sofort alles durch das Ammoniak ausgefällte Hydroxyd in Sulfid verwandelt.

Der Schwefelwasserstoff, welcher nach diesen meist angewandten Wäschen noch im Gas verbleibt, wird bis heute fast immer durch eine trockene Schwefelwasserstoffreinigungsanlage entfernt. Die ersten Versuche zur Entfernung von Schwefelwasserstoff machte der ältere *Clegg* i. J. 1806 in Coventry, indem er in das Bassin des Gasbehälters gebrannten Kalk warf. Da die Kalkmilch oben verbraucht wurde und das frische Calciumhydroxyd, das sich noch unten im Bassin befand, mit dem Gas nicht in Berührung kam, brachte er einen Kalkrührer im Behälterbassin an, durch den er eine bessere, aber immer noch sehr unvollkommene Reinigung erzielte.

Heard schlug vor, das Gas durch Röhren mit erhitztem Kalk oder anderen alkalischen Erden oder mit Eisenoxyd oder den Oxyden anderer Schwermetalle zu leiten. Obwohl dieser Vorschlag schon den Weg zeigt, den die Reinigungsverfahren in ihrer weiteren Entwicklung genommen haben, wurde er in der Praxis nicht beachtet, weil *Clegg* schon im nächsten Jahre einen brauchbaren Kalkmilchwäscher konstruierte, der sich in veränderter Form bis über das Jahr 1830 hinaus gehalten hat[1]. Im Jahre 1817 führte dann *Phillips* die trockene Kalkreinigung ein, indem er das Gas in flachen Eisenkästen durch trocknes, grobkörniges Calciumhydroxyd, welches auf durchlochten Eisenblechen ausgebreitet war, streichen ließ. Dieses Reinigungsverfahren wurde jahrzehntelang trotz seiner unangenehmen Nebenerscheinungen angewendet und ist auch heute noch in England nicht vollständig verschwunden, wenn auch die Verwendung von Kalk auch dort ständig zurückgeht. Das erklärt sich dadurch, daß der Kalk außer dem Schwefelwasserstoff auch alle Kohlensäure und einen Teil des Schwefelkohlenstoffs aufnimmt. Da die Kohlensäure etwa für jedes Volumenprozent die Leuchtkraft um etwa eine Kerze heruntersetzt, war bei den strengen englischen Gesetzen über die Beschaffenheit des Leuchtgases die Entfernung von Kohlensäure und Schwefelkohlenstoff nur erwünscht. Die Absorption des Schwefelwasserstoffs geht nach folgender Gleichung vor sich:

$$Ca(OH)_2 + 2\,H_2S = Ca(SH)_2 + 2\,H_2O.$$

Als Beispiel sei hier eine Analyse eines Gaskalks neueren Datums wiedergegeben:

Calciumoxyd[2]	36,42 Proz.
Kohlensäure	37,32
Schwefel	3,76
Ammoniak	0,13
Cyan	0,12

Smith[3] gibt Analysen von zwei Gaskalken vor und nach der Eisenoxydreinigung:

	nach der Eisenoxydreinigung	vor derselben
Calciumcarbonat	69,73	67,05
Calciumsulfat	3,50	0,97
Calciumhydroxyd	6,68	2,70
Kieselsäure	0,28	1,13
Wasser	19,81	19,50
Calciumsulfhydrat	—	5,50
Eisenoxyd und Aluminiumoxyd . .	—	3,45

Im Jahre 1819 machte *Palmer*[4] Versuche zur Reinigung des Gases mit Eisenoxyd bei höherer Temperatur. *Phillips*[5] schlug schon 1835 vor, den Schwefelwasserstoff mit einer Aufschlemmung von Eisenoxyd in Wasser zu entfernen. Schon vor dem Jahre 1848 begann dann *Laming* mit seinen Versuchen, ein brauchbares alkalisches Eisenoxyd zur Entfernung des Schwefelwasserstoffs zu finden. Seinen Gedanken ließen sich jedoch *Croll*[6] und *Hills*[7]

---

[1] *Schilling:* Handbuch der Steinkohlengasbeleuchtung, 1866, S. 209; Journ. f. Gasbel. 1863, 52; 1901, 225; 1911, 299.

[2] Journ. of Gaslight. 1904, 88, 405.

[3] Journ. f. Gasbel. 1901, 938.

[4] Journ. of Gaslight. 1913, 123.

[5] *Bertelsmann:* Cyanverbindungen S. 184.

[6] Engl. Pat. vom 28. Nov. 1849.

[7] Journ. f. Gasbel. 1858, 109.

i. J. 1849 jeder mit verschiedenen Patenten schützen. Die *Laming*sche Masse wurde hergestellt durch Mischen von etwa gleichen Teilen von Sägemehl oder von ausgebrauchter trockener Gerberlohe mit trockenem gelöschten Kalk und gepulvertem Eisensulfat. Das Gemenge wurde angefeuchtet und einige Tage unter mehrfachem Umwerfen oxydiert. Sie enthält dann neben Holzbestandteilen Eisenoxydhydrat, Kalk und Calciumsulfat und ist ein vorzügliches Absorptionsmittel. Sie wurde in eisernen Kästen auf Holzhorden ausgebreitet und nach erfolgter Sättigung an der Luft regeneriert. Man nahm früher an, daß sich bei der Regeneration Eisensulfat bilde, welches durch den Kalk in Eisenoxyd und Calciumsulfat umgesetzt wird. Nachdem *Schilling*[1] bewiesen hatte, daß Eisensulfat nicht entsteht und der Zusatz von Kalk überflüssig ist, benutzte man eisenoxydhaltige Abfallprodukte verschiedener chemischer Industrien, z. B. die *Deicke*sche Masse und später die heute noch vielfach verwendete *Lux*masse, welche bei der Verarbeitung des Bauxits für die Aluminiumindustrie abfällt[2]. Die *Laming*sche Masse wird jedoch bis in die neueste Zeit verwendet[3].

Etwa um das Jahr 1860 führte dann *Howitz*[4] das natürlich in großen Mengen vorkommende Raseneisenerz ein, dessen Verwendung billiger und einfacher ist als die der *Laming*schen Masse.

Diese Reinigungsmassen enthalten das Eisen überwiegend als Eisenhydroxyd $Fe_2(OH)_6$ und $Fe_2O(OH)_4$ und $Fe_2O_2(OH)_2$. Nach den Untersuchungen von *Gedel* bildet Eisenhydroxyd bei Gegenwart von Alkalien (und Spuren von Ammoniak sind im Gas ja immer noch enthalten) ausschließlich Eisensesquisulfid und Wasser. Erfolgt die Reaktion dagegen bei Gegenwart von Säuren, so entsteht Eisensulfür und Schwefel. Bei der Regeneration entstehen dann dementsprechend die Oxyde und Hydroxyde des zwei- und dreiwertigen Eisens:

$$1. \quad Fe_2(OH)_6 + 3\,H_2S = Fe_2S_3 + 6\,H_2O\,;$$
$$2. \quad Fe_2(OH)_6 + 3\,H_2S = 2\,FeS + S + 6\,H_2O\,;$$
$$1a. \quad Fe_2S_3 + 3\,O + 3\,H_2O = F_2(OH)_6 + 3\,S\,;$$
$$2a. \quad 2\,FeS + 2\,O + 2\,H_2O = 2\,Fe(OH)_2 + 2\,S\,;$$
$$1.\ 2b. \quad 2\,Fe_2(OH)_6 + 3\,Fe(OH)_2 + 18\,HCN = Fe_4[Fe(CN)_6]_3 + 18\,H_2O.$$

Townsend gibt für die Reaktion folgende Gleichungen:

$$Fe_2O_3 + H_2O + 3\,H_2S = Fe_2S_3 + 4\,H_2O,$$

und bringt damit zum Ausdruck, daß Wasser für die Reaktion nötig ist, ohne daß seine Wirkungsweise eigentlich bekannt ist.

Aus Eisensulfür und Schwefel kann dann besonders beim Erwärmen Eisendisulfid entstehen, das durch den Sauerstoff der Luft nicht mehr regeneriert wird. Diese Reaktion ist daher möglichst zu vermeiden dadurch,

[1] Journ. f. Gasbel. 1863.
[2] Eine gute Literaturzusammenstellung gibt *Gedel:* Journ. f. Gasbel. 1905, 400.
[3] Journ. f. Gasbel. 1900, 751.
[4] Journ. f. Gasbel. 1863, 270.

daß man bei frischen, stark sauren Massen etwas mehr Ammoniak, etwa 3 bis 5 g in 100 cbm, in die Reinigung gehen läßt. *Gedel* konnte die Massen, welche dem Reiniger direkt entnommen waren, nur Fe_2S_3 und kein $FeS + FeS_2$ nachweisen.

Demgegenüber nimmt *Bertelsmann* die Zwischenbildung von Eisencyanür an, welche jedoch wahrscheinlicher aus Eisenhydroxydul und Blausäure erfolgt: $Fe(OH)_2 + 2\,HCN = Fe(CN)_2 + 2\,H_2O$. Das entstandene Eisensesquisulfid wird durch Sauerstoff leicht und vollständig zu Eisenoxyd oder Hydroxyd unter Abscheidung von elementarem Schwefel oxydiert:

$$Fe_2S_3 + 3\,O + 3\,H_2O = Fe_2(OH)_6 + 3\,S.$$

Diese Reaktion ließ man zunächst außerhalb der Reinigungskästen vor sich gehen, nachdem die gesättigte Masse ausgetragen war. Dann versuchte man vielfach, die Masse im Kasten durch Einblasen von Dampf und Luft zu regenerieren, nachdem der Gaszutritt abgestellt war[1]. Im Jahre 1889 setzte dann *Valon*[2] dem Gase vor der Reinigung $^1/_{10}$ Proz. Sauerstoff zu, um die Wiederbelebung der Masse im Kasten vor sich gehen zu lassen, ohne den Gasstrom abzustellen. Diese wesentliche Vereinfachung ließ sich aber erst im großen anwenden, nachdem *Hundt*[3] den Sauerstoff durch Luft ersetzte. Die Bruttogleichung der Reinigungsvorgänge im Kasten gestaltet sich nun:

$$2\,H_2S + O_2 = 2\,H_2O + 2\,S.$$

Man muß, da der Sauerstoff 2 Atome im Molekül enthält, auf 1 Raumteil Schwefelwasserstoff die halbe Menge Sauerstoff oder die $2^1/_2$fache Menge Luft zusetzen. Da sich bei normalem Wäscherbetrieb im Rohgas beim Eintritt in die Reinigung etwa 0,6 bis 0,7 Vol.-Proz. Schwefelwasserstoff finden, so muß man 1,5 bis 2,0 Proz. zusetzen, um alles entstehende Schwefeleisen sofort zu oxydieren.

Gelegentlich geht man mit dem Luftzusatz bis auf 3 Proz., da die Einwirkung beim Zusatz der theoretisch berechneten Menge infolge der Verdünnung nicht quantitativ ist. *Bunte*[4] berechnet die bei der Absorption des Schwefelwasserstoffs und die bei der Oxydation des Schwefeleisens entwickelte Wärmemenge:

$$Fe_2O_3 \cdot 3\,H_2O + 3\,H_2S = Fe_2S_2 + S + 3\,H_2O$$
$$-\ 207{,}4\ w \qquad +\ 222{,}3\ w = +\ 14{,}9\ w.$$

1 cbm Schwefelwasserstoff entwickelt bei seiner Absorption 222 w.

$$Fe_2S_2 + 3\,O + 3\,H_2O = Fe_2O_3 \cdot 3\,H_2O + 2\,S$$
$$-\ 48\ w \qquad +\ 193\,w = +\ 145\ w.$$

Die durch Aufnahme von 1 cbm Schwefelwasserstoff abgesättigte Masse entwickelt bei ihrer Oxydation zu Eisenoxyd und Schwefel 2160 w.

---

[1] Journ. f. Gasbel. 1874, 536; 1875, 492; 1876, 465, 728.
[2] Journ. f. Gasbel. 1888, 820; 1889, 403 u. 1154.
[3] Journ. f. Gasbel. 1892, 59.
[4] Journ. f. Gasbel. 1903, 709 ff.

Wenn diese Wärme sich dem Gas allein mitteilen würde, so würde die Temperatur desselben auf 65 bis 66° erhöht werden. Da aber große Verluste durch Wasserverdampfung und Wärmeableitung entstehen, beträgt die Temperatur des Gases im zweiten und den nachfolgenden Kästen selten mehr als 30°.

Volkmann fand bei einem Luftzusatz von 3 Proz. im Mittel jahrelanger, täglicher Beobachtungen:

Temperatur im Reinigerhaus . . . . 10 bis 22°	im Mittel	15,5°
Temperatur im Gas		
Eingang des 1. Reinigers . . . . 13 „ 20		16,5
„ „ 2. „ . . . . 23 „ 30		26,0
„ „ 3. „ . . . . 25 „ 30		27,5
„ „ Nachreinigers . . . 23 „ 28		25,0

Bei einem Luftzusatz von mehr als 2 Proz. ist immerhin die Temperaturerhöhung so stark, daß die Masse austrocknet, hart und zum Teil sogar unwirksam wird, da anscheinend zur Absorption des Schwefelwasserstoffs aus ammoniakfreiem Gas trockenes Eisenoxyd nur in beschränktem Maße befähigt ist. Gegenwart von Wasserdampf allein genügt zur Einleitung der Reaktion nicht. Offenbar müssen Eisenhydroxyde oder größere Mengen flüssigen Wassers vorhanden sein. Um

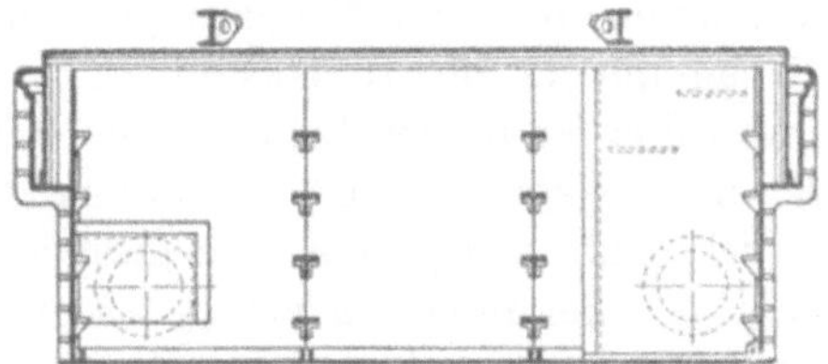

Fig. 78. Reinigungskasten.

diesem Austrocknen entgegen zu wirken, setzt man häufig dem Gas vor dem Eintritt in den ersten Reiniger oder auch vor Eintritt in jeden einzelnen Kasten Wasserdampf oder fein zerstäubtes Wasser zu[1].

Die Reinigung des Gases mit Eisenoxyd findet in gußeisernen Kästen statt, in denen das Eisenoxyd locker aufgeschüttet ist. Die Kästen waren seit Einführung der trockenen Reinigung flache, zusammengeschraubte Kästen mit Einsätzen zum Auflegen von Holzhorden und Deckeln aus starkem Blech, welche in einer Wassertasse stehen. Da die Tauchung bei Drucksteigerung leicht überläuft und durchschlagen werden kann, verwendet man jetzt auch vielfach Dichtungen von Gummi oder Weißmetall.

Die Größe der Kästen schwankt von den kleinsten mit wenig Quadratmeter Grundfläche bis zu Kästen von 150 qm Grundfläche. Die Masse wird in zwei bis vier Lagen von wechselnder Stärke geschüttet, und dementsprechend schwankt die Tiefe von 1,2 bis 2,0 m. Das Gas tritt von unten, von oben oder in der Mitte zwischen den Lagen ein. Der Gaseintritt von unten hat den Nachteil, daß sich dem Gas zunächst nicht die ganze freie Oberfläche der Masse, sondern die etwa zur Hälfte durch die Holzhorden verdeckte untere Fläche darbietet. Dieser Umstand hat jedoch weniger Einfluß auf die Leistungsfähigkeit der Masse, als man früher annahm. Bei Drucksteigerungen, welche immer durch Verschmierung der allerersten Masseschichten hervorgerufen

---

[1] Journ. f. Gasbel. 1895, 135.

werden, muß der ganze Kasten ausgepackt werden, während man bei Kästen mit Gaseintritt von oben die oberste Schicht oberflächlich auflockern oder auch nur die oberste Massenlage austragen kann. Der Gaseintritt in der Mitte mit Teilung des Gasstromes, der neuerdings vielfach bevorzugt wird, stellt eine Zerlegung der Reinigung in zwei Teile dar. Die Leistung wird also nicht erhöht, obwohl die Geschwindigkeit herabgesetzt wird, weil zugleich auch die Berührungsdauer vermindert wird. Besonders nachteilig wird der Umstand, daß man nie, auch wenn eine Klappe im Aus- oder Eintrittsrohr eine gewisse Regelung des Gasstromes gestattet, während des Betriebes beurteilen kann, was die eine oder andere Hälfte der Reinigung geleistet hat.

Ganz große Kästen sind recht unhandlich und verursachen Schwierigkeiten durch die große Arbeiterzahl, welche beim Auswechseln aufgebracht werden muß. Es wäre viel besser, wenn man eine größere Anzahl kleinerer Kästen mit großer Geschwindigkeit statt wenig große Kästen mit kleiner Geschwindigkeit baute. Statt wie in Deutschland vier und neuerdings nur drei Kästen mit einem Nachreiniger, findet man in England häufig Reinigungsanlagen mit 12 bis 16 Kästen hintereinander. Auch das neue Gaswerk in Amsterdam ist in der Lage, seine 16 Reinigerkästen in 4 Systemen zu je 4 oder in 2 Systemen zu 8 hintereinander zu schalten.

Die Auffassung, daß eine geringe Geschwindigkeit von 5 bis höchstens 8 mm pro Sekunde für ein gutes Arbeiten der Reinigung unerläßlich sei, stammt von *Kunath,* welcher Versuche mit kleinen Glaszylindern machte. Ebenso gibt *Newbigging* an, daß die vorteilhafteste Geschwindigkeit für das Gas im Reinigerkasten 5,6 mm pro Sekunde ist. Schon *Merz*[1] und *Bößner*[2] wiesen darauf hin, daß nicht die Geschwindigkeit des Gases, sondern allein die Zeit, während der das Gas mit der Masse in Berührung ist, maßgebend für die Leistung der trockenen Reinigung ist. *Merz*[3] rechnet daher für 100 cbm täglicher Leistung etwa 1 cbm mit Masse gefüllten Raumes in jedem Kasten. Diese Faustregel genügt nicht, da die Anzahl der Kästen in verschiedenen Betrieben zu sehr voneinander abweicht. *Schilling* hält 0,5 bis 0,7 qm Grundfläche der sämtlichen Reiniger pro 100 cbm täglicher Leistung und gibt bei verschiedenen Geschwindigkeiten folgende Größen für die einzelnen Kästen an:

0,23 qm	bei 5	mm	Geschwindigkeit	}	4 Kasten im System.
0,17 „	„ 7	„	„		
0,35 „	„ 3,3	„	„	}	3 Kasten.
0,25 „	„ 4,6	„	„		
0,70 „	„ 1,66	„	„	}	2 Kasten.
0,51 „	„ 2,3	„	„		

Smith[4] rechnet pro 1000 cbm täglicher Leistung 0,14 qm Kastengrundfläche.

---

[1] Journ. f. Gasbel. 1903, 221.
[2] Journ. f. Gasbel. 1908, 777; Zft. d. Gasver. Österr. 1908, 48.
[3] *Schilling:* Gaskalender.
[4] Journ. f. Gasbel. 1901, 938.

Nach Versuchen des Verfassers soll die berechnete scheinbare Berührungsdauer 150 Sekunden betragen und 125 Sekunden bei der größten Belastung nicht unterschreiten. Bei dieser Berechnung darf der Nachreiniger nicht mitgerechnet werden, denn er dient zur Sicherheit und soll normalerweise nicht mit arbeiten. Darum kann der Nachreiniger kleiner und die Geschwindigkeit des Gases in demselben größer werden, als oben angegeben ist, da die geringen Mengen Schwefelwasserstoff, die noch hineingelangen können, auch bei kleiner Berührungsdauer herausgenommen werden. Die Reinigungsmasse wird auf Horden ausgebreitet. Dies waren ursprünglich durchlochte eiserne Bleche, welche später durch die heute noch sehr verbreiteten engen Stabhorden ersetzt wurden. Die Holzhorden ruhen auf Winkeleisen und tragen eine 20 bis 40 cm hohe Masseschicht. Beim

Fig. 79. Stabhorde.

Schütten entstehen zwischen den einzelnen Lagen unvermeidliche Hohlräume, welche ausgefüllt werden mit Stabhorden mit weiteren Zwischenräumen, die zwar die Masse durchrutschen lassen, aber doch den Druck der darüber lastenden Schichten aufnehmen, so daß auch die untersten Schichten locker bleiben. Bewährt haben sich z. B. die B. A. M. A. G.-Horden und die leichteren jalousieartig gestellten *Zschocke*-Horden, welche zwischen die weiten Stabhorden gestellt werden. Das Gas geht bei den Einsatzhorden von *Jäger*, ähnlich wie bei den entsprechenden B. A. M. A. G.-Horden, in horizontaler Richtung durch den Kasten. Derselbe wird durch Mittelhorden, welche einen freien Raum lassen, in vier senkrecht stehende Schichten geteilt. Die Masse lagert in den einzelnen mauerartigen Schichten auf Dreikantstäben, welche so versetzt sind, daß jeder Stab den Druck einer bestimmten, über ihm lagernden Masseschicht aufnimmt. Dadurch wird die freie Angriffsfläche, deren Wert jedoch nicht überschätzt werden sollte, sehr vergrößert. Alle diese Einsatzhorden haben den großen Nachteil, daß beim Austragen die Masse oft derartig fest an den Horden haftet, daß dieselben zertrümmert werden müssen.

Schmiedt[1] führte vor wenigen Jahren die Hochreiniger ein, bei denen das Gas ebenfalls in horizontaler Richtung durch die Masse streicht, welche durch Jalousien gestützt wird (Fig. 80). Die Füllung der Hochreiniger erfolgt von oben, die Entleerung nach unten, und läßt sich mit weniger Arbeitsaufwand durchführen, wenn die Masse locker ist. Das Ausbringen festgebackener Massen macht dagegen viel Schwierigkeit.

Der Vollständigkeit halber sei ein Vorschlag von *Lessing* erwähnt, welcher einen nach Art der drehbaren Rostöfen arbeitenden Reiniger mit bewegter Masse, welche durch rotierende Kratzer von Etage zu Etage dem Gasstrom entgegengebracht wird, empfiehlt.

Eine allen berechtigten Ansprüchen genügende Form des Reinigerkastens ist bis jetzt nicht bekannt. Die Reinigerkästen selbst stellt man bei uns in geschlossenen Gebäuden auf und hält die Temperatur in denselben so hoch, daß Verdichtung von Wasser an den Deckeln nicht statt-

---

[1] Journ. f. Gasbel. 1910, 31.

finden kann. Die kostspieligen Gebäude sind jedoch ganz überflüssig, da die Eigenwärme der Kästen ein Einfrieren unter allen Umständen verhindert und weil die Verdichtung von Wasser keine schädliche Wirkung ausübt. Bei besonders strenger Kälte könnte man zur Erwärmung Dampf direkt in das Gas einblasen. In England stehen die Reiniger fast überall im Freien oder in offenen Hallen, wodurch die Explosions- und Brandgefahr verringert und die Staubbelästigung beim Austragen trockener Kästen behoben wird. Neuerdings stehen auch in Ludwigshafen und Wien Reinigungsanlagen im Freien.

Der Zusatz der Luft erfolgt meist unmittelbar vor der Reinigung, da bei Cyanwäschen die Bildung von Rhodan vermieden werden soll. Beim

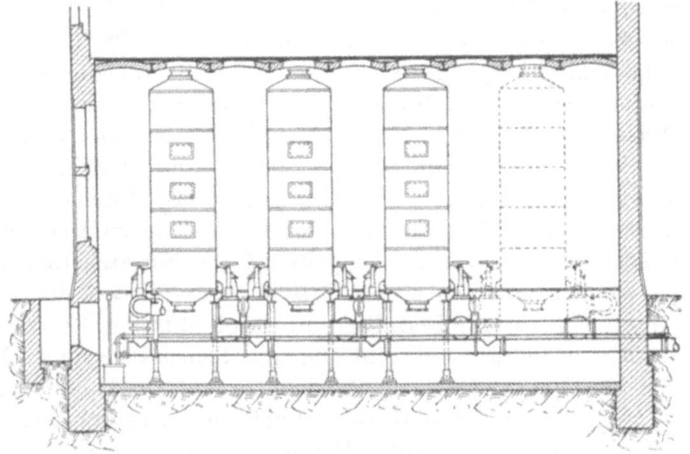

Fig. 80. Hochreiniger.

Fehlen der Cyanwäsche ist es jedoch einfacher, die Luft auf der Saugseite einzuführen.

Die Luftmenge, die zugesetzt wird, muß der jeweils erzeugten Gasmenge entsprechen. Darum sind die einfachen Luftmesser und Luftzusatzapparate, wie das *Helck*sche Dampfstrahlgebläse, nur bei gleichbleibender Gaserzeugung zu verwenden. Bei diesem Apparat erfolgt die Regelung der Luftmenge durch eingelegte Lochscheiben, und ist nur bei ganz konstantem Dampfdruck einigermaßen genau. Besser sind die mit dem Gasmesser verbundenen Schöpfluftmesser, welche ähnlich wie Gasuhren gebaut sind und vom Stationshauptmesser durch Kette oder Zahntrieb angetrieben werden. Die Luft wird angesaugt und der Saugseite direkt zugeführt oder durch eine Pumpe in die Druckleitung gepreßt. Der Luftzusatz beträgt meist 1,5 bis 2,0 Vol.-Proz. Durch eine Umfrage hat die Lehr- und Versuchsanstalt Karlsruhe ermittelt, daß von 150 Gaswerken in Deutschland 140 Luft zusetzen und 6 die Einführung des Luftzusatzes beabsichtigen[1]. Bei 137 Gaswerken beträgt der Luftzusatz zwischen 1,5 und 2,0, und nur bei 3 Gas-

----

[1] Vgl. Journ. f. Gasbel. 1898, 695; 1902, 438, 782; 1903, 65.

werken zwischen 2,0 und 3,0 Proz. Fast alle Gaswerke führen die Luft unmittelbar vor der Reinigung, und nur wenige vor der Saugseite ein. Der Luftzusatz kann, ohne daß der Gang der Reinigung ungünstig beeinflußt wird, beliebig weiter erhöht werden. Der Verfasser beobachtete gelegentlich eines unbeabsichtigten Luftzusatzes von 6 Proz. während einiger Tage keine merkliche Temperatursteigerung gegenüber der bei 3 proz. Luftzusatz, und auf dem Gaswerk Windsor-Street in Birmingham wird seit längerer Zeit 7 bis 10 Proz. einer carborierten Luft zugesetzt. Bei einem Luftzusatz von über 2,0 Proz. wird zwar eine vollständigere Regeneration erreicht, die Masse erwärmt sich aber auch so stark, daß sie austrocknet und unwirksam wird. Der Erfolg von Wasser- oder Dampfzusatz bleibt beim Luftzusatz von 3 Proz. aus. Der Verfasser ist daher, nachdem er jahrelang mit einem Luftzusatz von 3 Proz. gearbeitet hat, wieder zu geringerem Luftzusatz zurückgekehrt, da mehr Masse durch Austrocknen unwirksam wurde, als bei niedrigerem Luftzusatz durch weniger vollständige Regeneration verloren geht. Bei niederem Luftzusatz sind die Erfahrungen mit dem Einleiten von Dampf günstiger. *Dexter* berichtet, daß bei einem Luftzusatz von 0,8 bis 2,0 Proz. durch Dampfzufuhr die mit Sägemehl vermischte Masse locker blieb. Ebenso arbeitet das Gaswerk Mariendorf mit einem Luftzusatz von 2 Proz. und Dampf, ohne daß die Masse unwirksam wird. Die Masse wird aber auch hier so hart, daß sie zum Teil mit Hacken losgeschlagen werden muß. Das Erhärten der Masse ist bei Luftzusatz wohl mehr oder weniger unvermeidlich. *Bunte*[1] sieht die Ursache hierfür im Schmelzen des Schwefels, eine Ansicht, die viel Unwahrscheinliches in sich trägt, da der Schmelzpunkt des Schwefels bei 114 bis 120° liegt.

Die Wirkung des Luftzusatzes ist überraschend. Nach *Dexter*[2] arbeiten die Massen bei einem Luftzusatz von 0,8 Proz. dreimal so lange, ohne daß ein Kasten ausgewechselt zu werden braucht. Nach *Menzel*[3] reinigt 1 cbm einer Masse ohne Luftzusatz 4000 bis 5000 cbm und mit 2 Proz. Luft 12 000 bis 15 000 cbm Gas. Über ähnliche Ergebnisse berichtet *Trebst*[4], welcher ohne Luft 4000 cbm und mit 2 Proz. Luft 8000 cbm Gas reinigt. In Düsseldorf wurden früher die Kästen ausgewechselt, wenn am Ausgang des zweiten Kastens Schwefelwasserstoff vorhanden war. Die Leistung der Masse betrug dabei per cbm

<pre>
        bei 0 Proz. Luft . . . . . .   4000 cbm Gas
         „ 1   „   . . . . . .   5000 „   „
         „ 1,75   „   . . . . . .   7000 „   „
</pre>

Die beste Wirkung des Luftzusatzes kommt aber erst bei der Wechselschaltung zutage. Dieselbe wurde schon 1899 von *Chollar* vorgeschlagen und in Amerika zuerst eingeführt[5]. Auf einem englischen Gaswerk hielten

[1] Journ. f. Gasbel. 1903, 709.
[2] Journ. f. Gasbel. 1895, 135.
[3] Journ. f. Gasbel. 1901, 296.
[4] Journ. f. Gasbel. 1911, 484.
[5] *Littile:* Amer. Gaslight. Journ. 1913, 98, 282.

Reinigungskästen bei einem Luftzusatz von 2 Proz. 28 Monate, wenn der erste Kasten jedesmal, wenn sich Spuren von Schwefelwasserstoff am Ausgang zeigten, an die letzte Stelle geschaltet wurde[1]. In Deutschland führte *Allner*[2] die Wechselschaltung ein, und sie dürfte heute wohl schon auf allen gut geleiteten Gaswerken angewendet werden.

Die Oxydation des durch Einwirkung von Schwefelwasserstoff entstandenen Eisensulfids geht langsamer vor sich als die Absorption des Schwefelwasserstoffes. Daher geht ein Teil des Sauerstoffs durch den ersten Kasten durch und kann im zweiten Kasten nur dann wirken, wenn regenerierbares Schwefeleisen vorhanden ist. Schaltet man daher von Zeit zu Zeit um, so wird der hinterste Kasten keinen Schwefelwasserstoff aufzunehmen haben, während die Regeneration in ihm noch kräftig erfolgt. Der Kasten erholt sich und erreicht nahezu seine frühere Leistungsfähigkeit. Man schaltet entweder, wie erwähnt, um, sobald der erste Kasten Schwefelwasserstoff durchläßt, oder besser nach bestimmten Zeiträumen, meistens nach 48 oder 24 Stunden. Man kann in verschiedener Weise schalten, entweder vorwärts oder rückwärts:

	Schema der Vorwärtsschaltung	Schema der Rückwärtsschaltung
Erster Tag	1. 2. 3. 4. N.	1. 2. 3. 4. N.
Zweiter Tag	2. 3. 4. 1. N.	4. 1. 2. 3. N.
Dritter Tag	3. 4. 1. 2. N.	3. 4. 1. 2. N.
Vierter Tag	4. 1. 2. 3. N.	2. 3. 4. 1. N.

Bei der Vorwärtsschaltung kommt also der Kasten, welcher vorgestanden hat, an die letzte, bei der Rückwärtsschaltung an die zweite Stelle. Die Wirkung beider Schaltweisen ist ziemlich gleich günstig, nur muß man bei der Vorwärtsschaltung einen gut wirkenden Nachreiniger haben, da das beim Umschalten im ersten Kasten befindliche Gas direkt in den Nachreiniger geht.

Mit dieser Schaltung läßt es sich, wenn die Belastung der Reinigung nicht zu groß ist, ohne weiteres erreichen, daß die Masse schon nach dem ersten Gebrauch 50 Proz. und mehr Schwefel enthält[3] und eine weitere Benutzung nicht mehr zweckmäßig ist. Vom Jahre 1906 bis 1911 wurde in den Reinigungen des Gaswerks Düsseldorf ohne Wechselschaltung mit einem mittleren Luftzusatz von 1,5 Proz. gearbeitet. Die Massen mußten 12 bis 14 mal ausgetragen werden, bis sie verkaufsfähig waren und reinigten während dieser ganzen Zeit im Mittel:

$$\begin{aligned}
&1\ \text{t Masse} \quad \ldots \ldots \quad 83\,050\ \text{cbm Gas im ganzen} \\
&1\ \text{cbm ,,} \qquad \ldots \ldots \quad 58\,000 \quad \text{,,} \quad \text{,, ,,} \qquad \text{,,}
\end{aligned}$$

Seit Einführung der Wechselschaltung wird die Masse nur 2 bis 3 mal ausgebracht und leistet:

	Beim 1. Mal Mittel von 18 je cbm	Beim 24. Mal Mittel von 12	Beim 3. Mal im ganzen Mittel von 5	
Gas	55 005 cbm	61 025 cbm	37 725 cbm	126 873 cbm

---

[1] Journ. of Gaslight. 1911, 302.

[2] Journ. für Gasbel. 1910, 733.

[3] Österr. Gasjourn. 1912, 296.

Die größte Leistung betrug bei einer einzigen Füllung 93 600 cbm Gas für jeden cbm Masse. Die Masse wurde dabei mit 45 bis 50 Proz. Schwefel und 7 bis 9 Proz. Blau verkauft.

Die Nachteile des Luftzusatzes sind vielfach hervorgehoben worden, sie sind aber tatsächlich gering im Vergleich zu den Ersparnissen an Lohn. Das Verrosten leichter schmiedeeiserner Teile am Umlaufregler und den Teerscheiderglocken[1] läßt sich durch Verwendung von verzinktem Eisenblech leicht vermeiden. Dagegen macht sich die Verminderung des Blaugehaltes der gebrauchten Gasreinigungsmassen beim Verkauf bemerkbar. Der Sauerstoff hebt den reduzierenden Einfluß des Schwefelwasserstoffs zum Teil auf, und es wird daher weniger Eisenoxydul und Eisensulfür gebildet, welche allein imstande sind, Blausäure aufzunehmen[2].

Die Reinigungsmassen. Noch vor Anwendung der natürlich vorkommenden Raseneisenerze brauchte man außer der *Laming*schen Masse Abfallprodukte der chemischen Industrie, welche sich bis heute neben den Erzen gehalten haben. So verwendet man in England auch heute noch vielfach Weldonschlamm, welcher aus Manganoxyden besteht, die bei der Darstellung von Chlor abfallen[3], und Eisenschlamm, aus den Enteisenungsanlagen von Wasserwerken[4]. Ebenso sind die Massen von *Deicke* und *Schreiber*, sowie die Purfermasse und die wichtigste, die Luxmasse, Abfallprodukte verschiedener chemischer Prozesse, bei denen das Eisen aus alkalischen Lösungen in Form sehr wasserhaltigen Eisenhydroxyds gewonnen wird. Die Luxmasse wird meist bei der Verarbeitung von Bauxit hergestellt, das zur Herstellung von Aluminium durch Elektrolyse dient und in großen Mengen verbraucht wird.

Die Luxmasse enthält sehr viel Wasser, aber nebenher auch das Eisen in sehr reiner und wirksamer Form. *Volkmann* fand:

Wasser	Glühverlust in trockener Masse Fe_2O_3	Kieselsäure	Eisenoxyd	Aluminiumoxyd Al_2O_3
51 bis 56 Proz.	14,21 Proz.	0,91 Proz.	62,65 Proz.	2,16 Proz.

Terneden[5] gibt an:

Wasser	Eisenhydroxyd $Fe_2(OH)_6$
57,1 Proz.	89,6 Proz.
56,5	88,7
56,1	90,3

Der Gehalt an Eisen ist also im Vergleich sehr hoch. In ihrer Wirkung ist die Masse jedoch sehr verschieden. *Becker*[6] weist darauf hin, daß die Masse im Anfang infolge ihrer feinen Verteilung lebhaft reagiert, dann aber bald nachläßt. Der Verfasser beobachtete eine Luxmasse, welche fast über-

---

[1] Journ. f. Gasbel. 1902, 468.
[2] Journ. f. Gasbel. 1901, 758; 1904, 389.
[3] Journ. f. Gasbel. 1894, 282.
[4] Journ. f. Gasbel. 1905, 614.
[5] Journ. f. Gasbel. 1908, 490.
[6] Journ. f. Gasbel. 1908, 491, 710.

haupt keinen Schwefel aufnahm, so daß man die Luxmasse nach dem Gebrauch aus der holländischen Masse, mit der sie vermischt war, noch hätte heraussuchen können. Demgegenüber arbeiten andere Gaswerke mit Luxmasse mit zweifellos gutem Erfolg. Die Masse ist so feinkörnig, daß sie allein nicht verwendet werden kann, da sie dem Gas zuviel Widerstand entgegensetzt. Sie wird daher mit Koksgrus oder Sägemehl oder viel besser mit der doppelten Menge natürlichen Raseneisenerzes vermengt. Sie regeneriert so lebhaft, daß Brände sehr leicht entstehen, wenn die Masse nicht sofort nach dem Öffnen des Kastens gut durchfeuchtet wird. Der Preis der Luxmasse ist um 40 Proz. und mehr höher als der des Rasenerzes, während der Gehalt an wirksamen Eisenoxydhydraten nur etwa um 10 Proz. höher liegt als bei einem normalen natürlichen Erz.

Die in Holland, Friesland und Oldenburg natürlich vorkommenden Rasenerze sind entstanden durch die Ausscheidung von Eisenhydroxyd und Eisenkarbonat aus sauren, Eisenbicarbonat enthaltenden Wässern unter der Einwirkung des Luftsauerstoffes. Sie enthalten sehr viel Wasser und Eisenhydroxyd, geringere Mengen von Mangan, Aluminium, Erdalkalien, Kohlensäure, Phosphorsäure und wechselnde Mengen von Sand. Der Verfasser fand z. B.:

			Mittel aus wieviel Analysen	Wasser	Glühverlust	Sand	Eisenoxyd Fe_2O_3
					in trockener Masse		
Holländisches Rasenerz	A.	1910	6	52,50	48,72	4,2	41,60
„	„ B.	1910	8	56,65	35,96	8,4	45,51
„	„ A.	1911	12	58,40	43,96	3,50	45,50
„	„ A.	1912	8	55,86	40,04	3,21	45,20
„	„ B.	1912	9	65,24	41,27	4,05	42,17
„	„ A.	1913	10	60,22	49,20	2,06	42,73
„	„ B.	1913	5	61,32	45,68	1,68	44,75
Oldenburgisches Erz	A.	1913	12	60,50	53,50	2,55	38,25
„	„ B.	1913	2	54,33	32,02	6,8	53,28

Erz von	Gräditz bei Riesa Proz.	Kalau Proz.	Dauber-Bochum Jungfernerz Proz.	Quellenocker aus Franzensbad Proz.
Eisenoxyd	75,22	52,06	61,13	59,8
Eisenoxydul	—	—	—	0,8
Sand und Ton	7,01	14,16	nicht bestimmt	9,5
Organische Substanzen und Hydratwasser	14,57	28,44	28,76	25,4
CaO, P_2O_5 usw.	3,21	5,34	nicht bestimmt	—

Das Gewicht von 1 cbm locker geschütteter, neuer Gasreinigungsmasse beträgt bei Massen mit etwa 30 Proz. Wasser 680 bis 700 k, bei feuchten Massen mit etwa 50 Proz. Wasser etwa 750 k. Die Luxmasse wiegt etwa 720 bis 740 k in 1 cbm.

Die Wasserbestimmung der frischen Gasreinigungsmasse. Der höchste zulässige Wassergehalt sollte unter allen Umständen beim Einkauf von Rasenerzen festgelegt werden. Dabei muß die Art der Wasserbestimmung ebenfalls genau vereinbart werden, da ein Teil dieses Wassers chemisch gebunden ist und die Menge des entweichenden Wassers nach Temperatur und Zeitdauer schwankt, sowie die Gewichtskonstanz nur schwer zu erreichen ist. Man trocknet 100 g bei 100 bis 102° 6 Stunden lang, läßt im Exsiccator erkalten und wiegt zurück.

Die folgenden Bestimmungen sind weniger wichtig, da Glühverlust und Eisengehalt an sich keinen Anhalt für die Brauchbarkeit der Massen bilden. Die getrocknete Masse bleibt 48 Stunden an der Luft stehen, ihre Gewichtszunahme wird festgestellt und die Masse gepulvert, bis sie durch ein engmaschiges Sieb geht. 1 g davon wird in einer Schale abgewogen und in einer Muffel oder über freier Flamme mit großer Vorsicht bis zur Gewichtskonstanz geröstet. Die Gewichtsverminderung ist der Glühverlust. Das Erz wird dann so lange mit konzentrierter Salzsäure behandelt, bis der Rückstand kein Eisen mehr enthält und durch ein aschefreies Filter filtriert. Durch Veraschen des Filters und Wiegen des Rückstandes findet man das Unlösliche oder den Sand, und im Filtrat bestimmt man das Eisen nach einer der üblichen Methoden, am besten nach Reduktion mit Zinnchlorür mit Permanganat nach *Zimmermann* und *Reinhard*.

Die verschiedenen Methoden zur Bestimmung der Aufnahmefähigkeit der Masse sind umständlich und schwierig und geben nur bei großer Sorgfalt untereinander vergleichbare Resultate. Über die Brauchbarkeit der Massen im Großbetrieb erhält man durch sie keinen Aufschluß. Statt der umständlichen Bestimmung des Porenvolumens ist es zweckmäßiger, das Gewicht von 1 cbm Masse dadurch zu bestimmen, daß man die Masse in einem Kasten von 1 qm im Lichten und 25 cm Höhe locker geschüttet wiegt. Große Aufmerksamkeit ist ferner der mechanischen Beschaffenheit der Masse zuzuwenden, da das Sieben und Zerkleinern klumpiger Massen recht beträchtliche Kosten verursachen kann. Dieselben betrugen bei einem klumpigen Erz 160 und bei einem normalen Erz 80 Mk. für 1 t, während andere Massen direkt in die Reinigerkästen hineingebracht werden können. Ein mechanisches Sieben und Quetschen kommt daher wohl in Frage.

Die Massen werden so lange gebraucht, bis der Gehalt an Schwefel und Blau zusammen 50 bis 60 Proz. betragen. Die Volumenvermehrung ist dabei nicht sehr bedeutend, da das Volumengewicht der Masse während des Gebrauchs steigt. Schließlich ist in der Masse nur noch so wenig wirksames Eisenoxyd vorhanden, daß sich die Arbeit des Eintragens in die Kästen nicht mehr lohnt. Durch die Masse sind dann pro cbm 60 bis 120 000 cbm Gas durchgegangen, wobei die Masse je nach den Betriebsverhältnissen bis 15 mal gewechselt wird. Bei weiterem Gebrauch reichert sich die Masse nach den Untersuchungen von *Knublauch*[1] an Blau nicht mehr an. Die ausgebrauchten Massen sind in ihrer Zusammensetzung und in ihrem Wert sehr verschieden. Wird eine Cyanwäsche betrieben, so enthalten sie nur etwa 1 bis 2 Proz. Blau und nur Spuren von Rhodan. Sie sind trotz ihres hohen Schwefel-

---

[1] Journ. f. Gasbel. 1895, 770.

gehaltes nicht immer gut verkäuflich und vertragen keine weite Fracht. Bei Gaswerken ohne Cyanwäsche wird der größte Teil der noch im Gas vorhandenen Blausäure in der Masse als Berliner Blau $Fe_7(CN)_{18}$, $Fe_4[Fe''(CN)_6]_3$ gebunden. Das Blau ist ein wertvoller, mineralischer Farbstoff, der durch Auflösen in Kalilauge als Blau oder als gelbblausaures Kali (Ferrocyankali) gewonnen wird. Die Verarbeitung der Massen erfolgt nur von der größten Gasgesellschaft, der „*Gaslight and Coke Company*" selbst; die anderen Gaswerke verkaufen ihre ausgebrauchten Massen an chemische Fabriken. Der Preis richtet sich ausschließlich nach dem Blaugehalt, welcher beim Verkauf meist nach *Knublauch* ermittelt wird. Obwohl man durch geeignetes Arbeiten den Blaugehalt erhöhen kann, zielt man heute ausschließlich auf hohe Leistung der einzelnen Kastenfüllungen und nicht auf hohen Blaugehalt hin, da gute Massepreise weniger einbringen, als an Löhnen gespart werden kann.

Folgende Analysenbefunde sollen die Zusammensetzung von ausgebrauchten Massen zeigen:

		Blau	Schwefel	Stickstoff	Lösl. Ammoniak	Ges.-Ammoniak	Rhodan CNS	Schwefelsäure SO_4
1909	II	16,19	7,86	59,5	4,38	0,753	1,207	0,25	2,61
1911	I	12,57	9,21	42,8	4,76	0,70	1,27	0,17	2,74
	II	15,00	8,75	47,7	4,80	0,89	1,15	0,21	2,70
	III	14,46	6,7	57,1	3,89	0,65	0,90	0,14	1,45
1913	I	18,75	6,1	44,45	3,56	0,30	0,70	0,16	1,47
	II	7,94	6,9	45,05	4,20	0,45	0,80	0,49	1,63
	III	15,73	6,4	40,25	4,16	0,47	0,84	0,36	1,74
	IV	6,57	7,1	43,40	3,71	0,30	0,73	0,68	1,10
	V	12,00	7,3	42,25	4,13	0,28	0,69	0,89	1,41

Der Verfasser fand folgende Zusammensetzung von Betriebsmassen:

	Luftzusatz Proz.	Leistung des Kastens in cbm	Schwefel in trockner Masse Proz.	Blau in trockner Masse Proz.
Holländisches Rasenerz erste Mal ohne Wechselschaltung	0,0	1 391 900	14,3	—
„ „ zweite „ „ „	1,0	1 138 700	22,5	2,81
„ „ dritte „ „ „	1,7	1 812 850	39,55	3,82
„ „ vierte „ mit „	1,7	3 830 530	45,65	6,45
Holländisches Erz Nr.22 erste „ „ „	3,0	5 552 850	23,87	4,8
Kastenfüllung cbm zweite „ „ „	3,0	5 370 020	41,55	5,97
dritte „ „ „	3,0	5 062 130	57,36	7,91
Holländisches Erz Nr.23 erste „ „ „	3,0	5 750 510	20,60	4,29
zweite „ „ „	3,0	4 186 490	38,74	6,54
dritte „ „ „	3,0	5 340 160	51,69	8,30

Die einzelnen Lagen arbeiten im Kasten natürlich sehr verschieden; die Reihenfolge der Lagen muß daher in geeigneter Weise gewechselt werden. Bei Kästen mit Gaseintritt in der Mitte enthielten die Lagen nach einmaligem Gebrauch:

| | Schwefel | Blau | Schwefel | Blau |
	in trockner Masse		in trockner Masse	
oberste Lage	27,35	5,97	10,0	2,03
zweite „	28,75	7,40	26,90	5,44
dritte „	29,95	8,71	25,85	5,74
unterste „	15,10	6,09	19,65	3,94

und bei Kästen mit Gaseintritt von oben:

	Schwefel	Blau	Schwefel	Blau
oberste Lage	42,25	8,43	32,10	7,40
zweite „	35,15	5,57	25,45	4,89
dritte „	25,65	3,46	20,10	3,47
unterste „	20,55	2,87	17,85	3,34

In Zürich enthielten beim Betrieb einer Cyanwäsche die alten Massen im Mittel:

Schwefel	57,5 Proz.
Blau	1,2
Ammoniak	0,1

Wenn bei schlecht arbeitender Wasserwäsche viel Ammoniak im Gas bleibt, das in die Reinigung eintritt, so bildet sich Rhodan auf Kosten des Blaugehaltes. Diese Massen enthalten verhältnismäßig viel Stickstoff und werden neuerdings in Frankreich als Dünger vielfach verwendet und gut bezahlt[1].

Smith[2] gibt als Beispiel eine Masse bei guter und eine bei schlecht betriebener Reinigung an:

	Beispiel einer guten Rg.	Beispiel einer schlechten Rg.
Schwefel	52,22	24,47
Blau	7,97	5,44
Schwefelsaures Ammonium	0,72	11,17
Rhodanammonium	0,07	0,25
Eisensulfat	0,24	1,04
Eisenhydroxyd	21,76	13,19
Teer und Naphthalin	0,27	3,60
Kieselsäure	2,29	6,34
Calciumsulfat	2,12	2,20
Organische Substanz	9,82	18,87
Wasser	2,52	13,43

Dasselbe zeigen auch die Analysen von *Knublauch*[3].

Die Regeneration der Massen. Wird ein Kasten ausgetragen, so breitet man die Reinigungsmassen im Freien oder in gedeckten Räumen flach aus und läßt sie einige Tage an der Luft liegen. Dann wird die Masse angefeuchtet, umgeschaufelt und zerkleinert und ist nach etwa 8 bis 14 Tagen wieder gebrauchsfähig. Bei manchen Massen erfolgt die Sauerstoffaufnahme so heftig, daß sich der Schwefel entzündet. Der Gefahr eines Brandes kann man jedoch durch Auseinanderwerfen und Bespritzen leicht begegnen. Alle Mittel zur mechanischen Massebeförderung und zum Umschaufeln derselben sind einem starken Verschleiß unterworfen.

---

[1] Chem.-Ztg. 1913, 449.
[2] Journ. f. Gasbel. 1901, 938.
[3] Journ. f. Gasbel. 1895, 770.

Die Untersuchung der ausgebrauchten Massen. Der Wassergehalt wird bestimmt durch Trocknen bis zu 60° Gewichtskonstanz, die
meist in etwa 6 Stunden erreicht ist. Die trockene Masse wird gewogen,
24 Stunden an der Luft ausgebreitet, wieder gewogen und gepulvert, bis sie
vollständig durch ein feinmaschiges Sieb durchgeht.

Der Schwefel wird in einem *Soxleth*schen Extraktionsapparat mit ge-
schliffenen Glasverbindungen durch Ausziehen von 20 g lufttrockener Masse
bestimmt. *Pfeiffer*[1] oxydiert den Schwefel mit Wasserstoffsuperoxyd und
titriert mit Schwefelsäure. Der Blaugehalt wird nach *Knublauch* oder *Feld*
in der auf S. 186 angegebenen Weise bestimmt.

Meist begnügt man sich mit diesen Untersuchungen. Außer ihnen wird
gelegentlich bestimmt: der Gesamtstickstoff[2], das lösliche und unlösliche
Ammoniak, Schwefelsäure und Rhodan. Diese Untersuchungen geben Aufschluß darüber, ob nasse oder trockene Reinigung richtig betrieben wurde.

Ausgebrauchte Massen wiegen je nach ihrem Wasser- und Schwefelgehalt 750 bis 800 k für 1 cbm.

Es ist vielfach vorgeschlagen und versucht worden, die ausgebrauchten
Massen zu entschwefeln und neu zu benutzen. Die Raseneisenerze stehen
aber so niedrig im Preis, daß sich derartige Verfahren kaum lohnen werden.
Ein Vorteil besteht allerdings darin, daß die Massen schließlich mehr Blau
enthalten und daher bessere Preise erzielt werden. Angewandt wurden
Dampf von 170°, welcher allerdings das Blau zerstört[3], Trichloräthylen[4],
Orthodichlorbenzol[5] und andere Lösungsmittel.

Verschiedene Reinigungsverfahren.

Die bis heute meist benutzte trockene Schwefelwasserstoffreinigung
mit Eisenoxyd hat unbestritten große Nachteile. Die großen Reinigungskästen und der Raum, der zum Lagern und Regenerieren der Masse notwendig ist, beanspruchen einen großen Platz. Das Aus- und Eintragen der
Masse ist teuer und verlangt viel Arbeitskraft, die immer zur Verfügung
gehalten werden muß. Das Ausbringen der trocknen Massen, die stark
stauben, ist eine sehr ungesunde Arbeit.

Daher sind die Bestrebungen, bessere Verfahren zur Reinigung des Gases
von Schwefelwasserstoff zu finden, schon alt. Die Schwefelwasserstoffwäsche
mit Kalkmilch, die sogar älter als die trockene Eisenoxydreinigung ist, war
umständlich, teuer und lästig wegen der unangenehmen Eigenschaften des
Gaskalks.

Das älteste dieser Verfahren ist in den 60er Jahren von *Claus* und anderen
Fachleuten eingeführt worden und neuerdings von *Davidson* nach eingehenden
Versuchen in einer Versuchsanlage wieder aufgenommen worden. Er hat

---

[1] Journ. f. Gasbel. 1905, 977.
[2] Zft. f. angew. Chem. 1913, Nr. 59.
[3] Journ. f. Gasbel. 1879, 38.
[4] Journ. f. Gasbel. 1910, 882.
[5] Journ. f. Gasbel. 1909, 137.

mit einer Anlage, welche etwa 5500 cbm Gas in 24 Stunden reinigt, befriedigende Ergebnisse erzielt. Bei der älteren Arbeitsweise ging das durch einen *Livesey*-Teerwascher entteerte Gas durch fünf Skrubber. Im ersten wird das Gas gekühlt. Zwischen dem ersten und dem zweiten Skrubber wird dem Gas von Kohlensäure und Schwefelwasserstoff befreiter Ammoniakdampf zugesetzt, welcher von einer Abtreibekolonne kommt. Das Abwasser der Kolonne, welche ohne Kalkzusatz betrieben wird, wird gekühlt und geht zunächst auf den letzten Skrubber und dann von Skrubber zu Skrubber bis zum ersten. Es reichert sich zuerst mit Cyan an und wäscht dann stufenweise die verschiedenen Bestandteile des Rohgases heraus. In Wäscher I wird mit dem stark ammoniakhaltigen Waschwasser von II fast alle Kohlensäure, in Skrubber II der Rest der Kohlensäure und fast aller Schwefelwasserstoff, in Skrubber III der Rest des Schwefelwasserstoffs entfernt. Das Ammoniak wird vollständig und die Blausäure zum Teil in den Skrubbern II bis V herausgewaschen.

Das ablaufende Gaswasser wird von der Destillation durch Erwärmen von Kohlensäure fast vollständig befreit. In einem Teil des Gaswassers wird das Ammoniumsulfid durch Einleiten von Kohlensäure unter Bildnng von Ammonkarbonat zersetzt. Die Kohlensäure zersetzt in einem besonderen Schwefelammoniumzersetzer das Ammoniumsulfid unter Bildung von Ammoniumcarbonat. Das hierbei gebildete kohlensaure Ammoniak wird wieder, wie zuerst erwähnt, durch Erwärmen im Vorwärmer der Kolonne zersetzt, und dann das von Kohlensäure und Schwefelwasserstoff fast vollständig befreite Ammoniakwasser in einer Kolonne destilliert. Ammoniakdampf und Abwasser gehen in den Prozeß zurück. Der Überschuß an Ammoniak wird in üblicher Weise auf Sulfat, der Schwefelwasserstoff auf Schwefel verarbeitet. Das Abwasser reichert sich an Cyanverbindungen, schwefelsaurem Ammoniak und Chlorammonium so stark an, daß es ebenfalls aufgearbeitet werden kann.

Dies Verfahren hat sich zunächst in der Praxis trotz der großen Hoffnungen, die man darauf setzte, nicht bewährt. Bei einer Versuchsanlage in Belfast blieb die Hälfte des Schwefelwasserstoffs im Gas. *Holms* setzte dann den Waschwässern des letzten Skrubbers Weldonschlamm zu, um den durchgehenden Schwefelwasserstoff durch die Manganoxyde zu binden. Die Waschwässer müssen dann aber vor der Destillation filtriert werden, und das gebildete Mangansulfid ist kein angenehmes Nebenerzeugnis.

Davidson verwendet nun in Birmingham die Apparate in folgender Reihenfolge: Der Teerwäscher beliebiger Bauart entfernt den Teer bis auf weniger als 4,5 g in 100 cbm Gas. Der Cyanwäscher wird mit der vom Schlußwäscher ablaufenden eisenhydroxydul- und eisensulfürhaltigen Lauge beschickt und entfernt die Hauptmenge des Cyans und einen Teil vom Ammoniak, Schwefelwasserstoff und der Kohlensäure. Der erste Ammoniakwäscher wird mit Gaswasser, das von Schwefelwasserstoff und Kohlensäure befreit ist, oder mit Frischwasser berieselt, wenn das Ammoniak in Dampfform zugesetzt wird. In ihm wird die Hauptmenge vom Schwefelwasserstoff und der Kohlensäure entfernt. Im zweiten Ammoniakwäscher wird mit Frischwasser berieselt und das Ammoniak und die letzten Reste von Kohlensäure und Schwefelwasserstoff (der letztere bis auf 0,02 Vol.-Proz.) herausgenommen.

Der Schlußwascher besteht aus zwei Teilen und stellt eigentlich zwei kleinere Wäscher dar. Im unteren Teil wird mit aufgeschlemmtem Eisenhydroxyd die letzten Spuren des Schwefelwasserstoffs und weitere Mengen Ammoniak entfernt, während im oberen Teil der letzte Rest des Ammoniaks mit verdünnter Schwefelsäure oder mit saurer Ammonsulfidlauge entfernt wird[1].

Die dem Verfahren von *Burkheiser*[2] zugrunde liegenden Vorgänge hat schon *Laming* zur Reinigung des Gases zu verwenden gesucht, der i. J. 1852 vorschlug[3], das Ammoniak mit der aus gerösteter Masse gewonnenen schwefligen Säure zu binden. *Burkheiser* hat den Gedanken in geistvoller Weise für ein neues Verfahren verwendet, und die kühne Durchführung des Gedankens bedeutet eine Tat für die Gasindustrie, selbst wenn ein äußerer Erfolg dem Verfahren nicht beschieden sein sollte. *Burkheiser* führt zunächst dem gekühlten und entteerten Gas das aus dem Kondenswasser stammende Ammoniak, Cyan und Schwefelwasserstoff, die in einer Destillierkolonne abgetrieben werden, wieder zu, und befreit das Gas dann in einem verhältnismäßig sehr kleinen Eisenoxydreiniger mit großer Gasgeschwindigkeit (200 bis 600 mm pro Sekunde) von Schwefelwasserstoff und Cyan. Seine Gasreinigungsmasse wird durch gelindes Rösten von Raseneisenerz, das dadurch von Wasser und organischer Substanz befreit wird, gewonnen. Sie ist sehr locker und enthält fast ausschließlich wirksames Eisenoxyd, so daß 1 cbm ohne Regeneration 20 000 cbm Gas reinigt. Die Regeneration erfolgt durch Luft im Kasten selbst, wobei sich die Masse so stark erwärmt, daß der Schwefel zu schwefliger Säure verbrennt. Die Masse wird dann zur Entfernung der gebildeten Eisensulfate mit Wasser gewaschen und mit Luft getrocknet, und ist dann wieder gebrauchsfähig. Das Regenerieren kann beliebig oft wiederholt werden, nur müssen die Verluste, die durch Bildung der Sulfate entstehen, ergänzt werden. Die Cyanverbindungen bilden beim Rösten Ammoniak. Die schweflige Säure wird in einem Luftskrubber mit ammoniakhaltiger Lauge ausgewaschen und bildet Ammoniumbisulfit. Mit diesem Ammoniumbisulfit wird dann das Gas in einem Sättigungskasten und in einem Skrubber, in die es nach dem Reiniger eintritt, von Ammoniak befreit. Die Lauge wird wieder neutral und geht im Kreislauf vom Gasskrubber zum Luftskrubber. In dem Sättigungskasten, welcher mit dem Gasskrubber die Ammoniakwäsche bildet, wird die Lauge gesättigt und scheidet festes Ammoniumsulfit aus. Dieses wird direkt als Düngesalz verwendet oder zu Sulfat oxydiert.

---

[1] Journ. f. Gasbel. 1871, 31; 1874, 573; 1875, 98; 1887, 1033; 1905, 332; Journ. of Gaslight. 1911, 233; 1912, 373; 2582, 1913, 122, 953.

[2] D. R. P. 212 209, 215 907, 217 315 (1907).

[3] Stahl u. Eisen 1910, 1286.

Die chemische Gleichung der Schwefelreinigung ist die gleiche wie beim gewöhnlichen Eisenoxydverfahren:

$$3\,H_2S + Fe_2O_3 = Fe_2S_3 + 3\,H_2O.$$

Die Regeneration erfolgt nach folgender Gleichung:

$$Fe_2S_3 + 9\,O = Fe_2O_3 + 3\,SO_2$$
$$NH_4CNS + 4\,O + H_2O = 2\,NH_3 + CO_2 + SO_2.$$

Die Vorgänge bei der Ammoniakwäsche werden durch folgende Gleichungen wiedergegeben:

$$NH_4 \cdot HSO_3 + NH_3 = (NH_4)_2SO_3$$
$$(NH_4)_2SO_3 + SO_2 + H_2O = 2\,NH_4 \cdot HSO_3.$$

Die richtige Leitung der trockenen Reinigung scheint aber sehr schwierig zu sein. Nach langen Versuchen[1] ist *Burkheiser* dazu übergegangen, den Schwefelwasserstoff in rotierenden Wäschern zu entfernen, die mit einer Suspension von Raseneisenerzen beschickt werden. Die Waschflüssigkeit wird dann zentrifugiert und das Sulfit geröstet[2].

Diese Arbeitsweise hat trotz ihrer Umständlichkeit den Vorteil, daß die Regelung der Schwefelmenge, welche geröstet wird, möglich ist. Im Rohgas ist nämlich ungefähr doppelt soviel Schwefel vorhanden, als zur Bildung des Ammoniaks als Sulfat notwendig ist. Beim älteren *Burkheiser*-Verfahren hatte man daher mit einem sehr lästigen Überschuß an schwefliger Säure zu rechnen.

Das Waschverfahren von *Walther Feld*[3].

Der Schwefelwasserstoff reagiert mit schwefliger Säure und bildet Schwefel nach folgender Gleichung:

$$H_2S + SO_2 = H_2O + 2\,S.$$

Diese Reaktion beschleunigt *Feld* durch katalytische Wirkung von Eisen- oder Zinksalzen derart, daß sie für die Reinigung des Gases verwendbar wird. Als Reaktionsüberträger dient Zink- oder Eisensalz. Man geht z. B. von Zinksulfit, welches durch Auflösen von Zinkoxyd in schwefliger Säure gewonnen ist, aus und bringt es mit schwefelwasserstoffhaltigem Gas zusammen. Es scheidet sich Zinksulfid ab:

$$ZnSO_3 + H_2S = ZnS + H_2SO_3,$$

welches sich in der entstehenden schwefligen Säure wieder als Zinkthiosulfat auflöst:

$$SnS + SO_2 + O = ZnS_2O_3.$$

---

[1] Österr. Journ. f. Gasbel. 1912, 341.

[2] Versuchsbetriebe haben gearbeitet in Wattenscheid, Hamburg, Berlin-Tegel, Flemélle Grande und Zeche Amalie.

Literatur über das *Burkheiser*-Verfahren: Zft. d. Ver. deutsch. Ing. 1910, 962; Journ. f. Gasbel. 1910, 265; 1911, 325, 359; 1913, 324; Österr. Journ. f. Gasbel. 1912, 341.

[3] D. R. P. 237 607 (1909).

Das Thiosulfat wird durch Schwefelwasserstoff dann wieder in Zink-sulfit und freie Thioschwefelsäure verwandelt, welche mit Schwefelwasserstoff Wasser und freien Schwefel bildet.

$$ZnS_2O_3 + H_2S = ZnS + H_2S_2O_3$$
$$H_2S_2O_3 + 2\,H_2S = 3\,H_2O + 4\,S.$$

Das Zinksulfit wird wieder in schwefliger Säure gelöst und macht denselben Prozeß aufs neue durch. Der abgeschiedene Schwefel wird filtriert und dient zur Erzeugung von schwefliger Säure.

Da die Auflösung des Schwefelzinks durch schweflige Säure zu langsam vor sich geht, ersetzte *Feld* dann das Zink durch Eisensalze, die bei Gegenwart von Ammoniak Schwefelwasserstoff ebenso energisch aufnehmen wie die Zinksalze. Eisensulfit löst sich in schwefliger Säure sehr leicht auf. Als Waschlauge dient zunächst Eisensulfat, das wie im *Bueb*schen Cyanwaschverfahren zunächst mit Ammoniak und Schwefelwasserstoff zusammen Ammoniumsulfat und Eisensulfid bildet:

$$(NH_4)_2SO_4 + 2\,NH_3 + H_2S = (NH_4)_2SO_4 + FeS.$$

Diese Waschlauge wird dann mit schwefliger Säure regeneriert, wobei Thiosulfat und freier Schwefel entsteht.

Bei der zweiten Gaswaschung entsteht Ammoniumthiosulfat, das bei der Regeneration der schwefligen Säure wiederum Schwefel neben Eisen und Ammoniumsulfat bildet:

$$Fe_2S_2O_3 + 2\,NH_3 + H_2S = FeS + (NH_4)_2S_2O_3$$
$$2\,FeS + 3\,SO_3 = 2\,FeS_2O_3 + S$$
$$Fe_2S_2O_3 + 2\,(NH_4)_2S_2O_3 + 3\,O = FeSO_4 + (NH_4)_2SO_4 + 3\,S.$$

Der Gehalt an schwefelsaurem Ammoniak steigt also beständig. Wenn die Lauge hinreichend konzentriert ist, wird der Schwefel abfiltriert, das Eisen mit Schwefelwasserstoff ausgefällt und die Salzlösung eingedampft. Das Zinkverfahren ist längere Zeit in East Hull in England, das Eisenammoniakverfahren in Königsberg in Betrieb gewesen. Das Ammoniak kann ausreichend, der Schwefelwasserstoff dagegen nur etwa bis auf 20 bis 25 Proz. herausgewaschen werden, so daß die Eisenoxydreinigung nur entlastet, aber nicht unentbehrlich wird.

Der Umstand, daß in der zweiten Phase das Ammoniumthiosulfat eine wichtige Rolle spielt, führte *Feld*[1] dann zu dem dritten und wohl aussichtsreichsten dieser sinnvollen Verfahren, dem Thionatwaschverfahren. Hierbei dient als Waschmittel zunächst Ammoniumthiosulfat, welches folgendermaßen hergestellt wird: Man wäscht das Rohgas mit Wasser oder Ammonsulfatlauge, welche freien Schwefel oder schwefelabgebende Substanzen wie Polysulfide oder Polythionate enthält, und in der schweflige Säure oder saure schweflig-

---

[1] Zft. f. angew. Chem. 1911, 99, 290; 1912, 705; 1913, 286; Journ. of Gaslight. 1910, 705; 1913, **122**, 809 u. 1005.

saure Salze gelöst sind. Es treten teils neben, teils nacheinander folgende Reaktionen ein:

$$2\,NH_3 + H_2S = (NH_4)_2S$$
$$(NH_4)_2S + SO_2 + O = (NH_4)_2S_2O_3$$
$$2\,(NH_4)_2S_2O_3 + 2\,SO_2 = (NH_4)_2S_4O_6 + (NH_4)_2S_3O_6$$
$$(NH_4)_2S_3O_6 + S = (NH_4)_2S_4O_6$$
$$(NH_4)_2S_4O_6 + 3\,H_2S = (NH_4)_2S_2O_3 + 5\,S + 3\,H_2O$$
$$(NH_4)_2S_4O_6 + 2\,NH_3 + H_2O = (NH_4)_2SO_4 + (NH_4)_2S_2O_3 + S\,.$$

Aus Thiosulfat entsteht also Trithionat und Tetrathionat; Trithionat nimmt Schwefel auf und bildet ebenfalls Tetrathionat. Das letztere nimmt Schwefelwasserstoff auf und bildet Thiosulfat und freien Schwefel. Das Thiosulfat wird durch schweflige Säure wieder zu Tetrathionat regeneriert. Die Lauge reichert sich also wie bei den vorigen Verfahren an gelöstem Ammoniumsulfat und Schwefel an.

Während die nach dem Vorgang von *Laming*, später von *Burkheiser* angestrebte Reaktion sich durch folgende Bruttogleichung darstellen läßt:

$$4\,NH_3 + 2\,H_2O + 2\,SO_2 = 2\,(NH_4)_2SO_3,$$

arbeitet *Feld*s Thionatwaschverfahren mit einer kleinen, aber schwerwiegenden Änderung nach folgendem Schema:

$$4\,NH_3 + 2\,H_2O + 3\,SO_2 = 2\,(NH_4)_2SO_4 + S\,.$$

Das Verfahren wird zurzeit in mehreren Versuchsanlagen, besonders auf Kokereien betrieben.

Neuerdings schlägt *Fritsche* die Verwendung von Aluminiumsulfit zur Verwendung in ähnlicher Weise vor[1].

Bestimmung von Schwefelwasserstoff in Rohgas. Die Leistungsfähigkeit der Reinigungsapparate in bezug auf den Schwefelwasserstoff muß ständig kontrolliert werden, da man mit Recht verlangt, daß das abgegebene Gas vollständig frei von Schwefelwasserstoff ist. Mit einem Papierstreifen, den man mit einer Lösung von essigsaurem Blei befeuchtet, lassen sich die geringsten Spuren von Schwefelwasserstoff leicht erkennen. Diese Reaktion genügt in bezug auf Genauigkeit den weitgehendsten Ansprüchen. Sie findet Verwendung bei dem *Elster*schen Schwefelprober, bei welchem durch ein Uhrwerk ein Papierstreifen durch einen Gasstrom gezogen wird, so daß man nachträglich die Zeit erkennen kann, während welcher die Reinigung nicht ausreichend gearbeitet hat.

Um die Leistung der einzelnen Apparate kennen zu lernen, ist es sehr häufig notwendig, quantitative Schwefelwasserstoffbestimmungen vorzunehmen. Die Bestimmung erfolgt meist nach *Bunte*: Eine trockene Bürette füllt man mit dem zu untersuchenden Gas und stellt durch Absaugen einen geringen Unterdruck her. Dann läßt man in die Capillare von unten bis an die Hahnbohrung $^1/_{100}$ n-Jodlösung, und dann Stärkelösung bis zum untersten Teilstrich der Bürette eintreten. Dann läßt man $^1/_{100}$ Jodlösung

---

[1] D. R. P. 250 243.

in kleinen Portionen eintreten und schüttelt um, bis eine schwach blaue Jodfärbung eben bestehen bleibt und liest die Anzahl der eingetretenen cc Jodlösung in das Gasvolumen ab, nachdem man den Druck in üblicher Weise eingestellt hat. Besser bringt man eine überschüssige Menge, z. B. 10 cc $^1/_{100}$ n-Jodlösung, in die Bürette, schüttelt 3 Minuten um, spült den Inhalt in ein Becherglas und filtriert mit $^1/_{100}$ n-Thiosulfatlösung zurück. 1 cc der $^1/_{100}$ n-Jodlösung entspricht 0,12 cc feuchtem Schwefelwasserstoff von 15° bei 760 mm Druck.

Bei dieser Bestimmung ist der Farbenumschlag der Jodstärke nicht immer scharf, da eine rote Zwischenfärbung auftritt. Auch nehmen die ungesättigten Kohlenwasserstoffe des Gases Jod auf. Man erhält daher nur dann vergleichbare Resultate, wenn man unter genau gleichen Bedingungen arbeitet und durch eine Titration am gereinigten Gas bestimmt, wieviel Jod von den Kohlenwasserstoffen gebunden wird.

Der Verfasser arbeitet nach folgendem Verfahren: Zwei unten mit Tubus versehene große Glasflaschen, welche durch einen Gummischlauch miteinander verbunden sind, dienen in bekannter Weise zum Ansaugen und Messen von 5 oder 10 l Gas. In einer *Drehschmidt*schen Flasche wird der Schwefelwasserstoff durch 10 Proz. Kalilauge absorbiert. Die alkalische Lösung wird in einem 2 l-Kolben gespült, mit Wasser verdünnt, schwach angesäuert und sofort mit $^1/_{10}$ Jodlösung im Überschuß versetzt. Man filtriert in üblicher Weise mit Thiosulfat zurück und erhält stets einen scharfen Farbenumschlag. Die Resultate sind genau und zuverlässig.

Man hat auch vorgeschlagen, das Gas durch Jodlösung durchgehen zu lassen, bis die Färbung eintritt. Auch hierbei absorbieren die Kohlenwasserstoffe Jod, und der Umschlag ist nicht scharf.

Der Schwefelkohlenstoff. Außer dem Schwefelwasserstoff befinden sich im Leuchtgas einige andere organische Schwefelverbindungen (siehe S. 171), unter denen der Schwefelkohlenstoff überwiegt. Die Menge dieser Verbindungen pflegt man mit der Menge Schwefel in Gramm anzugeben, welche sich in 100 cbm Gas befinden. Diese Menge ist sehr gering und hängt ab von der Art der verarbeiteten Kohle.

Samtleben[1] fand im Mittel von je 8 bis 10 Untersuchungen:

	Schwefel der Kohle	g Schwefel in gereinigtem Gas
Westfälische Kohle, Consolidation . . .	0,75 Proz.	38,6
Durhamkohle, New Leversen	1,3	79,6
Yorkshire, Silkestone	1,64	90,1

Witzeck[2] fand im Gas in Karlsruhe 31,2 bis 49,3 g, im Mittel 37,5 g, und *Volkmann* auf dem Gaswerk Düsseldorf, das ausschließlich Ruhrkohlen verarbeitet:

1910	47,4 bis 76,9		
1911	42,20 „ 60,08 g,	im Mittel 54,9 g in 100 cbm
1912	39,6 „ 56,08	48,42
1913	47,34 „ 55,8	53,12

[1] Journ. f. Gasbel. 1909, 117.
[2] Journ. f. Gasbel. 1903, 24.

Nebenher hat auch die Entgasungstemperatur einen kleinen Einfluß auf die Menge dieser Verbindungen[1].

Die Menge der schwefligen Säure, welche beim Verbrennen aus den Schwefelverbindungen gebildet wird, ist zwar zu gering, um auf die Atmungsorgane einen merklichen Einfluß auszuüben, sie ist aber doch groß genug, um Metallteile, besonders kupferne Apparate, auf die Dauer zu zerstören, wenn die Flamme ständig gekühlte Metallteile berührt.

Es ist nicht erwiesen, ob die gelegentlich beobachteten Veränderungen künstlicher Farbstoffe, z. B. in Bibliotheken an Bucheinbänden, wirklich auf Wirkung von schwefliger Säure zurückzuführen sind. Die geringe Menge dieser Verbindungen und ihre Reaktionsträgheit setzen der Entfernung große Schwierigkeiten entgegen. Trotzdem ist immer wieder nach neuen Verfahren zur Entfernung des Schwefelkohlenstoffs gesucht worden. Besonders in England brachte man der Frage das größte Interesse entgegen, weil in dem Gas, das aus schwefelreichen englischen Kohlen gewonnen ist, etwa die doppelte Menge Schwefel enthalten ist, als im Gas aus deutschen Kohlen, und weil durch Parlamentsakte die zulässige Höchstgrenze für Schwefel auf 45 g in 100 cbm festgesetzt wurde.

Das älteste und zugleich auch einzige Verfahren, mit dem überhaupt längere Zeit im Großbetrieb gearbeitet wurde, verwendet trockenes Calciumsulfid, welches aus Calciumhydroxyd und dem Schwefelwasserstoff des Rohgases gebildet wird. Kohlensäure stört die Reaktion zwischen den Calciumsulfiden CaS und CaS_2 und dem Schwefelkohlenstoff und muß zuvor entfernt werden. Die Reinigung erfolgt in folgender Weise: Die ersten beiden Kästen werden mit Kalk beschickt und entfernen hauptsächlich die Kohlensäure, und müssen daher häufig gewechselt werden. Dann folgen Kalkreiniger, welche die Hauptmenge des Schwefelwasserstoffs als Calciumsulfid CaS binden, während die letzten Spuren desselben durch zwei Eisenoxydreiniger herausgenommen werden. Darauf folgen dann die Schwefelkohlenstoffreiniger, welche mit Calciumsulfid aus dem dritten und vierten Kasten, welches durch Liegen an der Luft in Calciumsulfid verwandelt ist, gefüllt werden, und zum Schluß nimmt ein eisenoxydgefüllter Nachreiniger die letzten Reste vom Schwefelwasserstoff auf. Luftzusatz befördert die Absorption des Schwefelwasserstoffs.

Die großen Unannehmlichkeiten dieses Verfahrens haben dann viele Vorschläge veranlaßt, um den Schwefelkohlenstoff auf andere Weise zu entfernen. Sie können hier nur kurz erwähnt werden, da keines der Verfahren so einfach und billig ist, daß es für die Praxis wirklich geeignet erscheint. Als Waschmittel wurden Teer, Paraffinöl, Rüböl[2][3], Melasseschlempeöl[4] und heißes Gaswasser[5] vorgeschlagen.

---

[1] Journ. f. Gasbel. 1909, 751; Journ. of Gaslight. 1888, 169.
[2] Journ. f. Gasbel. 1909, 602.
[3] Journ. f. Gasbel. 1910, 869.
[4] Journ. f. Gasbel. 1913, 791.
[5] Journ. of Gaslight. 1911, 361.

Pippig und *Trachmann*[1] verwendeten eine Mischung von Alkohol und Anilin, der eine geringe Menge Schwefel in fester Form zugesetzt wurde. Es wird Sulfocarbanilid gebildet:

$$CS_2 + 2\,C_6H_5NH_2 = CS(NHC_6H_5)_2 + H_2S.$$

Frank[2] verwendet eine Mischung von Anthracenöl, Schwerbenzol und Anilinbasen mit 0,2 Proz. festem Schwefel, und *Mayer* und *Fehlmann*[3] setzen dem Anilin Metalloxyde zu, um die Reaktion zu beschleunigen. Die beste Wirkung hat Quecksilberoxyd. Das gebildete Thiocarbanilid wird mit Eisenhydroxyd erhitzt und Anilin zurückgebildet. Der Wirkungsgrad der verschiedenen Verfahren beträgt bis zu 90 Proz., sie sind aber alle wegen der hohen Anilinpreise für die Praxis ungeeignet. *Wright* und *Leisse* haben Versuche mit Holzkohle gemacht, die aber zu keinem Ergebnis führten, weil die Regeneration der Holzkohle unvollständig war.

Knoevenagel und *Kuckuck*[4] haben neuerdings in Heidelberg ein ganz neues Verfahren ausgearbeitet. Sie waschen zunächst die Kohlensäure mit starker Kaliumcarbonatlösung heraus. In der Waschlauge bildet sich Bicarbonat, das durch Kochen zersetzt wird und Kohlensäure und Kaliumcarbonatlösung zurückbildet. Der letzte Rest der Kohlensäure unter etwa 0,35 Vol.-Proz. wird in einem trockenen Reiniger mit Calciumhydroxyd oder durch eine Kalkmilchwäsche entfernt. Das Gas wird dann weiter in eisernen Kästen nach Art der Eisenoxydreiniger der Einwirkung der „Athionmasse" ausgesetzt. „Athion" wird aus cellulosehaltigen Materialien, besonders aus Sulfitcellulose, hergestellt, die durch Natronlauge in Alkalicellulose übergeführt, getrocknet und fein gemahlen wird. Diese Masse nimmt den Schwefelkohlenstoff unter Bildung von Cellulosexanthogenat auf. Der Wirkungsgrad dieses Verfahrens beträgt 75 Proz.

Andere Verfahren beabsichtigen den Schwefelkohlenstoff durch Einwirkung von Hitze und Katalysatoren in Schwefelwasserstoff umzuwandeln. Schon 1860 schlug *Bowitz* die Verwendung von schwach erhitztem Ton, Kalk oder Eisenoxyd, und i. J. 1877 bis 1879 *J. von Qualio*[5] die Verwendung von Platin, Platinmetallen, Nickel oder Eisen, sowie von Tonkugeln, welche mit Platin oder Iridiumchlorid getränkt waren, vor. *Cooper*[6] verwendet Ton allein. *Hall*[7] erhitzt das gereinigte Gas in einer mit feuerfesten Steinen ausgemauerten Kammer und entfernt den gebildeten Schwefelwasserstoff in einem kleinen Nachreiniger. Hierbei wurden 71 Proz. des Schwefels entfernt. Eine Vereinigung der letzten Verfahren ist der Ewans-Prozeß[8], welcher neuerdings in England Aussicht auf Erfolg zu haben scheint. Durch Generator-

---

[1] D. R. P. 119 884 (1899); Journ. f. Gasbel. 1903, 28 u. 736.

[2] Journ. f. Gasbel. 1903, 489.

[3] D. R. P. 216 463; Journ. f. Gasbel. 1910, 553ff.

[4] Journ. f. Gasbel. 1913, 14; Journ. of Gaslight. 1913, **123**, 34 u. 111.

[5] Engl. Pat. 3980; Berichte d. deutsch. chem. Gesellsch. **11**, 1949.

[6] Journ. of Gaslight. 1911, **114**, 228.

[7] Journ. of Gaslight. 1910, **111**, 583.

[8] Journ. of Gaslight. 1913, **122**, 1010; **123**, 30 u. 491; Deutsche Gas- u. Wasserfachbeamten-Ztg. 1913, 313.

heizung wird das Gas zunächst in Röhren auf 400° vorgewärmt und dann über fein geteiltes Nickel geleitet, das auf 430 bis 500° erhitzt ist. Es entsteht Kohlenstoff und Schwefelwasserstoff, welcher in einer kleinen Eisenoxydreinigung entfernt wird, während der abgeschiedene Kohlenstoff von Zeit zu Zeit verbrannt wird.

In den Versuchsanlagen der *South Metropolitan Gas Company* ging der Gehalt an Schwefelkohlenstoff im Mittel von 88,4 g Schwefel auf 27,5 g in 100 cbm zurück.

Zur Bestimmung der Schwefelverbindung im reinen Gas verbrennt man ein gemessenes Quantum Gas von etwa 50 bis 100 l und fängt die Verbrennungsprodukte in 10 proz. Kaliumcarbonatlösung auf.

Die Verbrennung führt man entweder durch Überleiten des mit Luft gemischten Gases über erhitzten Platinasbest oder nach *Drehschmidt* durch Verbrennen unter einer Glashaube mit Quecksilberverschluß aus. Die Verbrennung kann auch im gleichen Apparat ohne den Quecksilberverschluß und dem Luftreiniger ausgeführt werden, wenn die Zimmerluft frei von schwefliger Säure ist.

Guillet[1] verbrennt das Gas mit Sauerstoff in einem mit feinkörnigem Quarz gefüllten Quarzrohr. Die gebildete schweflige Säure wird aus der Kaliumcarbonatlösung nach erfolgter Oxydation mit Brom als Bariumsulfat gefällt und gewogen. Man kann sie auch in säurefreiem Wasserstoffsuperoxyd auffangen und titrieren, während die Bestimmung mit Jodlösung große Fehler in sich schließt.

Die Umwandlung von Schwefelkohlenstoff in Schwefelwasserstoff unter dem Einfluß katalytisch wirkender Bestandteile wird gelegentlich beobachtet, wenn das Gas mit feuchten Metalloxyden in Berührung kommt. So kann man in der Reinigung häufig beobachten, daß in einem Kasten, der mit neuer Masse gefüllt ist, reines Gas eintritt, das beim Austritt wieder einen geringen Schwefelwasserstoffgehalt zeigt.

Guillet[1] stellte durch umfangreiche Versuche fest, daß Lösungen von Eisensalzen die Zersetzung hervorrufen können, während Zinksalze die Katalyse vergiften. Die Reaktion erfolgt nur in Gegenwart von Kohlensäure nach folgender Gleichung:

$$CS_2 + 2\,H_2O = CO_2 + 2\,H_2S.$$

Ebenso stellte *Taplay*[2] fest, daß Eisenoxyd katalytisch auf den Schwefelkohlenstoff wirkt; er glaubt jedoch in einem Fall nachgewiesen zu haben, daß Bakterien die Zersetzung des Schwefelkohlenstoffs bewirkt haben, eine Erklärung, in die man Zweifel zu setzen wohl berechtigt ist.

Der Stationsgasmesser

mißt das erzeugte und gereinigte Gas, das von der Reinigung kommt, und ist das wichtigste Mittel für die Kontrolle des Ofenbetriebes. Er wird ausschließlich

---

[1] Le Gaz 1913, 209.
[2] Wasser u. Gas 1912/13, 23.

als nasser Messer gebaut und in Größen bis über 100 000 cbm täglicher Leistung
hergestellt. Er besteht aus einer zusammengeschraubten, gußeisernen Trommel,
die etwas mehr als zur Hälfte mit Wasser gefüllt ist. In derselben dreht sich
um eine Achse eine Trommel, welche aus einer Eintrittskammer und aus der
Meßkammer besteht. Die Meßkammer ist durch vier gegen die Achse geneigte
Bleche in vier gleich große Kammern geteilt, welche jede einen Füllungs- und
Entleerungsschlitz haben. Der eine derselben ist immer durch Wasser ab-
geschlossen, so daß der Gasstrom nicht unterbrochen wird, wenn sich die
Kammern beim Drehen der Trommel nacheinander füllen. Das gemessene Gas
geht dann zum Gasbehälter. Dieser dient ausschließlich als Vorratsraum, der die
Schwankungen der stündlichen und täglichen Abgabe ausgleicht. Der notwendige
Behälterraum hängt ab von den Schwankungen in der Gaserzeugung und den
Tagesschwankungen. Während man früher damit rechnete, daß der Behälterraum der größten Tagesabgabe mindestens gleich kam, da das während der
24 Stunden erzeugte Gas in wenig Stunden abgegeben wurde, kommt man
heute bei der zunehmenden Verwendung des Gases zu Koch-, Heiz- und
Industriezwecken mit 60 Proz. der größten Tagesabgabe schon aus. Bei
kleinen Gaswerken muß dieser Raum wegen der geringeren Betriebssicher-
heit größer genommen werden. Die größte Tagesabgabe beträgt nach
Körting $^1/_{273}$ der Jahreserzeugung[1].

Auf einem Gaswerk betrug z. B. die mittlere Tagesabgabe 102 751 cbm,
die kleinste Tagesabgabe 75 700 cbm und die größte 150 900 cbm bei einer
Jahresabgabe von 37 504 000 cbm.

Die Abgabe in einzelnen Monaten betrug bei einem anderen Werk:

	cbm	Proz.
April	645 240	6,61
Mai	638 510	6,54
Juni	591 950	6,06
Juli	641 840	6,57
August	679 290	6,96
September	785 050	8,04
Oktober	904 780	9,26
November	967 160	9,90
Dezember	1 096 490	11,22
Januar	1 054 960	10,80
Februar	919 660	9,41
März	840 150	8,63
Gesamtabgabe .	9 765 080	100,00
Gesamtzunahme	808 400	9,02

Die stärkste und geringste Tagesabgabe betrug:

	geringste Abgabe	stärkste Abgabe
Dezember 1912	97 800	144 600
Januar 1913	92 860	141 200
Juni 1913	64 600	87 400
Juli 1913	69 900	93 400

---

[1] Journ. f. Gasbel. 1913, 650.

Der Gasbehälter

besteht aus einer aus eisernen Blechen zusammengenieteten Glocke, welche in ein Wasserbassin taucht. Das Gas tritt durch ein Einlaßrohr über dem Wasserspiegel ein und hebt durch den Druck, der ihm von der Maschine erteilt wird, die Glocke hoch. Das Austrittsrohr des Gases befindet sich meist direkt neben dem Eingangsrohr, wird aber auch heute vielfach an einer entfernten Stelle angebracht, um eine bessere Durchmischung und dadurch eine gleichmäßigere Beschaffenheit des abgegebenen Gases zu erzielen. Die Glocke muß gestützt werden, damit sie sich unter der Wirkung des Winddrucks nicht einklemmt oder vollständig umgeworfen werden kann.

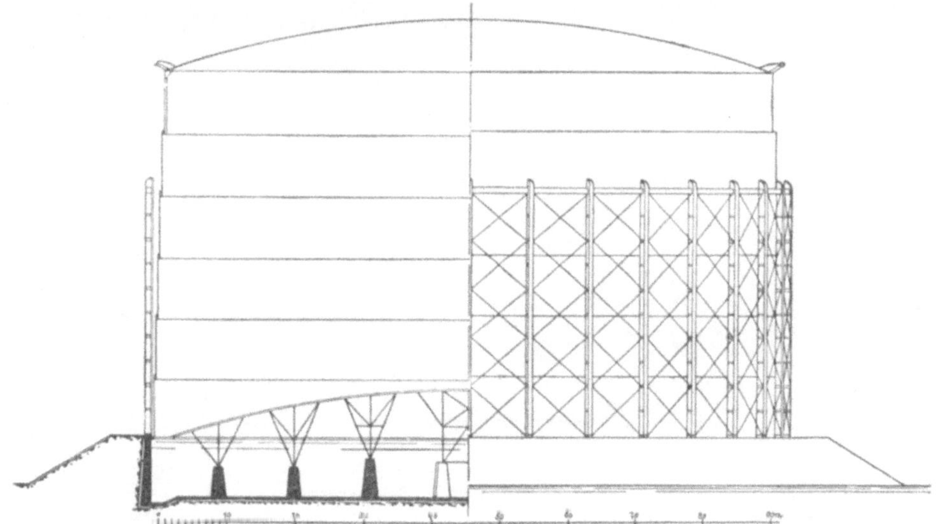

Fig. 81. Gasbehälter East Greenwich, England.

Nutzbarer Inhalt . . . .   343 000 cbm,
Gesamtgewicht der Eisenkonstruktion . . . .   2 186 Tonnen,
Gesamtkosten einschl. Fundamente, Ein- und Auslaßrohre . . . . . .   1 277 400 M,
Kosten pro cbm nutzbarer Inhalt . . . .   3,72 M.

Das Becken besteht aus Betonmauerwerk, Eisenbeton oder aus starken schmiedeeisernen Blechen. Der Druck der Wassermassen, die auf den Behältermauern lasten, ist so groß, daß man gemauerte Behälter in den Boden einläßt oder durch geschüttete Erdmassen stützt.

Die Bassins sind zum Teil vollständig mit Wasser gefüllt, zum Teil sind sie auch als Wölbe- oder Ringbassins ausgebildet. Die einfache Glocke der älteren Behälter hat wenig nutzbaren Raum und ist verhältnismäßig sehr schwer. Eine große Steigerung des nutzbaren Raumes brachten die Teleskopbehälter, welche heute mit bis zu sechs Schüssen gebaut werden. Der nächste Schuß hängt sich ein, wenn der Raum des vorigen voll ausgenutzt ist.

Die Glocke und die Schüsse werden durch Rollen an den Führungsschienen gehalten. In England sind die Spiralbehälter verbreitet, welche kein eigentliches Führungsgerüst besitzen. Außen an der Glocke und an den

Tassen sind spiralförmige Schienen angebracht, welche auf festen Rollen der nächsten Tassen oder des Beckens gleiten. Der Behälter schraubt sich also spiralisch heraus, und die Stütze gegen den Winddruck liegt allein in dem starken Becken. In Gegenden, wo man die Einwirkung strengen Frostes fürchten muß, umbaut man die Behälter mit einem Gebäude aus Mauerwerk oder sogar aus Eisenbeton, wobei das Führungsgerüst natürlich mit dem Mauerwerk vereinigt bzw. überflüssig wird. Die Umbauten sind sehr

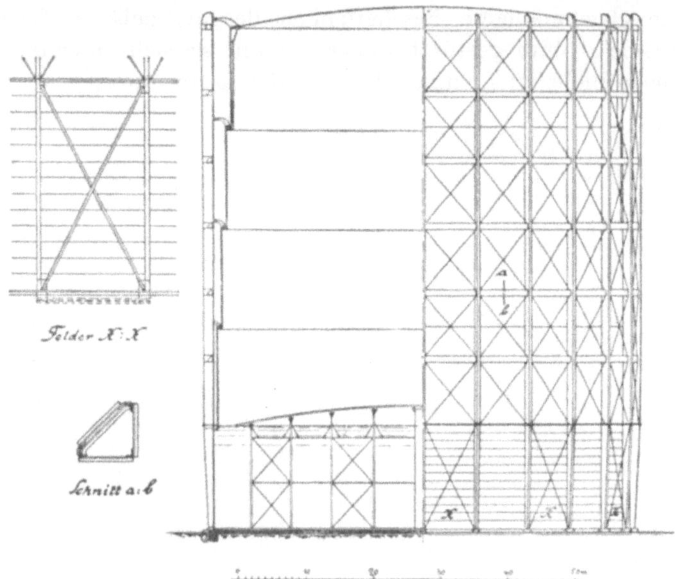

Fig. 82. Gasbehälter IV, Schöneberg.

Nutzbarer Inhalt . . . . 160 000 cbm,
Gesamtgewicht der Eisenkonstruktion . . . . 3 454 Tonnen,
Gesamtkosten einschl. Fundamente, Anstrich und Ein- und Auslaßrohre . 1 156 000 M,
1 cbm nutzbarer Inhalt kostet . . . . 7,23 M.

kostspielig, und man geht daher mehr und mehr dazu über, das Gas bei Frost mit Dampf zu heizen.

Der Gasdruckregler.

Das Gas hat im Behälter je nach dessen Schwere einen Druck von etwa 300 bis 75 mm. Die Brenner bedürfen für ein regelmäßiges Arbeiten eines stets gleich bleibenden Gasdruckes und, da sie alle für gleichen Druck eingerichtet sein müssen, eines annähernd gleichen Druckes im ganzen Rohrnetz. Bei zu starkem Druck steigt der Gasverbrauch, ohne daß die Glühkörper eine entsprechend größere Lichtmenge aussenden, während bei sinkendem Druck die Brenner leicht zurückschlagen. Man hält den Druck an der Verbrauchsstelle möglichst konstant zwischen 35 und 50 mm. Der Druck wird durch ein selbsttätiges Ventil, den Druckregler, in geeigneter Weise geregelt. Sie bestehen aus einem Ventil, das durch eine Schwimmglocke oder eine Membran geregelt wird. Bei großen Schwankungen im Vordruck, die beim Anstellen anderer Behälter eintreten, wendet man andere

Konstruktion an. Der Druckregler muß auch gestatten, daß ohne großen Arbeitsaufwand der Druck im Rohrnetz erhöht wird. Bei der zunehmenden Fernzündung durch Druckwellen gibt man, z. B. bei der Fernzündung von Straßenlaternen, während der Dauer von etwa 5 Minuten einen Druck von gegen 80 mm, welcher sich in wenig Minuten durch das ganze Rohrnetz fortpflanzt und durch geeignete Membranzünder den Gaszutritt zum Brenner öffnet.

Der Koks.

Dem Wert und der Menge nach ist der Koks das wichtigste Nebenprodukt der Gaswerke. Bei der mächtigen Schwesterindustrie der Kokerei ist der Koks sogar das Hauptprodukt, dessen Beschaffenheit für die Art des Arbeitens ausschlaggebend ist. Auch in der Gasindustrie geht die Entwicklung der neueren Öfen, besonders der Kammeröfen, hauptsächlich auf eine Verbesserung des Kokses hin. Die Gaswerke führen besonders in wirtschaftlich schlechten Zeiten einen harten Kampf gegen den Absatz des Zechenkokses, dessen bessere Beschaffenheit durch die niedrigen Preise des Gaskokses mehr wie ausgeglichen werden muß.

Der Koks wird, wenn er von den Öfen kommt, in je nach Art der Öfen verschiedener Weise abgefahren, und entweder im Freien von Hand oder in der Koksrinne durch Brausen gelöscht, oder durch kurzes Eintauchen in Wasser ersäuft. In der allerletzten Zeit sind auf dem Gaswerk Bonn Stickgefäße in Anwendung, welche den heißen Koks aufnehmen und unter Luftabschluß langsam erkalten lassen. Man kann den Koks auch durch Einblasen von Dampf abkühlen, wobei Wassergas gewonnen wird. Mit Stickgefäßen erzeugt man zweifellos einen wertvolleren Koks und vermindert die Menge Grus und Kleinkoks. Es ist aber mindestens zweifelhaft, ob der Mehrerlös die geringere Menge an Koks ausgleicht, die man erhält, da der Koks wasserfrei geliefert wird. Der Rohkoks ist ein je nach der Art der verwendeten Kohle und der Öfen sehr verschiedenes Gemenge der verschiedenen Kokskörnung. Auf dem Gaswerk Düsseldorf betrug die Kokserzeugung, ausgedrückt in Prozenten der verarbeiteten Kohle:

	1910	1911	1912
Kokserzeugung geschätzt . . .	71,68	71,89	—
Verkaufter Koks	—	57,36	58,13

Dabei ist mit einem mittleren Wassergehalt von 6 bis 9 Proz. in den verschiedenen Jahren zu rechnen.

Die Mengen der verschiedenen Sorten betrugen dabei in Prozenten des erzeugten Kokses:

Grobkoks	über 50 mm	57,16	54,72	50,0 Proz.
Nußkoks	25 bis 50 „	24,10	26,67	27,0
Perlkoks	12 „ 50 „	7,12	6,58	7,2
Abfallkoks	0 „ 50 „	1,08	1,79	6,08
Koksgrus	0 „ 12 „	10,46	10,24	9,8

In Köln wurden von der Menge des verkauften Kokses erhalten:

Grobkoks	48,0 Proz.	Siebkoks I und II . .	8,8 Proz.
Nußkoks	29,6	Abfall	13,6

Von den vielen Angaben über die Zusammensetzung der verschiedenen Kokse seien hier nur einige erwähnt: *Volkmann* fand im Mittel vieler Untersuchungen:

	1911		1912	
	Wasser	Asche	Wasser	Asche
Grobkoks	4,70	12,28	7,82	14,55
Nußkoks	5,88	12,00	9,18	12,92
Perlkoks	6,55	19,27	10,45	19,91
Abfallkoks	12,36	23,3	15,50	21,33
Koksgrus	—	—	15,41	22,85

Strache[1] gibt für die Zusammensetzung folgende Grenzen an:

Kohlenstoff	80 bis 88 Proz.
Wasserstoff	0,5 „ 1,2
Sauerstoff	0,8 „ 3,3
Stickstoff	0,9 „ 1,5
Schwefel	0,8 „ 1,4
Wasser im lufttrocknen Koks	1,0 „ 3,0
Asche	3 „ 12
Brennbare Substanz	86 „ 94
Heizwert	6700 „ 7500 w.

Zahlreiche Koksuntersuchungen veröffentlichte *Constam*, auf die hier nur hingewiesen sei.

Der Zechenkoks wird in Kammeröfen mit großen Kammerladungen von 10 bis 12 t aus Fettkohle gewonnen, welche 10 bis 15 Proz. Wasser enthält und welche vielfach durch Planiermaschinen in die Kammern hineingestampft wird. Die Kohlensorte und geänderte Verhältnisse bei der Entgasung bewirken, daß der Zechenkoks erheblich dichter und fester ist. Da gewaschene Kohle mit 6 bis 8 Proz. Asche verkokt wird, enthält der Koks selten mehr als 9 bis 10 Proz. Asche. Die Art der Ablöschung bewirkt, daß der Koks trocken ist und im allgemeinen nicht über 4 Proz. Wasser enthält. Daß der Unterschied zwischen Gaskoks und Zechenkoks[2] jedoch nicht so groß ist wie allgemein angenommen wird, zeigt folgende Zusammenstellung von Analysen, welche die Wirtschaftliche Vereinigung Deutscher Gaswerke bei vergleichenden Heizungsversuchen ermittelt hat:

	Gaskoks			Zechenkoks		
	Asche	Wasser	Heizwert	Asche	Wasser	Heizwert
Aschaffenburg	9,45	0,90	7205	10,10	0,35	7147
Aschersleben	11,13	—	7022	9,54	—	7157
Bonn	8,35	1,35	7018	9,20	0,80	7163
Halberstadt	9,70	1,12	—	11,67	0,82	—
Heidelberg	9,40	—	7337	9,55	0,60	7177
Mühlhausen i. Th. . . .	5,48	—	7632	8,58	—	7375
Quedlinburg	10,00	—	7150	13,20	—	6894
„	11,00	—	7070	9,40	—	7198
„	10,50	—	7110	9,70	—	7174
„	7,40	—	7408	9,39	—	7206
Stuttgart	9,56	0,67	7325	9,66	1,18	7190

---

[1] *Strache:* Jahrbuch 1912, S. 80.

[2] Stahl u. Eisen 1908, 800, 997, 1325; 1909, 28; 1912, 995. Vgl. auch *Ott:* Vergleichende Untersuchungen über Hochofen- und Gießereikoks. Diss. Aachen 1904.

Koksanalyse nach *Bunte.*[1]

Bezeichnung der Probe	Zusammensetzung des lufttrockenen Kokses								Zusammensetzung der wasser- und aschefreien Substanz					Verkokung			Heizwert	
	Kohlen-stoff	Wasser-stoff	Sauerstoff	Stickstoff	Schwefel	Wasser	Asche	Brennbare Substanz	Kohlen-stoff	Wasser-stoff	Sauerstoff	Stickstoff	Schwefel	Koks-Ausbeute	Fixer Kohlenstoff	Flüchtige Bestand-teile	des Kokses	der wasser- u. asche-freien Sub-stanz
Koks aus Ruhrkohlen:																		
Consolidation	85,18	0,70	2,65	1,39	0,87	1,79	7,42	90,79	93,82	0,77	2,92	1,53	0,96	98,00	90,58	0,21	7057	7785
Rheinelbe und Alma . .	85,30	0,81	3,30	1,50	0,88	1,71	6,50	91,79	92,93	0,88	3,60	1,63	0,96	96,25	89,75	2,04	7071	7716
Ewald	80,68	0,90	2,31	1,43	1,17	2,33	11,18	86,49	93,28	1,04	2,67	1,65	1,36	95,16	83,98	2,51	6716	7781
Bonifazius	82,03	1,07	2,12	1,49	1,02	1,53	10,74	87,73	93,50	1,22	2,46	1,70	1,16	95,30	84,56	3,17	6851	7819
Saarkohlen:																		
Camphausen	82,91	1,00	1,60	1,00	1,43	1,79	10,27	87,94	94,28	1,14	1,82	1,14	1,62	95,41	85,14	2,80	6936	7900
Heinitz	88,08	0,78	1,82	1,03	0,81	0,96	6,52	92,52	95,20	0,84	1,97	1,11	0,88	98,30	91,78	0,74	7268	7862
Oberschles. Kohlen:																		
Deutschland	88,24	0,75	1,92	1,21	0,96	3,20	3,72	93,08	94,80	0,81	2,06	1,30	1,03	94,34	90,62	2,46	7265	7826
Königin Luise	86,35	0,54	0,83	1,18	0,96	3,73	6,41	89,86	96,09	0,60	0,92	1,31	1,08	94,34	87,93	1,93	7111	7938
Niederschles. Kohlen:																		
Vereinigte Glückhilfgruben	82,38	0,92	1,35	0,99	1,24	1,52	11,60	86,88	94,82	1,06	1,55	1,14	1,43	97,14	85,54	1,34	6960	8022
Böhmische Kohlen:																		
Sulkov	84,60	0,53	1,93	1,03	0,90	1,39	9,62	88,99	95,07	0,60	2,17	1,16	1,00	96,85	87,23	1,76	6991	7865
Pankraz	80,73	0,83	2,95	0,89	0,81	2,31	11,48	86,21	93,64	0,96	3,42	1,04	0,94	95,22	83,74	2,47	6702	7790
Englische Kohle	80,71	0,76	2,90	1,51	1,10	1,69	11,33	86,98	92,79	0,87	3,33	1,74	1,27	95,40	84,07	2,91	6695	7708

[1] Journ. f. Gasbel. 1897, 406; 1906, 775; 1909, 775, 891.

Dagegen betragen die Kokspreise des Rheinisch-Westfälischen Kohlensyndikats und andererseits der großen Gaswerke Rheinlands i. J. 1913/14:

a) Zechenkoks:

Hochofenkoks I . . . . 18,50 Mk.
„   II 17,50
„   III 16,50
Gießereikoks 19,00
Brechkoks I über 50 mm 21,00
„   IIa 40 bis 60, 40 bis 70 mm . 21,50
„   IIb über 30 mm 21,00
„   III „ 20 „ 14,00
„   IV unter 20 „ 10,00
Knabbel 17,00
Perlkoks 9,50
Grus 2,50

b) Gaskokse:

Grobkoks   über 50 mm . . . . . . 8,50 Mk.
Nußkoks I   50 bis 70 „ 9,50
„   II   25 „ 50 „ 9,00
Perlkoks   12 „ 25 „ 6,00
Mischkoks   0 „ 12 „ 3,00
Gruskoks 1,50

Die Koksaschen sind natürlich genau so zusammengesetzt wie die Aschen der Kohle.

Zusammensetzung der Aschenschlacke von Gaskoks.

Bestandteile	Saarkoks	Böhmischer Koks	Sächsischer Koks	Englischer Koks	West-fälischer Koks	Ober-schlesischer Koks
Kieselsäure (SiO_2) . .	51,90	51,43	33,62	48,00	50,82	38,47
Tonerde (Al_2O_3) . . .	25,27	32,91	18,24	24,82	28,09	20,86
Eisenoxyd (Fe_2O_3) . .	12,33	11,57	25,62	19,24	15,81	11,62
Kalk (CaO)	3,60	2,67	20,10	10,87	2,11	18,41
Magnesia (MgO) . . .	2,66	0,95	2,43	—	—	9,06
Verhältnis von $\dfrac{SiO_2 + Al_2O_3}{Fe_2O_3 + CaO + MgO} =$	4,15	5,55	1,08	2,42	4,40	1,52

Weitere Untersuchungen über Koksaschen finden sich in den angeführten Arbeiten von *Constam*.

Zum Schluß sei noch ein koksartiges Erzeugnis erwähnt, das man in England zur Beseitigung der Rauchbelästigung einzuführen versucht. Das Produkt heißt Coalit[1] und wird durch kürzere Destillation bei niederer Temperatur erhalten· Es brennt rußfrei und ist doch noch leichter entzündlich als der Koks. Ältere Versuche, derartige Heizmittel einzuführen, sind stets am hohen Preise gescheitert.

---

[1] Journ. of Gaslight. **120**, 736. Stahl u. Eisen 1910, 1238.

Das rohe

Steinkohlengas,

das bei der Trockendestillation der Kohle gewonnen und mit carburiertem oder blauem Wassergas versetzt wird, ist ein Gemisch von Gasen und Dämpfen, dessen Bestandteile zum Teil durch die verschiedenen Reinigungsverfahren entfernt werden. Die Verunreinigungen, welche praktisch vollständig entfernt werden, sind: Teer, Schwefelwasserstoff, Ammoniak und in etwa Cyanwasserstoff. Teilweise werden entfernt Wasser, Kohlensäure, Sauerstoff, Naphthalin und Schwefelkohlenstoff. Von den Verunreinigungen sind etwa folgende Mengen enthalten im cbm:

H_2S	15	20	1,3 Vol.-Proz.
CO_2	40 bis 60	20	1,2
O_2		2	0,14
NH_3	3,25	3	0,3924
HCN	1,85	2	0,163
CS_2 als S ber.		0,5 bis 1,0	0,01795 bis 0,035

Jorissen und *Rutten* geben an für 100 cbm[1]:

Cyanwasserstoff	185 g
Ammoniak	325
Kohlensäure	4000 bis 6000
Schwefelwasserstoff	1500

Bunte gibt für Rohgas aus westfälischer Kohle an[2]:

	Volumenprozente		Volumenprozente
Wasserstoff	50,0	Kohlensäure	2,00
Methan	31,0	Schwefelwasserstoff	0,75
Kohlenoxyd	9,0	Stickstoff	2,25
Äthylen	2,50	Ammoniak	1,10
Benzol	1,25	Cyanwasserstoff	0,15

Das gereinigte Steinkohlengas enthält noch geringe Mengen dieser Stoffe, welche von der Vollkommenheit der Reinigung abhängen. Z. B. enthielt das Gas in Düsseldorf in 100 cbm:

	1909	1910	1911
Ammoniak	—	—	0,209 bis 0,886 g
Naphthalin	2,1 bis 10,2	3,3 bis 15,2	4,4 „ 17,33
Cyanwasserstoff	3,70 „ 4,80	1,34 „ 10,7	2,39 „ 15,20
Schwefel	47,4 „ 76,9	42,20 „ 60,08	39,6 „ 56,8

Außerdem enthält das Gas etwa 1 Vol.-Proz. Wasserdampf.

Und in Krefeld:

NH_3	1,13 bis 1,16 in 100 cbm
CO_2	1,4 „ 3,2 Proz.
spez. Gewicht	0,419 „ 0,499
H_2S	gering, Spur
Teer	„ „
Cyan	1,44 bis 5,2 g in 100 cbm
Naphthalin	15,0 „ 22,7

---

[1] Journ. f. Gasbel. 1903, 562, 716.
[2] *Bunte:* Gaskursus S. 31.

Das reine Steinkohlengas enthält neben den geringen Mengen von Verunreinigung eine Reihe sehr verschiedenartiger Gase. Die Zusammensetzung bewegt sich nach *Strache* innerhalb folgender Grenzen[1]:

Wasserstoff	45	bis	54 Vol.-Proz.
Methan	40	„	27
Kohlenoxyd	6	„	11
Schwere Kohlenwasserstoffe	5	„	1
Kohlenoxyd	3	„	1
Stickstoff	1	„	6

Bunte gibt folgende Zusammensetzung eines Normalgases an[2]:

	Volumen-Proz.	Gewichts-Proz.	1 cbm Gas enthält	100 k Kohle geben
Wasserstoff	47	7,4	42	1,26
Methan	34	42,8	243	7,29
Kohlenoxyd	9	19,9	113	3,39
Benzol	1,2	7,4	42	1,26
Äthylen	3,8	8,4	48	1,44
Kohlensäure	2,5	8,6	49	1,47
Stickstoff	2,5	5,5	31	0,93

Von den sehr zahlreichen Angaben über die Zusammensetzung des Gases verschiedener Städte seien einige wiedergegeben:

Leuchtgas.

	Köln Betr.-Bericht 1911	Magdeburg Betriebsbericht 1911			Nürnberg Festschrift 1906		Fürth Betr.-Ber.	Kiel Betriebsbericht 1911			Königsberg Betr.-Bericht	Karlsruhe
	V- und G-Öfen	Kohlengas	Mischgas	Carb. W.-G.	Kohlengas	Wassergas	Mischgas	Kohlengas	Mischgas	Ölcarb. W.-G.	Stadtgas	Gasw. II
CO_2	2,2	2,4	2,4	3,9	2,0	6,2	2,9	2,4	1,4	1,5	2,08	2,40
O_2	0,2	0,8	0,6	0,7	0,4	—	0,3	0,3	0,5	0,5	1,38	0,8
$CnHm$	3,2	4,6	5,9	10,0	4,1	—	3,5	4,5	3,9	14,65	3,02	3,80
CO	11,9	7,3	10,4	28,9	8,0	36,7	11,8	7,2	8,4	22,10	10,26	11,4
H_2	54,9	54,4	51,5	36,2	49,4	51,8	55,7	49,97	51,90	34,80	51,28	48,0
CH_4	23,5	25,3	25,3	13,1	33,3	0,5	22,4	29,90	28,80	16,00	23,96	29,1
N	4,1	5,1	4,0	7,2	2,8	4,8	3,4	5,74	5,1	10,45	8,08	4,5
Heizwert ob. Tr. 0°	5138		5265									
unt. „ 0°					5141	2523						
Spez. Gewicht					0,454	0,533						
Schwefel	47,23 g in 100 cbm 23,42 „ „ „ „											

	Paris	Arenie	Montchéry[3]
Sauerstoff	0,04	0,85	Spur
Kohlenoxyd	5,66	5,08	5,74
Wasserstoff	54,08	50,15	55,98
Stickstoff	3,47	8,09	3,36
Kohlensäure	1,81	3,48	1,65
Methan	28,59	28,01	29,11
Äthan	0,75	0,77	

[1] Gasbeleuchtung u. Gasindustrie 1913, 645.
[2] Journ. f. Gasbel. 1892, 571.   [3] *Lebeau* u. *Damiens:* Le Gaz 1913, 326.

	Paris	Arenie	Montchéry
Propan	0,12	0,118	0,42
Butan	0,014	0,017	
Acetylen und Homologe	0,096	0,095	0,08
Propylen „ „	0,48	0,40	0,18
Äthylen	2,12	1,69	1,81
Wasserdampf und Benzol . . .	2,77	1,25	1,67

[1]	Carbur-wassergas	Steinkohlengas von London	Steinkohlengas von Amerika	Koksofengas von Everett
Schwere Kohlenwasserstoffe (C_nH_m)	12,82	3,43	6,19	6,6
Methan (CH_4)	18,88	33,88	37,41	40,3
Wasserstoff (H_2)	37,20	52,85	46,38	37,2
Kohlenoxyd (CO)	28,26	5,34	5,53	7,3
Kohlensäure (CO_2)	0,14	0,65	0,52	0,4
Sauerstoff (O_2)	0,06	0,23	0,25	—
Stickstoff (N_2)	2,64	3,94	3,72	8,1
	100,00	100,00	100,00	99,9
Leuchtkraft	22,0	16,4	16 bis 17	21,1
(HK bei 150 l Konsum) .	(26,6)	(19,8)	(19,3 „ 20,5)	(25,5)
Cal. pro 1 cbm	(6673)	(5769)	(6532)	(6672)
Spez. Gewicht	0,5825	0,376	0,429	0,500

Karlsruhe Betr.-Ber. 1909		Dresden	Zürich	Kassel	Köln	Düsseldorf		
Gasw. I	Gasw. II	1889				1910	1911	1912
2,0	2,2	2,7	1,8	2,0	2,2	1,8 bis 2,8	1,6 bis 3,0 im Mittel 1,27	1,4 bis 3,0 im Mittel 2,39
0,4	0,7	—	0,6	0,2	0,2	0,2 „ 1,4	0,3 „ 1,6 „ „ 0,58	0,3 „ 0,7 „ „ 0,51
4,8	4,0	5,7	3,6	3,6	3,2	1,7 „ 3,5	1,8 „ 3,4 „ „ 2,40	2,1 „ 2,8 „ „ 2,40
7,7	7,0	9,6	8,8	7,7	11,9	7,3 „ 12,3	7,4 „ 9,9 „ „ 8,70	8,5 „ 12,7 „ „ 9,91
49,6	49,9	49,6	49,7	50,8	54,9	50,7 „ 58,8	53,2 „ 55,0 „ „ 54,27	52,9 „ 54,1 „ „ 53,70
33,9	31,2	29,8	30,4	32,2	23,5	26,3 „ 30,8	27,7 „ 31,6 „ „ 32,33	22,6 „ 29,4 „ „ 25,60
2,5	4,3	2,6	5,1	3,5	4,1	1,6 „ 3,7	1,6 „ 3,8 „ „ 1,97	2,8 „ 5,9 „ „ 4,55
5150	4750							
0,470	0,443							

Seit der Einführung des Gasglühlichts wird das Leuchtgas nach seinem Heizwert bewertet, während in früherer Zeit die Leuchtkraft die wichtigste Eigenschaft des Gases war. Große Gaswerke regeln den Heizwert durch Zusatz von Wassergas derartig, daß er zwischen 5000 und 5200 w pro cbm bei 0° 760 mm bleibt. Mit einem ununterbrochen betriebenen *Junkers*schen

---

[1] Journ. f. Gasbel. 1900, 191.

Schreibcalorimeter wurden in Düsseldorf im Jahresmittel folgende Heizwerte bestimmt:

Heizwert 0° 760 mm

1910	5468 w
1911	5391
1912	5242

Auf einem anderen Gaswerke schwankte der Heizwert bei täglichen Bestimmungen mit dem Handcalorimeter: Heizwert 4908 bis 5534, Lichtstärke 12,7 bis ·18,25.

Besonders zuverlässig werden die Heizwerte der Londoner Gase bestimmt. Dieselben betrugen[1]:

	Mittel			Maximum			Minimum		
	1910	1911	1912						
Gaslight and Coke Comp.	138,0	137,5	135,3	154,8	153,4	148,6	126,6	127,8	123,7
South Metropolitan . .	146,6	144,6	143,4	158,0	160,3	163,4	135,0	133,5	131,7
Commercial Comp. . .	138,4	137,1	136,2	159,4	152,2	151,4	118,3	123,6	122,0

Die zur Verbrennung nötige Luft findet die leuchtende Flamme beim Austritt aus dem Brenner in ihrer Umgebung vor, während sie beim Bunsenbrenner zum Teil dem Gas vorher zugesetzt wird. Die Menge der zugesetzten Luft ist begrenzt durch die Explosionsgrenze, bei der die Entzündung in Gas selbständig fortschreitet. Die Explosionsgrenzen der Gase untersuchte *Eitner*.

Vergleichsweise sind die Explosionsgrenzen verschiedener Gase und Dämpfe wie folgt:

Art des Gases	Prozentgehalt der Mischung an brennbarem Gas		
	Keine Explosion (untere Explosionsgrenze)	Explosionsbereich in 19 mm Rohr	Keine Explosion (obere Explosionsgrenze)
Kohlenoxyd	16,4	16,6 bis 74,8	75,1
Wasserstoff	9,4	9,5 „ 66,3	66,5
Wassergas	12,3	12,5 „ 66,6	66,9
Acetylen	3,2	3,5 „ 52,2	52,4
Leuchtgas	7,8	8,0 „ 19,0	19,2
Äthylen	4,0	4,2 „ 14,5	14,7
Alkohol	3,9	4,0 „ 13,6	13,7
Methan	6,0	6,2 „ 12,7	12,9
Äther	2,6	2,9 „ 7,5	7,9
Benzol	2,6	2,7 „ 6,3	6,7
Pentan	2,3	2,5 „ 4,8	5,0
Benzin	2,3	2,5 „ 4,8	5,0

Aus den spezifischen Wärmen folgen folgende Flammentemperaturen, deren experimentelle Bestätigung leider nicht immer befriedigt:

---

[1] Journ. of Gaslight. 1913, 239.

	Verbrannt mit	Temperatur in Graden Fahrenheit	
		beobachtet	berechnet
Kohle zu Kohlensäure	Luft	—	3540
„ „ Kohlenoxyd	„	—	2260
Kohlenoxyd zu Kohlensäure .	„	—	3670
Wasserstoff	„	3450	3510
„	Sauerstoff	4400	—
Leuchtende Kohlenwasserstoffe	Luft	3400	—
„ „	Sauerstoff	4000	—
Acetylen	Luft	4600	—
„	Sauerstoff	7200	—
Generatorgas aus Anthrazit . .	Luft	—	2735

Nach *Strache*[1] betragen dieselben:

	Flammentemperaturen in Graden Celsius berechnet aus den spez. Wärmen		
	Nach Mahler	in kalter Luft	in kalt. Sauerstoff
Kohlenstoff zu Kohlenoxyd . .	2100	1455	4180
Kohlenstoff zu Kohlensäure .	—	1860	3400
Methan	1850	1795	3025
Wasserstoff	1960	1885	2750
Äthan	—	1920	3320
Benzol	—	1860	3310
Kohlenoxyd	1569	2030	2760
Wassergas	2000	—	—
Acetylen	2350	2110	3680
Leuchtgas	1950	—	—

Obwohl heute für den Wert des Gases der Wärmegehalt einzig und allein maßgebend ist, spielt die Leuchtkraft des Gases immer noch eine gewisse Rolle. Besonders in England zwingen veraltete Vorschriften immer noch zur Einhaltung einer gewissen Lichtstärke des Gases. In Deutschland verlangte man von einer Gasflamme, welche 140 l Gas in der Stunde verbraucht, eine Lichtstärke von 16 Hefnerkerzen. Auf dem Gebiet der Lichtmessung herrscht eine große Unsicherheit, da mehrere Einheiten existieren. Im Jahre 1911 wurde allerdings zwischen Amerika, England und Frankreich eine Einheitsnorm, die Standardkerze, vereinbart. Auf die Definition der einzelnen Einheiten kann hier nicht eingegangen werden. Folgende Tabelle zeigt die Verhältnisse, unter welchen die verschiedenen Einheiten zueinander stehen:

Lichteinheit	HK	VK	EK	10 KP	Carcel	SK
Hefnerkerze	1	0,83	0,88	0,090	0,093	0,90
Vereinskerze	1,20	1	1,05	0,108	0,112	1,08
Englische Kerze	1,14	0,95	1	0,103	0,106	1,03
10-K. Pentanlampen	11,10	9,25	9,74	1	1,03	10,0
Carcellampe	10,75	8,97	9,45	0,969	1	9,69
Standardkerze	1,11	0,93	0,97	0,100	0,103	1

[1] Journ. of Gaslight. **122**, Nr. 2620, 307.

Wie sehr die Leuchtkraft von der Brennerkonstruktion abhängt, zeigen folgende Tabellen:

1 cbm = 16 Pf.	Leuchtkraft in HK pro 1 cbm Stundenverbrauch	Verbrauch pro HK-Stunden Liter
Von 1802 ab Schnitt- und Argandbrenner	133	7,5
Von 1890 Siemens-Regenerativlampe . .	227	4,4
Gasglühlicht:		
1890 Alte Strumpfform	500	2,0
1896 Neue Strumpfform	600	1,67
1900 (Preßgas)	1000	1,0
1901 Lucaslampe	910	1,09
1905 Invertglühlicht	925	1,09

Art der Beleuchtung	Untere hemisphärischeLichtstärke JD HK	Konsum pro Stunde Liter	Konsum pro Kerzenstunde hemisphärisch Liter
Stehendes Gasglühlicht	70	140	2,0
Invertgasglühlicht	90	110	1,22
Niederdruckstarklicht	800	512	0,64
Preßgaslicht	2000	960	0,48

Von den einzelnen Komponenten hat der Wasserstoff keine, Methan und Kohlenoxyd eine sehr geringe Leuchtkraft, während Kohlensäure und Sauerstoff die Leuchtkraft verringern. Die eigentlichen Lichtträger sind also die Kohlenwasserstoffe. Sie geben bei einem Stundenverbrauch von 150 l:

Methan	6 HK	Äthylen	68 HK
Äthan	35	Acetylen	240
Propan	54	Benzol	420

Die Siedepunkte, Schmelzpunkte und kritischen Daten von Gasen, welche für die Gasindustrie von Interesse sind, sind in Tabelle S. 211 zusammengestellt.

Eine weitere, für den Verbrauch des Leuchtgases wichtige Eigenschaft ist das spez. Gewicht desselben. Es schwankt mit der Zusammensetzung infolge der verschiedenen spez. Gewichte der Bestandteile von etwa 0,38 bis 0,48. In Düsseldorf betrugen die spez. Gewichte im Durchschnitt täglicher Messungen 15°.

1910 0,410
1911 0,398
1912 0,456

Die Gasanalyse.

Es gibt zahlreiche verschiedene Methoden zur Untersuchung von Gasen, die hier nicht vollständig beschrieben werden können. Für genaueres Studium muß man die Spezialliteratur benutzen[1]. Nur die wichtigsten Bestimmungsmethoden sollen kurz erwähnt werden.

[1] Lehrbuch der techn. Gasanalyse von Clemens Winkler, Leipzig 1901. — Gasanalytische Methoden von Walter Hempel, Braunschweig 1900. — Gaskursus München 1912.

	Normaler Siedepunkt	Normaler Schmelzpunkt	Kritischer Druck	Kritische Temperatur
	bei Atmosphärendruck ° C		in m Hg	° C
Luft	— 193	—	30	— 140
Stickstoff, N_2	— 195,7	— 210,5	21	— 149
Sauerstoff O_2	— 182,8	— 227,0	44	— 119
Kohlensäure, CO_2	— 78,2	— 57	55	+ 31
Kohlenoxyd CO	— 190	— 207	25	— 136
Wasserstoff, H_2	— 186	— 188	40	— 117
Methan, CH_4	— 165	— 186	42	— 82
Äthan, C_2H_6	— 93	—	37	+ 32
Äthylen, C_2H_4	— 105	— 169	41	+ 11
Acetylen C_2H_2	— 83,6	— 81,5	50	+ 36
Schwefelwasserstoff, H_2S	— 51,5	— 85	69	+ 100
Ammoniak, NH_3	— 33,5	— 78	83	+ 132
Benzol, C_6H_6	+ 80,3	+ 5,5	36	288
Toluol $C_6H_5 \cdot CN_3$	+ 110,0	— 94,2	—	—
Naphthalin, $C_{10}H_8$	+ 218,0	+ 80,0	30	468

Mit der Bunte-Bürette, welche nur mit einem Wassermantel benutzt werden sollte, bestimmt man rasch und ausreichend genau Kohlensäure und Schwefelwasserstoff und den Sauerstoff titrimetrisch mit Jod. Es ist bekannt, daß man mit diesem handlichen und einfachen Apparat auch vollständige Gasanalysen ausführen kann, doch bedarf die Durchführung einer vollständigen Gasanalyse mit der Bunte-Bürette einer geschickten und geübten Hand und nimmt nicht weniger Zeit in Anspruch als die bequemere Untersuchungsmethode mit den Apparaten von *Hempel* und *Fischer*[1].

Über die Handhabung der Bunte-Bürette und die Ausführung der Bestimmung derselben vergleiche man das leider nur als Manuskript gedruckte hervorragende Heft von *Bunte* zum „Gaskursus" (München 1912).

Die Kohlensäure wird auch vielfach titrimetrisch mit dem Apparat von *Rüdorff* bestimmt. Für eine vollständige Analyse benutzt man am bequemsten die ebenfalls mit einem Wassermantel umgebene *Hempel*sche Bürette mit Wassermantel. Das Arbeiten unter Quecksilber ist für die Praxis zu kompliziert und nicht üblich. Zur Gasanalyse nach *Hempel* braucht man außer der Bürette für jedes Absorptionsmittel eine eigene Pipette.

Die wichtigste Bestimmung bei der Untersuchung des Leuchtgases ist die Bestimmung seines Heizwertes. Dieselbe erfolgt in Deutschland fast ausschließlich mit dem Gascalorimeter von *Junkers*[2], mit dem die Temperaturerhöhung bestimmt wird, welche eine gemessene Wassermenge durch Verbrennen einer gemessenen Menge Gas erfährt. Es besteht aus einem vernickelten Röhrenkörper, in dessen Inneren die Flamme mit dem zu untersuchenden Gase brennt. Die Rauchgase derselben steigen auf und fallen durch die Röhren herab und geben ihre Wärme vollständig an das um die Röhren zirkulierende Wasser ab. Während eines Versuches durchströmen den Apparat

---

[1] *Fischer*: Taschenbuch für Feuerungstechniker, 7. Aufl. S. 40.
[2] D. R. P. 17731, 72564.

2 l Wasser, und man liest die Temperatur des zu- und ablaufenden Wassers möglichst oft ab. Der Heizwert H berechnet sich dann nach der Formel:

$$H = \frac{W\,(T_1 - T)}{G},$$

wenn W die Menge Wasser, G die Menge Gas in Litern und T_1 und T die Temperaturen des zu- und ablaufenden Wassers bedeuten.

Diesen Apparat hat *Junkers* dann in sinnvoller Weise zu einem ständig messenden Apparat ausgebildet, der die Temperaturdifferenz durch ein Thermoelement mißt und durch ein empfindliches Elektrometer ständig aufschreibt. Der Heizkörper ist ebenso ausgebildet wie das Handcalorimeter, und Gas und Wasser werden durch zwei Uhren gemessen, welche durch Zahnrad und Kette miteinander verbunden sind. Diese registrierenden Calorimeter bedürfen sorgfältigster Bewachung, da sie leicht periodische Fehler zeigen. Bei sachverständiger Behandlung stellen sie aber unersetzliche und unentbehrliche Apparate zur Kontrolle von Stadt- und Betriebsgas dar. Ihr Wert für die Praxis wird auch durch die Beobachtung von *B. Fischer* und *Croissant*[1] wenig beeinträchtigt, welche feststellten, daß das *Junkers*sche Calorimeter zuweilen einen um 10 bis 15 Proz. zu niedrigen Heizwert anzeigt.

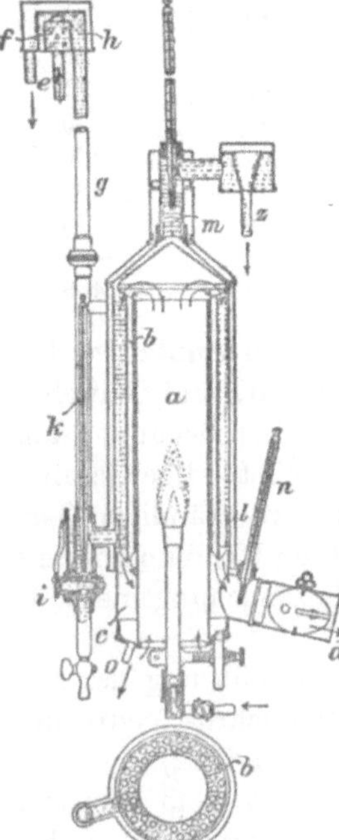

Fig. 83. *Junkers* Gascalorimeter.

Vor einigen Jahren hat dann *Strache* ein neues handliches Calorimeter konstruiert, welches mit einer geringen Gasmenge arbeitet und von ständigem Wasserzulauf und Gasanschluß unabhängig ist. Etwa 30 cc Gas werden in einer Pipette abgemessen und, mit Luft vermischt, zur Explosion gebracht. Die entwickelte Wärme wird durch die Drucksteigerung in dem Luftmantel gemessen, welcher die Explosionspipette umgibt. Die Messungen lassen sich in kurzer Zeit ausführen und sind sehr genau.

Die Bestimmung des spez. Gewichtes erfolgt durch Wiegen eines gemessenen Quantums Gas oder durch die Bestimmung der Ausströmungsgeschwindigkeit. Einfach und bequem in der Handhabung und ausreichend genau ist die *Lux*sche Gaswage, durch welche das Gas ständig durchströmt.

Die Ausströmungsgeschwindigkeit mißt man mit dem Apparat von *Schilling*, indem man die Zeit abliest, in welcher eine gemessene Menge Gas durch eine feine Öffnung ausströmt. Das spez. Gewicht berechnet sich aus dem Verhältnis der Sekunden, welche Gas und Luft zur Ausströmung brauchen.

---

[1] Jahresber. der Chem. Technologie 1897, 28.